青海民族大学博士点建设文库

李惠梅 著

三江源草地生态保护中
牧户的福利变化及补偿研究

STUDY ON

HERDSMAN'S WELL-BEING CHANGES

AND ECO-COMPENSATION

IN RESPONSE OF GRASSLAND ECOLOGY PROTECTION

IN SANJIANGYUAN REGIONS

社会科学文献出版社
SOCIAL SCIENCES ACADEMIC PRESS (CHINA)

摘　要

　　三江源是我国江河中下游地区和东南亚国家生态环境安全和区域可持续发展的生态屏障，但在近几十年的全球气候变化和人类活动的双重影响下，三江源地区草地植被退化严重，已经使源头水源涵养能力急剧减退，并已直接威胁到了长江流域、黄河流域，乃至东南亚诸国的生态安全，国家自2005年开始在三江源地区大规模实施生态移民和限制放牧等工程以缓解草地退化的局面，并逐渐恢复和保护三江源生态环境。三江源生态保护及补偿工作至今已开展十余年，源区草地植被和湿地生态环境得到了一定程度的恢复和改善，但同时也出现了一些影响生态经济和社会和谐、稳定、健康发展的问题，其中依赖草地资源而生存、三江源地区最主要的经济主体——牧户的福利和发展是尤为重要的问题之一。三江源生态保护工作的开展离不开牧户的积极响应、支持和参与，而牧户愿意参与生态保护计划的前提是他们的福利不下降或得到科学合理的补偿，在补偿不到位或补偿机制不健全的情况下，牧户参与三江源生态保护行为将极有可能使他们的收入和生活受到很大的影响，甚至生活陷入贫困，这样既不符合公平原则和可持续发展原则，又容易挫伤牧户参与生态保护的积极性，影响三江源草地生态恢复及保护的效果。因此，研究牧户在三江源生态保护中的福利内涵及变化情况，以牧户福利得到改善为目标制定补偿标准和调整补偿机制，激励牧户继续参与生态保护行为，对最终持续推进三江源地区中后期的生态保护工作开展和维护社会经济可持续发展至关重要。本研究结合福利经济学理论和千年生态系统报告的核心思想，界定了生态系统服务变化中人类福利

1

的内涵，并对三江源草地生态保护中牧户的福利变化进行了评价和分析，在牧户福利优化的基础上核算了三江源草地生态保护的补偿标准，并以行政区划为界线提出了各县的补偿次序、不同补偿性质的补偿标准和不同的发展保护模式。

本研究结合森的能力框架探讨了福利的内涵，即指人类在生态系统生产和利用中的自由选择和能力，而贫穷指可行性能力和发展的受限，即福利的下降。生态系统的退化和破坏将严重威胁人类福利（尤其是穷人的福利）。关注强烈依赖于生态系统服务的贫困人群的福利，并科学有效地实施生态补偿，才能激励生态保护的行为，进而实现生态保护和人类福利改善的双赢。本研究以三江源草地生态保护中的牧户为研究对象，分别以参与三江源草地的生态移民和参与草地限制放牧的牧户为例，分析了不同类型的牧户参与生态保护行为中生活、健康、安全、社会关系、环境、社会适应、自由、生活实现和幸福感等9项功能的状况，并结合马斯洛需要层次理论确定了不同层次功能的权重，认为福利各功能之间是递进关系，即低阶功能的实现会促进高阶功能的实现，最后分别评价了三江源移民和限制放牧的牧户在参与生态保护行为前后的福利变化情况。研究表明，三江源移民在参与生态保护行为后福利水平下降，主要是由于失去草地使用权后导致收入下降，资源使用和参与环境管理的自由受到严重的影响，移民以前在草地放牧生活中形成的地缘和血缘关系被割裂使社会关系的支持功能下降，移民的生存技能未得到提升进而影响到了如社会适应、生活实现和幸福感等高阶功能的实现；牧户参与限制放牧后的福利水平略有提升，是由于牧户限制放牧后虽然收入水平有了一定的下降，但居住条件和医疗保障等各功能的提升使生活、健康、安全和社会关系、环境等各项功能均得到了很大程度的提升，并且牧户使用草地的权益比移民受限程度小，牧户并未大规模迁徙因而社会适应能力受损不明显。可见，牧户参与三江源草地生态保护行为使其收入水平受到了一定的影响，当收入水平能维持日常的生活所需时，牧户其他福利功能的改善能使他们的福利水平得到一定程度的提高；但当收入水平下降显著，而牧户的其他生活能力未得到提高和其他福利功能尚不能实现时，他们的福利往往会明显的下降，生活甚至会陷入贫困。因此，参与生态保护行为中牧户的收入能力和自然资源产权承载的其他福利功能都是牧户福利的重要组成部分，在补偿过程中均应该被重视、被补偿，尤其应该在低阶福利功能（如收入）被补偿的基础上，关注自由和生活实现等高阶功能的补偿和提升。

本研究通过三江源生态保护中牧户的福利均衡分析发现，要使牧户的福利水平不下降或改善牧户的福利水平，则必须提高补偿标准和减少牧户对草地资源的依赖性。因此，在提高补偿标准的基础上，更要考虑如何通过区域的经济发展方式转变和结构调整来创造就业机会，通过提高牧户的文化教育水平和层次、加强职业技能培训等提升牧户的就业技能和可行性能力，让牧户通过自身的努力和政府的帮助，通过非放牧式的生计方式转变和其他多种途径经营来获取经济收入，获得比放牧收入更高的收入才有可能逐渐带动牧户减少和放弃对草地的依赖与利用，从而从根本上实现草地生态环境的保护，进而形成牧户的可行性能力提高和生态环境改善互相促进的良性循环。

本研究通过文献分析认为生态补偿是贫困减缓的重要机制，在生态保护行为意愿和福利损失的基础上制定生态补偿标准，明确界定利益相关方和区域的生态保护责任，构建科学的生态补偿机制才能实现福利均衡，才能引导牧户实现主动参与式保护，才能真正实现生态保护—人类福利提高—可持续发展的多赢局面。本研究基于三江源地区 2002—2010 年的气候因子数据，模拟了近十年来三江源草地生态保护后的植被覆盖度（NPP）变化情况，并进一步核算了自 2005 年实施保护以后三江源各县的草地生态系统服务功能价值及增加情况。研究表明，三江源草地的生态服务功能在 2005—2010 年表现出先缓慢下降而后逐渐上升的趋势，说明三江源草地生态恢复及保护行为在逐渐产生效益，体现出三江源草地生态由降低退化的速度演变为生态环境逐步恢复及改善的趋势特征；三江源草地生态保护效益增加值在区域上表现出极大的差异性，海拔比较高、气候比较恶劣和退化严重的区域草地生态恢复比较慢、保护效益增加值比较小，增加幅度最大的是甘德县，单位面积草地生态服务价值增加了 1.086 万元/平方公里，唐古拉山镇和曲麻莱县的草地生态服务价值增加量分别为 0.221 万元/平方公里和 0.637 万

3

元/平方公里，增加量最小；自 2005 年实施保护以来的 5 年中，三江源区每单位面积草地的保护效益增加值为 0.902 万元/平方公里，并拟将各县的草地生态保护效益增加量作为激励三江源牧户主动参与生态保护的奖励性补偿标准。

本研究分别计算了三江源牧户参与生态保护行为中，因草地资源使用权被禁止或被限制而在实际和理论上损失的经济收入（机会成本）和各项参与成本。牧户的福利损失是理论上应该补偿给牧户以保持福利均衡的，三江源移民和限制放牧牧户实际机会成本损失分别为 4.2846 万元/户和 1.6478 万元/户；基于草地理论载畜量而核算得到的三江源牧户平均参与成本为 3001.63 元/公顷，平均机会成本损失为 750.458 元/公顷，由于海拔、草地退化程度和交通通达度不同，因而三江源各县的参与成本和机会成本存在比较大的差异，因此补偿的过程中应该被补偿的参与成本内容和标准各不相同。

本研究基于消费者剩余理论和外部性理论，结合牧户参与生态保护行为的意愿，研究了他们在参与生态保护行为中为避免使福利受损而应该获得的最小受偿意愿额度，并作为他们参与生态保护行为保持福利不下降的参考补偿标准。研究表明，三江源牧户中约 66.7% 的牧户表示愿意参与生态保护行为，牧户参与保护行为后福利水平至少不变或不下降是他们参与保护意愿概率提高的重要保障，区域工作机会较多、生计方式比较丰富和生态保护外部性认知水平高的牧户响应生态保护的意愿较高。可见，让牧户分享生态保护的外部性效益、促进生计多样化水平和提升就业水平，让他们的收入水平得以提高，是增进他们保护积极性的关键。三江源生态移民基于平均值和中位值的受偿意愿额分别为 1.2886 万元/年·户和 2.0566 万元/年·户，限制放牧的牧户基于平均值和中位值的受偿意愿额分别为 0.6733 万元/年·户和 1.1431 万元/年·户，移民因草地生态保护行为中草地使用权被限制程度大（被禁止）和损失比较高，因此他们的受偿意愿高于限制放牧的牧户。

本研究以三江源的行政区划为界线，基于草地生态恢复效益和补偿效率计算了补偿优先度，结合三江源草地的生态退化恢复难度而划分了补偿区域的优先次序，并探讨了各区域的补偿标准和发展模式。将保护效益增加最明显和优先度最高的三江源杂多县、达日县和玛多县列为优先补偿区，这些区域通过生态移民来达到生态保护的目的，而移民得到最高的激励性质的补偿标准，即按照生态保护效益增加值与参与成本之和来补偿，同时应该参照移民的最小受偿意愿额 2.0566 万元/年·户；将保护优先度最低和恢复难度最大的唐古拉山镇、称多县和治多县划为重点补偿区，同样通过生态移民来保护，并按照生态保护效益增加值和实施成本作为鼓励兼补偿性质的补偿标准，并使补偿标准参照移民的 WTA；将优先度次之的久治县、班玛县、曲麻莱县和玉树县列为次优补偿区，实施限制放牧，并按照生态保护效益增加值与机会成本之和来补偿牧户的福利损失，并使补偿标准参照限制放牧牧户的 WTA，即 1.1431 万元/年·户；将保护效果疲软的其他区域列为潜在补偿区，可以在限制放牧的过程中适当发展绿色经济，在资金充足的情况下按照生态保护效益增加值与交易成本之和来补偿，以改善牧户福利和实现生态经济可持续发展。

本研究以三江源牧户福利优化为目标，提出了应该对牧户在三江源生态保护中的经济收入损失和各种福利功能进行补偿，并核算了三江源区域可持续的、激励性的补偿标准，以期通过提高补偿标准和实施差异化的补偿，在改善牧户福利水平的基础上，提高牧户主动参与生态保护的积极性，促进三江源保护区生态经济的全面可持续发展，最终实现社会福利的最大化。但在今后考虑如何提升牧户的可行性能力和加强公众参与环境管理，并构建整个三江源源头和三江流域的生态补偿机制以解决补偿资金不足和实现福利均衡，是实现可持续保护和区域间均衡发展的重要举措，也是进一步的研究方向。

目　录

1 绪论

1.1 研究背景

1.1.1 三江源自然保护区

素有"中华水塔"之美誉的三江源自然保护区，位于我国的西部、青藏高原腹地、青海省南部，为长江、黄河和澜沧江的源头汇水区，是我国江河中下游地区和东南亚国家生态环境安全和区域可持续发展的生态屏障，长江总水量的25%，黄河总水量的49%和澜沧江总水量的15%都来自该区域。青海三江源自然保护区地理位置为北纬31°39′—36°12′，东经89°45′—102°23′，其东、东南部与甘肃省、四川省相邻，南部、西部与西藏自治区相接，北部分别与治多县的可可西里国家级自然保护区、海西藏族蒙古族自治州的格尔木市和都兰县交界，东北部与海南藏族自治州的共和县、贵南县、贵德县和黄南藏族自治州的同仁县接壤。行政区域涉及包括玉树、果洛、海南、黄南四个藏族自治州的14个县和格尔木市的唐古拉山镇，总面积为15.23万平方公里，约占青海省总面积的21%。三江源自然保护区面积按流域分为：黄河源区面积4.05万平方公里，占保护区面积的26.6%；长江源区面积9.4万平方公里，占保护区面积的61.7%；澜沧江源区面积1.78万平方公里，占保护区面积的11.7%。近几十年，受气候变化和人类活动的影响，独特而典型的三江源高寒生态系统，变得脆弱而敏感，生态环境质

1

量整体表现出严重的退化局面。

三江源生态环境退化的具体表现如下所述。

（1）该区域冰川、雪山逐年萎缩并直接影响了高原湖泊和湿地的水源补给。近年来源区来水量逐年减少，黄河流域的形势更为严峻。水文观测资料表明：黄河上游连续7年出现枯水期，年平均径流量减少22.7%，1997年第一季度降到历史最低点，源头首次出现断流；源头的鄂陵湖和扎陵湖水位下降了近2米，两湖间发生断流。源头来水量减少不仅制约了源区社会经济发展和农牧民的生产生活，还由于黄河青海出境水量占到黄河总流量的49%，源头水量的持续减少致使下游断流频率不断增加，断流历时和河段不断延长，下游地区25万平方公里、1亿多人口的生产生活发生严重困难。气候变化更使自然灾害发生的频率和受灾程度加剧，在牧区交通、通信等基础设施还很欠缺的情况下，防灾抗灾能力有限，一旦遇上干旱、洪涝或雪灾，将给牧民造成很大的财产损失。

（2）草场大面积的退化、沙化。据调查，保护区所在的三江源区50%~60%的草地出现了不同程度的退化。1996年退化草场面积达250万公顷，占该区可利用草场面积的17%。同50年代相比，单位面积产草量下降了30%—50%，有毒有害类杂草增加了20%—30%。仅黄河源头80—90年代平均草场退化速度比70年代增加了一倍以上。三江源区"黑土滩"面积已达119万公顷，占土地总面积的4%，占可利用草场面积的7%，占全省"黑土滩"面积的80%。而沙化面积也已达253万公顷，每年仍以5200公顷的速度在扩大。荒漠化平均增加速度由70—80年代的3.9%，增至80—90年代的20%。原生生态景观破碎化，植被演替呈高寒草甸→退化高寒草甸→荒漠化地区的逆向演替趋势。

（3）水土流失日趋严重。三江源区是全国最严重的土壤风蚀、水蚀、冻融地区之一，受危害面积达1075万公顷，占三江源区总面积的34%。其中极强度、强度和中度侵蚀面积达659万公顷。黄河流域水土流失面积为754万公顷，多年平均输沙量达8814万吨；长江流域水土流失面积达321万公顷，多年平均输沙量达1303万吨；澜沧江流域水土流失面积达240万公顷。既损失了土壤，加快了生态环境的恶化，也使得下游的河道淤塞，危害水利设施。

（4）其他影响。三江源草地的退化不仅使该地区草地生产能力和对土地的保育功能不断下降，优质牧草逐渐被毒、杂草所取代，野生动物栖息环境质量减退、栖息地逐渐破碎化使生物多样性急剧萎缩，而且引起了草地鼠害的泛滥（三江源区发生鼠害面积约 503 万公顷，占三江源区总面积的 17%，占可利用草场面积的 28%，高原鼠兔、鼢鼠、田鼠数量急剧增多；黄河源区有 50% 以上的黑土型退化草场是因鼠害所致，严重地区有效鼠洞密度高达 1334 个／公顷，鼠兔密度高达 412 只／公顷），不仅影响了畜牧业的发展，而且导致了草地的进一步退化、破坏，可放牧草原面积减少，牧民只能通过增加牲畜数量以维持生活，这更深层次地引起草原退化加剧，形成了退化—贫困—退化的恶性循环。

三江源源区草地植被退化与湿地生态系统的破坏，使得源头水源涵养能力急剧减退，源头产水量逐年减少，生态屏障作用和养育功能逐步丧失，导致长江、黄河、澜沧江中下游广大地区旱涝灾害频繁，工农业生产受到严重制约。

1.1.2　三江源自然保护区建立

为了从根本上扭转生态环境恶化的趋势，保护"中华水塔"，中央和青海省地方政府以及有关部门做了大量的工作，开展了一批生态工程。到 1997 年底，江河源区累计治理水土流失面积 5435.69 平方公里，封山育林保存面积 23 万公顷，植树造林保存面积 27 万公顷，建设围栏草场 174.1 万公顷，改良草场 90.6 万公顷，使黄河上游水土流失区土壤侵蚀数总体下降 30%—50%，流入黄河的泥沙量平均减少 10%。2000 年 3 月 21 日，由国家林业局、中国科学院和青海省人民政府主办的会议认为"中华水塔"面临着严重威胁，建立三江源自然保护区不仅意义重大，而且刻不容缓。之后国家于 2000 年 5 月批准建立三江源省级自然保护区，后又于 2001 年 9 月批准成立了青海省三江源自然保护区管理局，2003 年 1 月提升为国家级自然保护区，成为我国面积最大的自然保护区。2005 年国务院批准了《青海三江源自然保护区生态保护和建设总体规划》，确定了生态移民、湿地保护、野生动植物保护、退牧还草，全面实施生态环境保护与建设项目。

三江源自然保护区根据退化严重程度被划分为以下三种功能区域，并实施不同的草原保护与补偿措施。

（1）天然草原退牧还草核心区。该类核心区共有 18 个，草地面积 3234.45 万亩，涉及人口 7222 人。其中玉树、果洛两州共有 15 个核心区，占两州草地总面积的 11.6%；牧户 1448 户，牧业人口 6515 人，约占两州牧户总数及人口总数的 2.8%、2.3%；牲畜存栏 13.6 万羊单位，约占两州牲畜存栏总量的 1.8%。对该区域主要通过生态移民和长期禁牧封育达到减轻草原放牧压力并逐渐恢复草地生态的目的，主要采取在县城或州府所在地进行安置的方式。在实施过程中共转化和安置移民 6515 人 1448 户。

对部分退化比较严重的区域和海拔比较高、牧户生活比较贫困的地区，采取"政府引导，牧民自愿"的原则进行大规模生态移民，主要包括果洛藏族自治州玛多县的全部 4 个乡（镇）、昌马河乡，玉树藏族自治州的索加、曲麻河和麻多 3 个乡，共 8 乡（镇）等，平均海拔 4500 米以上，为典型的高寒草原草场，草地退化以沙化为主，恢复治理难度大，且牧民生活难以维持，故采取了全面禁止放牧、全部生态移民并异地安置的方式。该区草原总面积 7843 万亩，占两州草原总面积的 28.6%；有牧户 4326 户，牧业人口 21164 人，分别占两州牧户及牧业人口总数的 8.4%、7.5%；牲畜约 98.3 万只，占两州总数的 13.01%，该区共移出牧民 10140 户，安置 55773 人，在乡镇、县城或州府所在地附近以"集中安置为主、插花安置"为补充的方式进行安置。按照永久性移民每户每年 8000 元、十年禁牧期的移民每户每年 6000 元进行补偿，将三江源的 18 个核心区以及生态退化特别严重地区的牧民进行整体搬迁，力争将三江源核心区变成"无人区"。

（2）减畜禁牧区。该区域主要针对平均海拔 4000 米以上、草地本身生产力比较高的典型的高寒草甸草场，但草地退化面积大，黑土滩大多集中于此，最突出的矛盾是畜草矛盾，即过度放牧是导致区域草地退化的主要原因，因此减畜禁牧，禁牧 5 年以上以期恢复草地生产力。主要包括果洛州的优云、下大武、建设等 14 个乡（镇），玉树藏族自治州的上拉秀、隆宝、清水河等 16 个乡（镇），草原总面积 10401.26 万亩，占两州草原总面积的 37.9%；有牧户 21976 户，牧业人口 10.88 万人，分别占两州牧户总数的 42.8%、牧业人口总数的 38.44%；牲畜约 182.8 万头只，约占两州牲畜总数的 24.19%。

在该区域通过围栏禁牧草地 5000 万亩以使草地逐渐恢复，同时减畜 50％以上，并建设定居房屋 2 万幢、两用暖棚 2 万幢，让牧户在冬季定居，并每年每亩补助饲料粮 2.75 公斤，年补助饲料粮 13750 万公斤，5 年共补助饲料粮 68750 万公斤。

（3）季节性休牧和划区轮牧区。该区海拔 4000 米以下，草场植被较好，人口相对稠密，在该区域以草定畜、划区轮牧。包括两州以上地区以外的 54 个乡（镇）。该区草原总面积 6020 万亩，占两州草地总面积的 21.9％；有牧户 23659 户，牧业人口 14.66 万人，分别占两州牧户总数的 46.0％，牧业人口总数的 51.8％；牲畜约 460.9 万头只，约占两州牲畜总数的 61％。该区域共围栏禁牧草地 5000 万亩，并建设定居房屋 2 万幢、两用暖棚 2 万幢，对牧户每年每亩补助饲料粮 0.69 公斤，年补助饲料粮 3450 万公斤，5 年共补助饲料粮 17250 万公斤，开展舍饲及半舍饲畜牧业生产。

由于前两种方式下，牧户都被采取了禁止放牧和被移民安置的思路，而第三种牧户被采取了按照草地承载力大规模减少牲畜数量、限制放牧范围和放牧强度的思路，因此本研究将前两种统一作为移民进行研究，而将第三种作为限牧的牧户来研究。

1.1.3 三江源牧户福利及补偿研究的必要性

生态系统服务的变化将危及人类社会的福利（MA，2003）。杨光梅（2007）的研究指出，当某一项生态系统服务的供应相对于需求来讲比较充裕时，生态系统服务的边际增长只能引起人类福利的微小变化；但当某一项服务相对稀缺时，尤其是在生态系统功能更为脆弱的区域或者供给不足时，生态系统的微弱变化将可能导致人类福利的大幅度降低。因此生态脆弱、敏感的三江源自然保护生态环境退化可能导致当地农牧民的福利急剧下降，而生态补偿未普及或远远不能满足需求，则当地牧民极有可能沦为生态难民，面临边缘化和贫困化。贫困导致环境退化，反过来环境退化又进一步引起贫困（Cleaver & Schreiber，1994），因此三江源自然保护区的生态环境退化和牧民的福利变化可能导致当地生态环境恶化、牧民贫困、地方经济发展落后的恶性循环。

可持续发展基于两个基本原则：首先应优先考虑人类的需求，尤其是穷人的需求；其次是尊重环境限制（约束）。三江源自然保护区生态环境脆弱，而当地农牧民长期以来依赖当地的自然资源而生存，生活技能单一，形成了当地特有的文化习俗和社会习惯。在生态环境质量本身退化、受移民的政策或者因为生态保护而使当地的农牧民利用自然资源的权利受到限制，如果后续的生计政策不能有效地发挥作用，后续产业转移又不能跟进、技能培训和资金支持等不能到位的情况下，当地农牧民的经济福利将受到较大的损失。虽然移民后居住条件、交通医疗可能有很大的改观，但移民前形成的文化、社会生活、安全、宗教信仰、语言和生活交流、情感寄托、娱乐等也面临冲突和融合、适应的挑战，会造成移民的心理恐慌和不安全感，而这些因素将在很大程度上影响他们的福利和幸福感。自然资源保护的目的得以实现的前提是如何确保当地居民的福利不低于或者高于保护之前的水平，但自然资源保护对居民造成的福利受损和发展机会受限并非是导致贫困的唯一原因。因此探寻自然保护区的生态服务功能、居民福利内涵与转变、"生态补偿"机制与方式等将成为今后进一步的研究重点。

如果我们缺乏适当的体制背景下为农牧民提供服务和外部效应内部化的激励，则将难以实现有效和可持续的生态系统管理（Brendan，2011），不论是政府的正规管理还是市场的自行调节都可能避免公共资源的滥用和公地悲剧（Costello et al.，2008），而生态补偿通过调整损害与保护生态环境利益主体间利益关系来实现外部性效应内化和激励保护环境的目标（姜宏瑶，2009），其中得到牧户的积极参与和支持更是生态补偿机制得以实施的关键（曹世雄等，2009）。因此探究生态脆弱区的自然保护生态服务功能，探讨自然资源承载的福利内涵，研究生态保护中农牧民的福利变化，关注贫困、尊重发展权，从农牧民的生态保护意义和受偿意愿研究出发，制定"生态补偿"机制，对放弃经济的发展或者生活方式的改变导致的精神享受价值的减小而进行合理公平的生态补偿和激励，实现公平的补偿，让当地农牧民的福利和社会福利不降低或者提高，才能保证生态移民和生态保护的有效实施，科学合理地制定自然资源保护和管理政策对当地的经济发展、生态系统健康稳定、社会稳定和安全而言意义重大而深远。

牧民对资源的利用方式、牧区资源经济管理策略是牧区生态环境变化和牧区可持续发展最主要和最直接的影响因素（赵雪雁等，2009）。可见，关注牧户的生活现状和牧户的发展问题，不仅对三江源地区的生态环境变化有重大影响，而且牧户福利的变化也对三江源地区乃至青海省的社会安定和经济发展产生不可忽视的影响。如果我们的生态保护和生态补偿战略有偏颇，不能得到牧民的支持和参与，将不可能在维护前期的保护成果基础上继续让牧户参与生态恢复及保护计划，那实现三江源区域可持续的生态保护将只是空话和设想。因此，研究牧户对生态保护的意愿和响应，了解相关利益者对生态保护和建设的参与意愿，制定科学的生态补偿标准和相应的产业转移、就业政策，引导牧民主动参与中后期的生态保护计划，才能真正实现牧民的福利提高、生态环境改善、经济社会稳定的区域可持续发展。

1.2 研究目的与意义

1.2.1 研究目的

近几十年来，三江源自然保护区生态环境严重退化，实施生态保护和建设规划不仅可维护和养育水源，更对维护我国乃至东南亚的生态安全屏障意义重大。而如何才能有效地实现生态保护，使当地农牧民的福利不降低，对维持社会经济稳定，并最终实现可持续的生态保护和管理意义重大。本研究试图回答下述问题。

（1）自然环境是人类赖以生存的物质基础，它不仅承载着为人类提供生产资料和食物的经济功能，而且具有社会文化承载、社会保障、就业机会效用等社会功能和维护生物多样性、水土保持、水源涵养、景观、娱乐等生态功能。在生态保护政策的实施过程中，部分牧民被限制使用自然资源，部分牧民被移民，而对原本就严重依赖自然资源、生活技能单一、生活状况差，已经形成独特的语言、文化、宗教信仰、情感交流等社会生活习惯的牧民而言，他们的福利会发生怎样的变化？损失了哪些福利？他们的困境和机遇又是怎样的？

（2）牧户由于性格差异、文化程度差异、适应性差异、年龄和教育程度等差异,生态保护对他们的影响也就各不相同,存在很大的异质性,因此我们探讨了引起牧户福利变化的重要因素和影响程度。

(3)三江源生态保护中,牧户相对而言属于弱势群体,而生态补偿机制正是基于对贫困群体的关注和利益的调整来实现社会公平的,因此建立生态补偿机制,尊重弱势群体的意愿、生存和发展权利,是提高生态系统服务提供者的积极性并促进生态保护的前提。

(4)牧户的参与和支持是生态补偿机制得以实施的关键(曹世雄等,2009)。本研究通过就牧户对生态保护的参与意愿及影响因素进行研究,以针对性地提高牧户生态保护的积极性,并推导出牧户受偿意愿,从而构建生态补偿机制。

(5)生态补偿有助于减贫,是扶贫的重要机制(Pagiola et al.,2005;Ziberman et al.,2008)。降低交易成本促进贫困家庭参与能力和采取措施确保贫困家庭能够参与生态补偿是减贫的关键(Pagiola et al.,2010),因此,本研究通过关注牧民的生态保护和生态补偿参与能力,制定生态补偿机制,以期实现生态保护和扶贫的双赢。

1.2.2　研究意义

本研究针对三江源自然保护区生态保护中牧户的福利变化等问题,拟以通天河自然保护区(玉树藏族自治州)和扎陵湖、鄂陵湖自然保护区(果洛藏族自治州)的牧户和生态移民以及其他利益相关者对生态环境保护的意愿和响应为基础,结合主观幸福感和森的能力方法、自然要素及社会经济要素,研究当地牧户在生态保护中的福利含义及其变化,定量分析生态保护给牧户带来的福利变化,关注牧户的生计和贫困风险,尊重他们的发展权,构建高效、合理、可行的生态补偿机制,调节相关者的利益关系,为三江源自然保护区生态保护与生态补偿提供科学依据,为青藏高原生态保护和我国西部生态补偿管理提供科学支撑。

1.2.2.1　理论意义

(1)运用 CVM 和生态学理论,分析和比较不同程度保护(完全强制保护、部分保护)的牧户对生态保护的补偿意愿和支付意愿及其影响因素的差异性，确立生态补偿的标准。

（2）结合福利经济学理论和自然资源环境经济学理论，分析三江源自然保护区牧户在生态保护中的福利定义和内涵，综合考虑主观和客观的福利理论，弥补福利分析的片面性，丰富福利理论的内涵和外延。

（3）结合可行性能力理论和幸福感理论，探讨牧户的福利变化及其差异，并初步对福利变化实现量化，为福利的可测性提供科学支撑。

1.2.2.2 实际应用意义

（1）整合生态系统服务和福利的相关成果，分析生态系统服务减弱和生物多样性下降对人类福利的影响，将充实和完善生态系统服务的福利研究，为生态经济相关学科在交叉集成研究上的创新做出贡献。

（2）通过生态效益转移和牧民对不同程度生态保护中的生态保护的意愿获取支付意愿与受偿意愿，依据农牧民的响应和补偿剩余确定福利盈亏，为度量和量化福利损失补偿建立科学依据和实证检验。

（3）通过环境效用的主观幸福感的衡量结合福利评价，确立了三江源区域生态环境保护中牧户的福利函数，为福利经济学的研究提供规范式研究和实证检验。

（4）关注牧户的福利损失，构建不同尺度、不同保护程度、不同利益主体均衡的合理科学、公正有效的补偿机制，为政府调控和管理三江源自然保护区可持续生态保护提供切实和强有力的决策依据、理论指导与技术支撑；关注脆弱生态区的生态—经济—社会系统可持续性发展问题，实现社会公正与稳定和谐发展。

1.3 研究思路、方法及可能创新

1.3.1 研究目标

本研究以生态学、生态经济学、福利经济学等为理论基础，拟以通天河自然保护区（玉树藏族自治州）和扎陵湖、鄂陵湖自然保护区（果洛藏族自治州）的牧户和生态移民对生态环境保护的意愿和响应研究为出发点，结合区域的植被覆盖度变化与问卷调查、模拟研究，研究牧户对不同保护程度的生态环境的保护支付意愿和响应，在福利损失和保护效益的基础上构建补偿机制，建立不同保护程度草地生态保护和生态补偿调控技术与管理模式，为三江源自然保护区生态保护与生态补偿提供重要的科学依据，最终实现区域可持续生态保护。

1.3.2 研究技术路线

围绕研究目标和思路，本文设计的研究技术线路如图 1－2 所示。

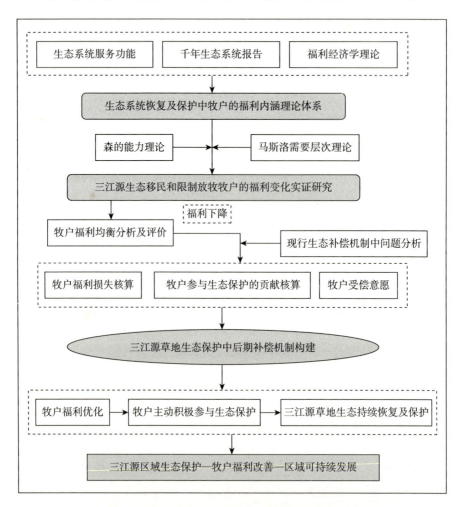

图 1－2 三江源牧户草地生态保护中福利及补偿研究技术线路

1.3.3 主要研究内容

（1）生态保护意愿研究。将条件价值评估法（CV）与模拟研究相结合，以牧民对不同程度退化环境的生态保护意愿分析和响应为研究切入点，通过草地生态效益转移和受损获取草地生态保护中牧民的支付意愿与受偿意愿，揭示生态补偿的补偿标准和依据，为构建福利补偿的科学机制奠定基础。

（2）不同尺度福利的评价和影响因素分析。运用生态学、外部性理论、福利经济学理论，针对三江源自然保护区生态脆弱性以及特殊性，构建福利评价指标体系以及评价不同生态保护程度中牧民对生态保护的利益分配优化均衡分析，构建牧民福利补偿机制。

（3）补偿标准设定。以三江源自然保护区生态退化中农牧民福利的均衡为基础，以从社会、经济、生态和谐角度对为保护生态环境而放弃经济的发展或者生活方式的改变导致的精神享受价值的减小和发展的受限制等的福利损失为合理公平的补偿依据，通过量化农牧民和其他利益相关者在不同程度的生态保护中的福利受损，结合机会成本、生态服务价值和保护意愿，设立差异化补偿标准。

（4）补偿机制构建。分析牧户对生态保护的响应及其差异和影响因素，结合生计策略和主观幸福感，分析微观主体的行为选择和策略，尊重发展权，关注贫困风险，考虑牧民的个人福利和社会福利的优化和均衡，构建生态补偿机制，并通过生态补偿优先度与生态补偿标准差异化体现补偿公平、激励性和效率，从社会、生态文明角度对保护生态环境而放弃经济的发展或者生活方式的改变导致的精神享受价值的减小而进行合理公平的补偿和激励，防止和减弱民族区域贫穷化和边缘化，为三江源自然保护区生态保护与生态补偿提供重要的科学依据，实现区域可持续生态保护提供切实和强有力的保障。

（5）生态保护和生态补偿管理模式研究。综合以上各研究成果，根据保护效益和退化恢复程度，建立三江源自然保护区不同程度的生态保护和生态补偿调控技术与管理模式，为区域发展提供决策依据、理论指导和技术支撑。

1.3.4　研究方法

本研究综合运用福利经济学、资源经济学、行为经济学、计量经济学、公共经济理论、公共政策理论的原理和方法。

（1）规范分析与实证分析相结合的方法。本课题在规范性的理论分析基础上探讨了生态系统服务中的福利内涵和福利框架体系；采用实证分析方法，以青海三江源为研究区域，研究牧民在生态保护行为参与中的福利及变化情况，并在此基础上提出对我国民族区域牧户的福利研究及区域自然资源管理之道则属于规范分析。

（2）模型分析和微观经济分析方法。运用森的能力理论和假设模型，结合马斯洛需要层次理论设立牧户在生态保护中的福利评价模型及福利优化均衡模型，并以牧户为研究对象，评价了牧户的福利变化情况。

（3）计量经济分析方法。首先运用效用最大化理论，进行了牧户在生态保护中的经济偏好分析，分析了三江源生态保护中牧户的希克斯剩余，运用 Logistic 回归分析牧户的受偿意愿及牧户个人特征之间的相互关系，以确定牧户的受偿意愿影响因素，并用来计算受偿意愿额度，作为补偿标准。

（4）条件价值法、生态系统服务价值法、参与成本法、成本效益法。运用条件价值法评估了牧户在三江源生态保护中的受偿意愿，并作为最低补偿标准；结合 NPP 计算了三江源草地生态保护过程中产生的生态系统服务价值及其参与成本，作为补偿标准的基础和主体；运用成本效益法区分了三江源区域生态补偿的优先次序和差异化补偿标准及其发展模式，以期构建激励牧户主动参与生态保护的补偿机制。

1.3.5　本研究拟突破的重点和难点

（1）受损福利测算的理论假设和模型设定。建立科学合理的假设，结合自然资源价值的理论基础，界定生态环境保护中受损的福利是进行补偿研究的基础和关键。在牧户意愿分析的基础上，结合生态学机制，运用外部性原理和生态经济学理论，构建适合于生态脆弱民族区域的外部性自然资源价值内涵及评价体系，是本研究拟解决的关键问题之一。

（2）牧户的福利变化补偿机制比较。结合问卷调查以及研究资料，建立牧户的福利变化及其影响因素和补偿机制分析框架体系，并比较差异性，归纳出生态脆弱区和民族地区福利函数及补偿机制是本研究的难点之一。

（3）不同程度生态保护中牧户福利的损失指标体系确定及量化。脆弱生态区的人群严重依赖生态系统服务进行生活，生态保护和生态移民中，定量化生态系统服务改变和发展受限制对牧民和移民福利的影响，将环境指标及支撑价值转化为个人福利标准，建立适用于不同退化程度的农牧民福利评价指标体系以及量化方法，为本研究的难点和关键之二。

（4）建立生态保护补偿的管理和调控模式。补偿是解决外部性的关键，如何科学、有效、公平的补偿，是实现生态和保护及资源利用可持续性以及三江源自然保护区生态、经济、社会文化系统平衡发展的保障和科学依据，为西部民族聚居区自然保护管理提供科学支撑是本研究的难点和关键之三。

1.3.6 本研究可能的创新

本研究在国内外文献研读和归纳的基础上，以三江源草地生态保护的最直接利益主体——牧户为视角，研究了牧户在生态保护参与中的福利内涵及其变化情况，并以牧户福利优化和三江源草地生态保护的可持续保护为目标，计算了牧户的福利损失，核算了牧户在生态保护过程中创造的生态服务价值，并结合牧户的最小受偿意愿提出了不同性质、不同发展模式下的补偿标准，力求在巩固三江源前期的生态保护成果基础上，在牧户福利改善的基础上继续激励牧户参与生态保护，使三江源生态环境得到改善及恢复，维护三江源中下游区域乃至我国的生态安全，促进区域的社会稳定和生态经济可持续发展。本研究可能存在的创新主要体现在以下几个方面。

（1）建立生态保护过程中牧户的福利内涵。目前有关三江源自然保护区的研究众多，但大部分是针对三江源草地生态系统的脆弱性进行的，或者是单一的生态服务价值的核算及理论上的补偿机制探讨，鲜有从牧户的视角出发，探讨牧户的福利内涵，并以牧户的福利优化为目标系统地分析牧户的福利变化及其损。本研究结合生态系统服务理论和福利经济学理论，建立了个体在生态系统保护中的福利内涵，对自然资源的退化等对人类影响的研究提供了框架，并为自然资源利用过程中的福利影响度量及分析提供了一定的依据，将充实和完善生态系统服务的福利研究，丰富福利理论，为自然资源过程变化和人地系统研究提供新视角，为生态经济相关学科在交叉集成研究上的创新做出了一定的贡献。

（2）建立生态保护过程中牧户的福利评价体系。个体的福利不仅仅是经济收入，也不单纯是个体的各种权益，而且是个体在自然资源利用过程中的资源和能力，而且各种福利功能对个体总体福利实现的贡献和重要性是不同的。本研究结合森的能力理论和马斯洛需要层次理论，构建了个体的福利评价体系，弥补了福利分析的片面性和模糊性，为福利经济学的研究提供规范式研究和实证检验。本研究不仅对自然资源保护过程中的福利变化进行了评价，同时为自然资源管理及其相关补偿政策的制定提供了科学的理论依据和支撑，也对促进区域自然资源合理利用和区域社会稳定、生态经济可持续发展具有十分重要的意义。

（3）牧户生态保护中福利均衡的路径分析。社会福利的均衡和资源配置不仅仅应该考虑经济方面的效率与公平，也应该兼顾福利其他功能的有效提升，因此以外部性内化为目标的补偿机制构建，更应该关注个体非经济方面的福利功能补偿和完善，以改善和提高个体的全面福利，实现社会福利最优。本研究通过微观的牧户视角，将牧户的福利改善提高作为自然资源政策效率的评价标准，分析认为：要使牧户的福利水平不下降或改善牧户的福利水平，则必须提高补偿标准和减少牧户对草地资源的依赖。即应该通过提高补偿标准、促进牧户的生计能力和就业能力以引导牧户主动参与草地生态保护、积极响应和参与环境管理才是从根本上实现区域生态经济可持续发展的保障。

（4）构建以牧户福利优化为目标的激励性补偿机制。生态补偿是有效的减贫措施，在三江源中后期的草地生态保护战略中，必须坚定不移地实施生态补偿以改善牧户福利并实现生态保护。个体的福利不仅仅是经济收入，三江源牧户在前期的生态保护中福利受损较明显，为巩固前期的生态保护成果和促进牧户中后期继续参与生态保护，亟须以牧户的福利损失充分补偿为基础构建激励性的补偿机制。本研究结合牧户的受偿意愿，并参照牧户保护行为产生的生态服务价值和福利损失，根据不同优先级的补偿次序，确立了不同区域的不同补偿性质、不同额度的补偿标准和不同的保护发展模式，为解决前期生态保护中的各种矛盾和构建三江源中后期生态补偿机制提供了有效的思路，为政府调控和管理三江源自然保护区可持续生态保护提供切实有效和强有力的决策依据、理论指导与技术支撑，从根本上促进三江源区域生态保护和实现区域社会稳定及生态经济可持续发展提供了理论和实证参考依据。

1.4 福利和补偿的国内外研究进展

1.4.1 福利及其均衡的研究及述评

自"福利"这个词诞生以来，国内外有关福利经济学的讨论和研究从未停止。从探讨福利到底是效用还是偏好、福利是否可以测量以及人际比较，到关注社会福利的分配以及贫困人群是否幸福、社会分配是否公平、人类社会是否进步发展等都是福利经济学探讨的内容。本研究试图对目前福利经济学关注的问题进行述评，分析目前福利经济学研究中存在的不足，并借用保罗·阿南德在森 75 岁生日的贺词展望未来福利经济学的研究方向。

1.4.1.1 国民收入与幸福的福利研究

庇古首次提出福利是在《国民经济原理》一书中，后期的许多经济学家对福利的探讨也往往是用国民收入来代表福利的内涵进行分析的。但随着第三世界国家经济的快速增长，学者们发现片面的高速增长的 GDP 带给穷人的利益和福利微乎其微，经济增长并不能消除或者任何地减缓普遍存在的绝对贫困，因此用单纯的经济增长速度或平均国民收入来作为福利指数具有非常大的片面性。受当时的研究局限，屈锡华等（1995）提出以贫困加权或均等权数来代替传统的福利指标，但这引起了更广泛的关于"一元是否就是一元"和"收入分配平等"的探讨。邢占军（2011）通过 6 个省会城市的数据对收入与幸福感进行了研究发现，现阶段高收入群体的幸福感明显较低收入群体高，而地区富裕程度却与幸福感之间的相关性不明显。田国强等（2006）在个人理性选择和社会福利最大化幸福的假定下通过经济学理论模型研究发现，当收入不能达到与非物质的初始禀赋正相关的临界收入时增加收入将提高幸福感，一旦收入超越了该临界点，增加收入不仅不能增加社会幸福感，反而导致总体幸福感的下降和帕累托配置的无效。

首先，用 GDP 或者 GNP 代表福利，未考虑如环境、婚姻、个性特征、教育、政治自由等因素对福利的贡献，使福利的量化不完整和不准确；其次，对于福利的序数理论和基数理论探讨较少，很少能明确区分福利的基数和序数的边界，对福利的可测性和量化未有定论，导致福利的补偿研究相对薄弱；再次，将幸福和收入不是作为福利的一个维度而是与福利割裂进行分析；最后，混淆了个体福利和集体福利的界限，基本上是将个体收入的总和作为福利进行考察的，但在分析福利与幸福的关系，或者幸福感的影响因素时，却用个体的特征变量来探讨幸福。此外通过个体福利的简单加总来代表集体福利，忽略了个体内部的异质性，福利本身应该是矢量的，简单的加总模糊了集体福利的内涵和方向性，因此福利的均衡探讨只能仅仅局限于理论分析。显然，福利的内涵探讨是紧迫而必要的。

1.4.1.2　福利的能力清单

Max-Neef（1991）确定了生存、保护、感情爱情、理解、参与、休闲、创造、身份和自由 9 个类型的基本需求。需要不是纯粹的经济需求，减轻贫困通常指发展的贫乏，尽管平均收入和经济发展等传统指标明显改善，但当贫乏不被充分解决并产生个人和集体的恐惧和挫折时，将可能损害个人福利和社会福利。因此多维贫困是社会福利的一部分，可以通过满足其他类型的需求以满足更大程度的需求而被补偿，如收入不足（生活贫困）可以通过加强团结、加强观念的相互保护、感情和参与而纠正。Griffin（1986）建议用成就（accomplishment）、人类生存的组成部分（包括机构、基础物理能力和自由）、理解、享受和深厚的个人关系五个维度密切对应潜在需求。Boyden（1992）指出观念和文化都直接和间接地影响行为和精神状态对福利发挥作用，Nussbaum（1993，2000）提出了生活、身体健康、身体的完整性、感官、想象和思维、情绪、实践理性、社会关系、发挥、控制一个人的环境等 10 项人类生活领域的名单。Clark（2003）指出美好生活（福利）的最重要的功能是工作、教育和住房。Martinetti（2000）运用房屋、健康、教育和知识、社会参与、心理状态 5 个维度功能指标对意大利公民的福利问题进行了测度，并且指出，能力框架的清单在测度某一群体的福利水平时需要注意保证足够的福利评价空间，每一个相关能力或者维度应该包含更多具体的功能指标，相关对象的福利指标确定应该具有充分代表性和典型性，维度的确定不应该是随机的，对每个维度的福利进行加总时究竟应该采用什么样的方法等都是能力理论应该迫切关注的问题。Grasso（2002）运用卫生、教育、社会关系、长寿、就业、环境条件及住房条件指标以系统动力学来解释实施森的框架的可能性，并建立了转换因子模型（CFM），其中功能性活动取决于身体和精神的健康、教育和培训、社会互动三个维度。Kuklys（2005）用健康生活、充裕住房、物质福利和在生活中所拥有的社会与感情的支持四项功能来衡量福利。Tommas（2006）在符合Robeyns（2005b）的能力清单的要求（明确表述功能、有理论基础、理性的和可执行的不同层次清单、清单体现的重要内容）基础上，运用生活、身体健康、身体完整、感官的想象与思考、休闲活动（嬉戏）、情绪 6 个功能探讨印度儿童的福利。Veenhoven（2000）和 Boarini（2006）提出了工作、教育、休闲、社会环境、物理环境、政治环境、健康和财富等 8 个维度构建福利框架。可见福利必须满足物质和不可触摸的需要的同时满意，扩展基础需求成为一个更全面的审查经济活动和人类福利之间相互作用并确定社会发展目标的重要方法，同时提出功能和能力必须是确定的、可执行的，功能各个维度指标加总时的权值反映了对福利的相对重要性（Alkire，2005；Robeyns，2006；Schokkaert，2009）。

1.4.1.3 社会福利函数及其均衡与补偿

自庇古提出社会福利的概念以来，社会福利一直缺乏统一有效的衡量方法，Hicks（1940）和 Pigou（1962）首先用 GDP 来衡量社会福利，此时的国家被看做一个个体。Matthew 和 Sardar（2003）认为基于社会选择理论的个体的偏好揭示代表了个体的福利情形，因此可以通过社会选择来实现社会福利的测量（Clarke，2000）。Nordhaus 和 Tobin（1972）剔除 GDP 最终产品中无法增加个人福利的部分，并加入 GDP 未包括的外部性因素提出了"经济福利尺度"（MEW）概念。萨缪尔森（Samuelson，1973）进一步提出了替代 GNP 的"净经济福利"（NEW）指标。阿玛蒂亚·森（Sen，1995）在庇古的收入与分配的福利经济学思想基础上结合其发展的社会选择理论改进了 Atkinson（1970）的收入不平等测算理论模型，建立森的福利指数，不仅仅考虑收入，而且借助基尼系数代替不平等系数，对福利的分配进行了调整，如果收入分配越平等，人均实际收入与个人福利在数值上就越接近。Clarke 和 Islam（2003）提出净社会福利函数，其基本思想是将社会偏好归入成本—收益分析中得到最优福利水平，实际上仍然建立在对国民净收益或净增长的考察基础上。

Islam 和 Clarke（2000）运用社会选择理论通过成本—效益调整的 GDP 构建了泰国 1977—1999 年的社会福利函数。估算总的社会福利指标，如标准的 GDP（Hicks，1940；Pigou，1962）及调整的 GDP（Nordhaus & Tobin，1973；Daly & Cobb，1990）、复合指标（UNDP，1990；Morris，1979），都无疑会得出经济增长等于社会福利的增加，社会发展等于促进经济增长的循环推理，因而限制了对社会福利与社会发展之间关系的理解，因此在 GDP 为指标的社会福利研究中考虑公平和平等是必要的，因为不均等可能是导致经济增长的结果（Simon Kuznets，1955）或原因。即使所有国家的经济发展过程都符合库兹涅茨曲线，但由于不同国家及其在不同发展时期的福利水平存在着差异，因此各个国家之间的政策取向应该有所差异，比如在低收入阶段应该强调实际收入增长而在高收入阶段应该更强调分配公平。陈曜（2004）将收入与基尼系数相乘，并用库兹涅茨曲线进行了验证分析，发现一个国家福利水平的高低与人均收入水平有关，而与收入分配是否公平并没有统计上的相关关系，认为福利水平指数也只能部分地由人均收入与基尼系数来决定，为了使福利指数能够更好地符合人们的主观偏好，可通过对人均收入与基尼系数赋予不同的权重（基尼系数在不同的社会中的弹性值）来表达经济福利。此类社会福利的测量是通过经济活动的判断来实现价值判断（Sen，1979、1999）。调整后的 GDP 作为社会福利函数测量可以实现一定的社会价值判断，如经济增长的成本效益分析、跨时间的偏好、社会收入分配优化、组织和结构的变化影响他人自由、许可权、道德等（Clarke & Islam，2003）。但我们很明显可以看出，福利的经济指数及其后来的改进仅仅是对经济福利的衡量，并且在衡量经济福利过程中从收入中剥离经济效用来考察个人福利，而对公共福利、环境福利等社会应该承担的责任和公共产品并未深入研究。

Islam（2001）、Islam 和 Clarke（2000）运用宏观数据建立了包括社会、经济、政治、环境和精神的社会生态——经济指标体系（SEE），它代表一个综合性的社会生态和经济系统，但是对指标的加权处理极为随机。Werner Hediger（2000）以个人偏好的总和为基础建立的社会福利函数不仅仅将社会福利作为资本能实现时空的转移和循环，而且在满足人类基本需求的同时实现社会文化系统和社会生态系统的完整统一，最终实现人类社会经济和生态的可持续发展。Jorge Garce 等（2003）在可持续发展原则下提出了一个社会—卫生保健模式的福利函数，以面对在持续的社会老龄化、非正式支持的依赖和危机的不断增加情况下，欧洲社会服务特征日益增加的需求。经济和社会成本必须接受社会的共同责任、社会共同进步发展带来个体福利的改善以实现可持续，而社会可持续发展的原则意味着调控管理、保障、经济、限制管理、文化、价值框架的重新制定和监管，因此生活质量的研究必须考虑个体的主观满意程度和公民权利。然而这些社会福利指标的衡量都未考虑主观满意和个体的感受，忽略了福利可能是短暂的体验（Sen，1985），并且随着时间的推移，偏好将发生变化（Pigou，1962）、人们享受满意的能力也会发生变化（Sen，1970）、收入分配的变化（Jorgenson，1997）都会导致社会福利函数的定量衡量存在缺陷。

Arrow 等（2003）将给定时间变化的幸福作为社会福利函数，Dimitra 和 Anastasios（2008）分析了 Ramsey-Koopmans 社会福利函数（R-K SWF）在非优化经济及社会政策变化时社会福利函数的变化（CSW）。Paul 等（2009）分析了很多运用社会福利函数探讨分配不平等的文献，认为平均主义已经解决了公平问题，由于忽略了不平等的来源（个体的责任）导致对不同程度的不平等分析的失败。可见在探讨社会福利时，必须重视个体偏好选择对社会福利的责任和贡献，否则极有可能导致社会福利的分配不平等。

Vladimir L. Levin（2010）认为，我们通过个体效用的总和表示的社会效用函数弱化了传统的无限制域假设，并探讨了效用空间的一般均衡。Andrew（2009）研究了均衡模型下三种不同的气候变化政策对世界总产量、世界输出、技术变化、温室气体排放和气候生产力驱动的变化等社会福利的影响。赵骅等（2006）通过构建失业者边际效用模型探讨了社会福利博弈模型。Eran Hanany（2008）基于风险偏好，并假定一个共同的、最严重的社会所有个人状态（起源）而建立了纳什社会福利函数，提供了一个纳什公用事业产品的偏好聚合规则的解释，社会偏好考虑到非预期效用，风险偏好强度由直接比较确定性等价概率确定。杨缅昆（2009）在森的福利指数的理论渊源和局限性分析基础上对国内学者所构建的社会福利指数进行了评析，并将社会福利指数定义为经济福利指数与非经济福利指数的加权平均数。虽然我们可以通过社会卫生、文化、环境等指标的加权设立完整的福利评价体系，但是如何考虑权重的科学性及其经济福利和非经济福利的人际比较仍然是一个未知数，仅仅通过权重的设定显然不能解决个人的偏好排序如何形成社会偏好以实现社会福利函数的根本问题。因此在科学的理论基础上，构建规范化的社会福利函数，各群体、各地域的人们都能自由、公平的获取和拥有资源，国家和政府的社会制度能有效地调节各种分配不公平和均等以及市场失灵、外部性，各种体制下的人们能实现自身的价值和幸福，环境和文化得到保护，才能实现社会福利最大化和人类可持续发展与进步。

在社会福利的经济指标体系理论中，当社会决策者考虑并尊重消费者偏好时，消费者剩余是社会经济福利的表达，是一项经济制度或制度安排好坏的福利标准，将社会福利的普遍、公平的实现作为政策制定和制度安排可行的标准时，可以防止和矫正市场失灵，并增加社会福利。希克斯和马歇尔的补偿理论认为，当社会变革使一部分人受益而另一部分人受损时，受益人可以对受损人进行补偿，只要收益大于补偿就说明社会福利增加了。但是应该注意的是这些补偿都是假设性的，认为受益者并不需要对损失者进行实际的补偿，只要社会发展了，那么福利受损的那部分人自然可以得到补偿，因此导致福利补偿的矛盾化。另外，由于收入边际效用递减，则 CV（或 EV）往往低估（或高估）人们的收益，并且在不进行实际补偿的情况下 CV 更不能适用。可见由于补偿标准和假设性的补偿加剧了福利的不均衡，更可能因此引起福利受损人群对变革的抵触，最终导致社会矛盾增加而使社会集体福利下降。因此，选用合适的补偿标准，进行实际的补偿，减少个体福利的损失，对福利增加和社会公平是极为重要的。

1.4.2　生态补偿研究进展及述评

国际上对生态补偿的评价和效应分析是近年的研究热点，主要集中在生态补偿的资源环境效应分析、社会经济效果分析以及补偿效率分析三方面（Alix et al.，2005；Wünscher et al.，2008；Herzog et al.，2005；Dietschi et al.，2007）。而国内有关生态补偿的探讨大都是基于宏观、流域和理论方面的探讨，极少关注生态补偿效率以及经济分析（戴其文、赵雪雁，2010）。应当以空间异质性和区域差异作为切入点，紧紧围绕生态系统结构与功能—生态系统服务—人类社会福利这一主线，始终将"自然系统提供生态服务与社会经济系统内化消费"之间的耦合联系作为研究核心，综合分析社会经济系统对自然资本内化的响应（李双成，2011）。

1.4.2.1　生态补偿与贫困

生态补偿作为一种以保护和可持续利用生态系统为目的，以经济手段为主要方式，调节相关者利益关系的制度安排（李文华，2006），将生态保护的成本和费用让生态环境服务的受益者来承担，在实现公平及效率的基础上实现了各利益主体之间的福利均衡。生态系统服务提供区域往往为经济发展能力比较弱、生态环境比较脆弱和敏感的区域，在这些区域生态保护计划往往使当地的自然资源使用者的福利受损，甚至使他们陷入贫困，而区域也因此被限制发展，失去了许多发展机会和经济增长的权限，进一步降低了当地人获得收入的来源和机会，使贫困化程度加剧。因此，在生态保护区域，亟待实施有效的生态补偿机制，以减轻贫困。

诸多学者的研究结果表明，生态补偿有助于减贫，是扶贫的重要机制（Kerr，2002；Landell-Mills and Porras，2002；Pagiola et al.，2002；Grieg-Gran et al.，2005；Pagiola et al.，2005；Ziberman et al.，2008），而贫困家庭能否参与生态补偿（Pagiola et al.，2005）、降低交易成本以促进贫困家庭参与能力提高是减贫的关键（Pagiola et al.，2010）。Rodrigo Sierra 和 Eric Russman（2006）基于哥斯达黎加奥萨半岛农场所进行的接受和不接受的 PES 分析，检验了生态补偿（Payments for Environmental Services，PES）的效率。研究表明：PES 受该地区森林保护行为的直接影响，PES 通过森林再生和服务的收益加快了农业用地的遗弃，PES 的地主没有长期的义务让被遗弃的土地恢复成森林。在没有 PES 的情况下，森林覆盖面积很可能会在 PES 和非 PES 农场、森林再生的地方相似，如果他们用于恢复目的，付款可能是更有效的方式。如果有其他森林栖息地和服务损失的直接风险较高的领域，由于保护成果的滞后，更大的地理范围也是不够的。Kelsey 等（2008）从政策分析的角度对生态补偿政策制定后的评估结果表明，生态补偿对环境保护、成本减少和减少贫困效果更明显，考虑适当的多元化战略和有据可查的人类行为，引入"优化土地利用的多样化"的生产下降的补偿是成本效益补偿政策的重要一步，以避免风险补偿可以提高货币补偿效应（Fisher et al.，2011）。可见，在降低生产者参与生态保护的福利损失风险，并让牧户的生活和收入不因生态保护而大幅下降，并通过生态补偿对生态效益生产者形成有效的激励机制的情况下，生态补偿可以减小生态保护者的贫困。

1.4.2.2 生态补偿标准

合理的补偿标准直接关系到补偿效果和保护行为的可持续性，更是提高补偿效益的关键。从生态经济学或纯粹经济学的角度来说，当边际成本等于边际收益时实现环境效益的最大化，因此理论上最佳补偿额应该以提供的生态服务的价值为补偿标准，应以保持生态系统健康、持续发挥服务功能为基础，以保育生态系统所需的经营成本来确定提供多少经济补偿（冯凌，2010）。受偿者的需求和补偿者的支付能力及支付意愿是生态补偿的决定性因素，故补偿标准还应考虑生态服务提供者的需求、受益者的补偿能力和支付意愿，通过博弈最终确定（俞海等，2007）。作为理性的经济人，在自愿的情况下，只有补偿标准大于机会成本时，它们才会参与生态补偿，故机会成本往往作为生态补偿的下限；MacMillan 等（1998）在苏格兰的研究结果表明，新造林生态补偿标准与新造林地的生态服务功能无关，与机会成本直接相关，完全以经营成本为标准往往导致补偿的激励不足，要获得足够的动力参与生态保护和建设，需要包括部分或者全部机会成本以补偿经营过程中所放弃的发展机会的损失。其次，生态保护和补偿能否顺利实施的关键在于农民在其中损失的利益能否得到补偿及其为生态恢复所作的贡献能否得到承认，应该结合利益相关者的意愿调查确定补偿的合理水平（熊鹰等，2004）。即因生态保护而增加的服务效益应该被补偿给环境保护者，以体现公平性，同时利益相关者的保护和支付意愿在很大程度上代表了生产者和消费者参与生态保护的意愿及诉求，也是供需平衡机制和环境服务交易的基础，应该被作为补偿标准而予以考虑。

1.4.2.3 全面性的补偿

生态补偿更多地指对生态环境保护者或养护者的补偿，通过对损害或保护资源环境的行为进行收费或补偿，提高该行为的成本或收益（张峰，2012），从而激励损害行为的主体减少，以达到保护资源的目的（熊鹰等，2004）。该补偿机制因忽略了各项措施实施所引发的当地政府、社区以及居民等不同利益相关方在生态保护行为上的响应，从而使得保护工作不能有效实施（Pires，2004）。国内对于当地政府、游客、保护组织、社区以及居民等不同利益相关方在保护和补偿行为上的响应方面的研究较为缺乏，也使得以往生态保护工作的有效性受到质疑（赵军等，2007），一系列生态保护与恢复项目效果并不理想（甄霖等，2007）。因此，应界定利益相关者的责任，并结合利益相关者的意愿调查确定补偿的合理水平（熊鹰等，2004），并根据不同的利益相关程度确定生态补偿分担率，建立差异化的生态服务付费和受偿机制，把农户的生态补偿意愿转化为实际行动和建立均衡国家与地方利益的互动机制和"责效"关系（李芬等，2010），解决利益相关方的矛盾和冲突，明确补偿实施主体和责任主体，鼓励企业、社区、非政府组织等参与，尤其应该尊重弱势群体的意愿、生存和发展权利。促进利益相关方之间合作是生态补偿的关键，更对实现地区可持续发展和生态保护环境管理意义重大。

同时，生态补偿不应该仅仅局限于经济补偿，而忽略自然保护区基础设施的改善、地区经济发展能力的培育和提高等方面。正如赵雪雁等（2009）指出的，生态保护区域公共政策的设计更应该关注牧民的基本能力建设，应基于政治自由、经济机会、社会机会、安全保障、文化价值和环境保护六个维度来设计政策框架，将发展经济、改善教育、提高牧民的生活质量与环境修复结合起来，建立环境、经济、社会综合发展的环境政策，用全面的观点和可持续的方法理解与应对可持续发展需求的能力，才有可能实现区域及牧户的可持续发展。综上所述，探究生态脆弱区的生态服务功能，研究农牧民等利益主体福利内涵与转变，关注贫困，构建有效、公平的生态补偿机制将是今后我们进一步的研究重点。

2 福利及生态补偿理论基础

2.1 福利概念的界定

从福利经济学的早期功利主义，到后期的追求福利的分配与效率问题，再到现代福利经济学更为关注个人能力，虽然研究侧重点各异，但是对福利的定义和内涵的研究却从未停止。福利到底是什么？或者什么是福利内容？哪些指标才能真正解释福利？如何研究福利？到底应该侧重于哪方面的福利研究？诸如此类的问题一直是福利经济学研究和迫切解决的问题。

2.1.1 福利是效用还是快乐？

早期的古典经济学中，福利是等同于效用的，并且是可以测量的，经常用 GDP 来进行衡量。穆勒（Mill，1863）第一次把功利主义幸福思想引入经济学，创立了早期效用主义经济学。1871 年，卡尔·门格尔在《国民经济学原理》中将有用的物品所具有的好处或者商品性，也即休谟所说的 "utility"（效用），认为是亚里士多德所说的人类所寻找的 "至善"（supreme good），即 "可达到的最高善"，也就是 "幸福" "福利"。杰文斯（Jevons，1871）边际效用理论认为物品能给人们带来快乐（或痛苦）的性质便是物品的效用，埃奇沃斯（Edgeworth，1881）、马歇尔（Marshall，1890）进一步认为效用可以通过无限量的快乐与痛苦之和来表达。可以看出早期福利经济学中，福利是商品的效用带给人的 "快乐" 或 "痛苦" 的总和，并且可以实现量化。

边沁（Bentham，1789）的功利主义学说将效用进行了划分，即正效用带给人快乐，负效用带给人痛苦，并且认为人的本性是趋利避害的，人类的生存和生活目的都是为了使自己获得最大幸福，即实现效用最大化。社会最大化目标或者社会福利最大化即所有成员追求个人幸福最大化的总和，也就是社会最大多数人的最大幸福。同时最大多数人的最大幸福也成为立法及指导和制定政策的标准。庇古继承和发展了上述理论，认为人的本性是追求福利最大化，消费者的选择是为了效用最大化，即满足和快乐是效用的评价，社会福利最大化即资源有效配置和平等分配的基础上的个人福利最大化的总和。可见以边沁为代表的哲学家和以庇古为先驱的古典经济学家将个人的福利指标认为是"效用"，个人的福利是效用的满足和快乐的数学评价结果的总和，福利是效用基数可测的；社会福利是个人福利的总和，最大多数人的最大幸福（社会福利最大化）是立法和政策制定的基础，这便是古典的福利经济学理论。

2.1.2　偏好即福利？

新福利经济学认为，具体数值不能表示某种物的效用，效用是由人的主观心理决定的，由于每个人的主观判断千差万别，所以，就没有办法也没有必要对每个人的福利大小做比较，消费者的偏好分析便可以实现行为选择。帕累托原则（Pareto Crietrion）以偏好取代效用的享乐体验，使效用仅仅成为一种能够显示行为的偏好顺序的函数，"个人是其福利的最好判断者"，"社会福利取决于组成社会的所有个人的福利，而不是取决于任何其他东西"，"如果至少有一个人境况好起来（福利增加），而没有一个人的境况坏下去（福利减少），整个社会的境况就算好起来了（社会福利增加）"。现实中福利变化往往是一部分人的福利增加而另一部分人的福利减少，此时需要补偿原则来判断其相应的排序，并且实现帕累托标准。黄有光认为不完全知识、对别人福利的关心和不完全理性等原因导致福利与偏好的不一致：首先，由于无知和不完全预见，偏好和福利会有所差异。应该考虑将知情偏好（informed preferences）作为个人行为选择的解释变量（Harsanyi，1997），而行为选择后或事后的实际偏好才是真正的福利。其次，一个人的偏好会因为他是情感利他主义者而做出同情、关心或者满足的行为选择，从而影响他自己的福利（Ng，1969，1999a；Sen，1973c），同时非情感利他主义者也可能会因为道义或者人本主义的影响而做出牺牲等损失和背离个人福利最大化的行为选择，此时偏好和福利差异相当大，即一个人的偏好不仅仅是自己福利的体现，更可能是对别人福利影响下的结果，非情感利他主义会使基于偏好的帕累托（Paret，1896）准则不合乎解释（Ng，2000a），而无论是情感的还是非情感的利他主义都会导致科斯定理的失效。再次，个人会因为牺牲（或者忽视）未来、存在过多的享乐诱惑及个人的习惯和习俗或者信仰的偏执等具有非理性的偏好而做出与福利不一致的行为选择。尽管偏好代表的效用与福利之间存在着差异，但如果不是针对非特优物品和过度的物质偏见主义，研究者通常会将福利的测量标准等同于效用，即每个人都是对自己福利的最好的判断者，并且以实现福利最大化为目的。

如果我们狭隘地认为偏好就是福利，则似乎有悖于人类的终极追求。人类最终的追求是快乐（或者福利最大）而不仅仅是偏好或者偏好的满足，比如喜欢 y 超过 x，是因为选择 y 可以使个体更快乐或者得到更大的快乐（福利），而不仅仅是因为排列喜欢程度。归根结底，重要的是快乐的程度而非偏好，即快乐（福利）是通过消费物品的效用的偏好而得到满足或者享受，快乐才是终极关怀。个体的净快乐（福利）不仅仅是正负情感感受之和，而且快乐还可以用不同质量、程度和强度来衡量，不同的偏好效用带给人的快乐和感受是异质的，而且快乐程度也存在差异，快乐的影响强度由于个体的不同和感受能力的制约存在着很大的不同。个体之间由于存在着不同程度的文化偏见（Diener，1995），婚姻、性格、健康、宗教信仰、就业、社会资本等（Winkelmann，1998；Bjornskov，2003）差异，因此快乐也存在极大的差异和变化。

可见，用偏好代表福利是不完全的。Harsanyi（1997）主张用知情偏好代替实际偏好；Scitovsky（1976/1992）研究发现追求大量财富并不一定能够得到快乐；Nordhaus & Tobin（1972）和 Brekke（1997）建议在国民收入核算中考虑休闲和污染等因素以改进总经济活动的度量标准；伊斯特林（Easterlin，1978）发现由于适应性的调整，收入的增加仅在最初会促进幸福感的极大提升。朋友、同事及自身的过往收入效用水平（Duesenberry，1949；Hirseh，1976；Clark & Oswald，1998）以及人们对未来收入的预期（Easterlin，2000）等会极大地影响人们的快乐，快乐并非会随收入增加而迅速增加，这即著名的"收入—幸福悖论"，证明收入与幸福之间没有明显的相关性。

2.1.3 福利是一种能力

福利是一种能力的观点以试图解决根本的在福利经济学的功利方法的不可避免的基本理论极限为根据（Sen，1999），但它也可以被看做是对传统福利经济学方法的推广。森认为，幸福很重要，所以有机会做的事情人们有理由去评价或重视，并且这些功能应该是一个人的福利不可或缺的评估内容。森和他的同事在后来的工作中定义了能力的含义：一个人实际能够做某事，并对某种功能性活动组合进行选择以实现他的可行能力，即一个人能选择功能组合实现某种生活的自由和他实际拥有的机会。而一个人的福利可以通过他自由选择的功能组合（能做的有价值的行为活动，doings）和以此实现的生活状态或生活质量（选择的机会和结果，beings）进行评价。一个人的可行能力集由个体可以自由选择的、可以互相替代的功能性活动向量（包括最为基本的吃、穿、住、行，有足够的营养，健康、不受疾病的侵害，参加各种社区活动，政治参与，拥有自尊，等等）组成，个人的功能性活动组合反映了此人实际达到的成就和机会，个体的生活可被看做他或她的功能性活动矢量。研究者可以对个体的生活状态进行功能的多维度划分（如收入、住房、工作、环境、自由、宗教信仰等），对每个功能用一定的指标进行评价，而这些所有生活功能集合的自由选择，以及选择的机会及其产生的结果代表的个体的生活质量，便是个体的可行性能力集合，是个体福利状态的揭示和评价。"能力的方法"是福利经济学的一部分，比"效用"和"收入、商品，或人的幸福"的感觉更侧重于"自由以促进有价值的生命和行为"（HDCA，2009）。

在"能力的方法"中，由于考虑了个体的差异性，因此即便是同样的生活状态，得到的福利的评价结果也完全是异质性的，因此福利的评价结果更为真实和可靠，更能代表福利的内涵。此外，每个个体都具有选择的自由和机会，每个个体都按照自己的标准选择实现功能，也代表了个体想过什么样的生活的自由，个体的能力通过个体的选择而实现和表达，个体对自己选择的结果的满意或者不满意的适应和调整等自我判断也反映出个体承担后果和责任的能力。

2.1.4 幸福感—生活满意度—能力

幸福不同于能力，但是却和能力相关。为了过上快乐的生活，能力显然是必需的，而幸福在很多方面反馈了能力。能力和幸福都关注生活质量和生活满意度，Veenhoven（2010）在研究中区别了这三者的差异：将"良好生活"的机会和"生活的实际"按照生活质量的内部和外部区别进行划分。

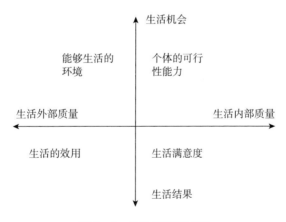

图 2 - 1 生活的四种质量

"能力"标志着良好生活的机会而不是生活的结果。森的基本思想是发展政策应该侧重于改善某人的命运的机遇而不是经济结果。"capability"指的是"能够"（being able），在森的工作中，重点是在左上角的象限，指能够改善某人的情形，反对歧视，他强调教育是个人的品质（素质）。Nussbaum's 指能够过一个真正的人的生活，重点是在右上角象限，能力大部分指内在的资质（或天赋），如实际的原因和想象力。

幸福感，指整体的生活状态和质量评价，位于右下角象限。生活满意度是生活的部分满意，是生活满意的持久性反应和传递，生活的满意度传递的那一部分，被称为快乐或愉悦（pleasure），是一种感觉和知觉的体验，如一杯好酒，或一段优美的文字。部分满意（part-satisfaction）指生活领域（如工作、婚姻）所产生的持久的满意，通常幸福（happiness）指的是各个生活维度的满意。巅峰体验（peak experience）指将生活作为一个整体传递满意度，产生激烈的、波涛汹涌般的感受和体验，诗人通常将这种体验描述为幸福，而宗教信仰者将视之为神秘的体验。

生活满意度（life-satisfaction）是将一个人的生活作为一个整体的持久的满意度，也通常指"幸福"（happiness）或者"主观福利"（subjective wellbeing）。显然我们应该选择整体生活满意度或"幸福"来代表满意度研究能力，基本生活领域的满意度并不能代表整体的生活满意度，因此研究中多通过幸福感来代表整体的生活满意度。但幸福感被认为是单纯的知足（contentment），并且它通常会导致对现实的不切实际的乐观看法。

2.1.5 福利内涵

能力和幸福都是生活内部质量的反映，而能力是生活的功能集合的"生活机会"的选择，幸福是选择之后的"生活的结果"，是生活质量的评价，是整体生活满意度的反映。幸福是能力的生活结果的反馈，而能力是幸福生活的必需。个体必须具备一定的能力，才能实现更大的幸福，同时一些重要能力的提高将促进幸福感的增加。我们在研究中用能力理论或者幸福感理论来研究福利经济时，更应该注意区分代表的福利内涵的差异。福利不仅仅应该是生活质量的内部效应，更应该包括生活的外部质量，如环境和生活效用。个体的福利的内容和状态往往是个体生活环境的状态的体现，良好的自然环境、文化环境和社会经济环境往往会对个体的福利产生较大影响。此外，我们追求生活的效用不仅仅是为了效用本身，而且是为了获得这种体验和实现生活的意义，如生态环境保护、文化发展、人类进步、自由和平等，没有意义、没有真正价值的生活不是人类所追求的，更不是人类发展的体现。

因此，福利应该是环境、能力、生活意义和幸福感的综合体现，是个体在特定的环境下适应、发展和产生一定的健康的可行能力，根据个体的差异和偏好自由选择一定的生活，实现生活的意义和价值，获得自我实现的满足和最大的幸福。福利是能力框架下，通过偏好（功能的选择、自由）的满足，实现效用（幸福和美好的生活质量）。追求幸福和美好的生活质量以及能够自由选择并实现美好生活，是个体能力的体现和表达。生活的成就是个体选择的结果，个体拥有选择的自由和机会越多，能力就越大。个体选择的能力和选择的自由以及机会，受个体性格特征的影响，同时是在个体生活环境和过往经验的基础上实现的。个体通过追求生活意义和价值实现福利的最大化。

2.2　福利的改进标准——最优、次优和第三优

帕累托原则认为，当一项变革使某些人的境况得到改善，而没有任何人的境况恶化时，就是一个好变革。此处的境况改善可以用偏好或福利来解释。帕累托最优条件，是指在一定的收入和价格水平条件下，为达到最大限度的社会福利所需要的生产条件、交换条件和最高条件。在完全竞争的市场经济中，交换的最优条件是指消费者购买商品时，任何两种消费品之间的"边际替代率"（边际效用与商品价格相等）。对任何消费该物品的消费者来说，生产的最优条件，是指生产要素之间的边际替代率相等，实现生产要素最有效的配置。对一种产品的生产要求其"边际生产成本"和产品的价格相等，以防止亏损或扩大生产等不均衡状态。对两种产品的生产要求两种产品的"边际生产成本"之比相等，否则生产要素的分配就有可能变得只有利于生产中的某一种产品，导致一种产品生产的增加是在另一种产品减少的情况下进行的。最优条件指对任意一种物品来说，边际替代率等于边际转化率，以保证生产的产品和人们的偏好一致。具备了这些条件就意味着供给和需求无论在量上还是在结构上都是均衡的。交换双方在交换中可以获得最大的满足，企业使用生产要素的效率最高，社会资源的配置也最合理，因此，

必然达到整个社会福利的最大化。在不考虑外部性和没有报酬递增的假定下，一个完全竞争的经济能够实现帕累托最优（Ng，1979、1984b），且完全竞争的经济系统和完全的中央调控或者垄断体系也会实现帕累托最优（Pigou，1932）；而通过资源的适度分配，每一个帕累托最优都能形成一个竞争均衡，在完全竞争的情况下，企业利润的最大化和消费者效用最大化行为以及供求机制决定了所达到的均衡就是帕累托最优，此时的帕累托最优是用消费者显示的偏好来定义的，如果该偏好代表的福利指的是实际的或者是事后的福利，那么消费者是可以完全预见和理性选择的。

由于规模报酬递增以及产品差异的存在，垄断难以消除，加上外部性效应的存在，帕累托最优的必要条件总是难以实现，我们只能退而求其次，即实现帕累托次优。但由于管理成本、未矫正的外部性、信息贫乏、不同程度的垄断势力、税收和政府干预等原因的存在，次优总是存在着扭曲，因此我们提倡用第三优来描述世界才会更准确。即在第三优世界采用最优准则，在存在某些次优扭曲但信息成本可以忽略的次优世界采用次优准则，而在信息贫乏的情况下将最优准则用于第三优世界，在信息缺乏的情况下将第三优准则用于第三优世界。第三优决策取决于现有信息量和所涉及的管理成本，在信息缺乏的情况下，第三优决策与最优决策重合，如果信息完全且管理成本可以忽略不计时，第三优决策与次优决策重合，可见最优决策和次优决策都是第三优决策的极端情况。

根据 Ng（1975）的研究，"除非一个物品本身具有重大的外部性或与其他重大外部性的物品具有高度的互补性或者竞争性，否则最优准则仍然适用"，我们是否可以认定环境由于具有较大的外部性，不适合帕累托最优准则？对于环境污染、消费攀比等负外部性较大的物品，如果按照一般税收进行征税是一种重大的扭曲，应该按照最优准则征收纠正税。

2.3　福利变化的消费者剩余度量标准及其选用

2.3.1　马歇尔消费者剩余

马歇尔（Marshall，1920）将对某一物品的支付意愿价格超过实际支付的价格时消费者得到的超量满足定义为消费者剩余，用需求曲线以下、消费者实际现金支付的长方形以上的三角形面积来度量消费者剩余。但 Hicks（1940）指出，消费者剩余定理只在货币的边际效用不变这一假定前提下才是科学的。因为某物品的开支在总收入中的份额相对很小，货币的边际效用变化很微小，可以忽略不计，消费者剩余可以在效用变化研究的基础上，用支付意愿的主观标准来度量。

2.3.2 希克斯消费者剩余

为避免对效用的基数标准进行经济分析，Hicks（1941）引入了补偿变动概念，经过 Henderson（1941）的进一步阐释，Hicks（1943）发展了马歇尔对给定价格下某物品的消费者剩余理论，分析了价格变动时四种尺度的消费者剩余，具体如下。

（1）补偿变动（CV）。价格变动或者其他变量发生改变时，为使某人保持变化以前的福利水平而应该从他那里取走的补偿金的数额。

（2）补偿剩余（CS）。当某人被限制以变化以后的新价格来购买如果没有补偿他所购买的物品的量时，为使他保持变化以前的福利水平而应该从他那里取走的补偿金的数额。

（3）等值变动（EV）。没有变化发生的情况下，为了使某人达到变化发生后他可能达到的福利水平而应该给予他的补偿金的数额。

（4）等值剩余（ES）。在没有变化发生的情况下，如果某人被限制以旧的价格来购买如果没有补偿金他也可能购买的物品的量时，为使他达到变化发生后他可能达到的福利水平而应该给予他的补偿金的数额。

2.3.3 平均成本差

如果收入效应忽略不计，消费者需求不会因支付补偿而受到影响，这样马歇尔的消费者剩余理论和希克斯的四个消费者剩余理论就近乎相等。

此外，Machlup（1940，1957）提出了成本差的方法来度量消费者剩余。

（1）Laspeyre 成本差。为使消费者刚好能够购买变化前他所能购买的物品量而从他那里取走的补偿金的数额。

（2）Paasche 成本差。为使消费者刚好能有足够的钱以原来的价格购买新的物品，我们所应该给予他的金额。

这两个消费者剩余度量标准虽然看起来不精确，却能简便地应用实际的市场数据进行计算，而一般将这两个成本差的平均数称为平均成本差（ADC），而且当需求曲线是线性时，平均成本差与马歇尔消费者剩余是一致的。

2.3.4　哪个标准更好？

CV 标准可用于由于税收、补贴、关税等造成的剩余损失的补偿；对于由于配额、价格控制和限额供应或者在消费者已经完成购买以及变革的成本较高等造成的剩余损失，应该考虑用 CS 标准；而如果我们缺乏必要的信息，为避免过度补偿（或者过度征收），我们可以应用 Laspeyre 成本差；而为避免补偿不足，可考虑应用 Paasche 成本差。但如果我们并不打算进行实际的补偿或者支付，则 CV 不适用；而同样的，如果我们仅仅想度量收益或者损失，并不想进行实际补偿，正如 Winch（1965）的研究，价格连续下降时，如果消费者不必实际支付补偿，那么 CV 的合计总额将非常接近马歇尔标准；如果我们为避免使消费者境况恶化而对消费者实际征收补偿的数量不感兴趣，而更关注于如何度量他的收益的话，马歇尔标准更胜一筹。更多的时候，我们将马歇尔标准当做度量消费者收益的近似值。对于价格的边际变动，马歇尔标准非常接近 CV 和 EV，可以当做消费者收益的精确度量；但对于一个非无限小的价格变化，当价格变化时，货币的边际效用也会发生变化，边际度量的和或者积分都只能是消费者收益的近似度量。但由于路径依赖的缺陷，而 CV 的讨论是以固定价格集为标准的，多个物品的价格发生变化，根据哪一个物品被最先度量导致不同的标准和不同的结果，并且补偿支付会影响价格，因此 ∑CV 并不能保证受益者充分的补偿受害者，即 Boadway（1974）的悖论。现实经济中，如果某项变革相对应的 GNP 是很小的，补偿支付不可能显著的改变价格，即使价格有所变化，变革的影响也能相互抵消，因此我们可以忽视 Boadway（1974）的悖论，尽量减小数据收集误差，用 ∑CV 来实现完全补偿，并且对于成本—收益分析而言，∑CV 是完全可以接受的。

2.3.5 边际元等价

如果从一个人手中取走或者给予此人部分收入时，CV 和 EV 就是近似标准，但如果补偿是假定的，由于收入边际效用递减，则 CV（或 EV）往往低估（或高估）了人们的收益，而解决此误差以及由于边际效用递减而导致的 CV 和 EV 的矛盾的一个途径，就是近似地通过收益的边际元等价来代表货币标准，即收益相当于一个边际元收益的倍数。收益的边际元等价可以通过对收入水平采用边际效用来计算当情况发生改变时人们的收益变化。如果 CV 和 EV 的结果不同，可以采用平均值以使误差的影响达到最小。虽然我们通过变革前后在相关范围内人们的边际效用就可以计算收益的边际元并做出响应的决策，但不同的人的效益函数不同，我们在实际研究中更无法考虑人们的偏好差异，而只能按照有代表性的人的偏好效用函数来研究，这基本上合理可行。

2.4 能力框架下的福利标准

能力的方法是以 Sen（1985）的能力定义和 Nussbaum（2000）的能力清单为工作基础的。森认为一个人的福利可以通过他自由选择的功能组合（能做的有价值的行为活动，doings）和以此实现的生活状态或生活质量（选择的机会和结果，beings）进行评价，一个人的可行能力集由个体可以自由选择的、可以互相替代的功能性活动向量（包括最为基本的吃、穿、住、行，有足够的营养，健康、不受疾病的侵害，参加各种社区活动，政治参与、拥有自尊等）组成，个人的功能性活动组合反映了此人实际达到的成就和机会，即福利是多维的，包含了人类生活的各个方面。Veenhoven（2000）、Boarini 等（2006）提出用工作、教育、休闲、社会环境、物理环境、政治环境、健康和财富等 8 个维度构建福利框架。方福前和吕文惠（2009）用能力方法验证了我国城镇居民的能力与住房、休闲、人际关系、健康和工作显著相关，并受收入和学历的影响；高进云等（2007）运用能力理论探讨了失地农民的福利状态变化，研究表明除居住条件有所改善外，农民的经济状况、社会保障、社区生活、环境、心理状况等不同程度的恶化是福利下降的主要原因；尹奇等（2010）运用可行能力框架模糊评价了失地农民的福利变化，并认为应该通过增加人力资本、完善社会保障来提升失地农民的福利。运用能力框架构建福利指标并且探讨引起福利变化的影响因素是福利经济学发展中的一大进步和亮点，但是很多学者在该框架中没有考虑生活满意度和幸福指标，缺少主观福利维度的衡量和考察，导致福利的测量不完整。Paul Anand 在给森的 75 岁生日贺礼的文章中肯定了森为社会选择和福利、贫困的衡量的经济理论和理念及发展所做出的不朽的贡献，以及为追求自由和平等而贡献的毕生心血，并指出福利经济学应该以能力为理论框架，引入与主观满意度正相关的换位思考、自我价值、压力等指标建立多维福利的潜变量模型，同时增加环境指标、住房指标和民主指标研究个体的福利。

人类发展指数（the Human Development Index，HDI）、真正进步指标（the Genuine Progress Indicator，GPI）、经济福利指数（the Index of Economic Well-being，IEW）、社会健康指数（the Index of Social Health，ISH）、国内的进步措施（the Measure of Domestic Progress，MDP）、经济福利措施（the Measure of Economic Welfare，MEW）、比利时居民小组的研究（the Panel Study of Belgian Households）、人类发展报告与世界卫生调查（the UN Human Development Report and the WHO World's Health Survey）等指标都被用来进行能力框架的福利分析，但至今为止没有一个指数被认为是更能代表个体及社会福利的包含经济、社会、环境、精神等各方面的指标。Anand Paul（2011）认为换位思考、自尊、自治、歧视、安全和压力等指标具有显著的统计学意义，这些指标对福利的重要性按顺序递减；Luc Van Ootegem（2011）选择了工作、物理环境、物理和心理健康、社会环境、休闲和文化、教育和信息、收入和财富、政治环境等八个维度来建构福利的能力框架，然后通过打分分析各个维度对福利的意义和重要性，通过定性和定量研究探讨了福利，其结果表明：社会环境、财富和工作等维度的平均排名不具有统计显著性，物理环境、休闲和教育等维度对福利有一定的意义，而健康是最重要、最具显著性的维度，政治生活维度是对福利最不显著的。可见，健康对福利来说至关重要，是个体最基本的能力；民主和政治稳定是福利实现的基本条件；健康、工作和财富三个维度相互关联，共同决定了福利的物质能力，即没有良好的健康，不可能得到一个好工作和挣更多的钱，健康和工作与社会关系密切相关，财富更多地被作为产生其他维度的一种手段；政治环境被认为比不能保障基本权利和言论自由更重要；闲暇（体育、文化和旅游）则一般很少在福利的指标中运用，并作为一个重要维度而被讨论，但事实上环境问题同样对个人福利具有间接的影响。

福利的一个综合性理论源于个体的可行性能力和机会，能力不仅仅是自由和机会，也包含了结果，机会受外部性（他人行为）和公共产品（政府和政策）的影响，机会同样是个人选择的结果，努力或懒惰，是否参加教育等将影响机会以及生活中的成就。可见资源的获取机会和结果只是产生福利的一种手段，即便维度确定，但是个体实现福利的能力和福利的质量和水平不仅取决于个体的特性和人格特质，更取决于个体所生活的社会。因此增加选择的机会、管理选择、做出正确的选择的能力是重要的福利内容（Luc Van Ootegem，2011）。我们在分析能力框架中的福利时，首先应该筛选出维度并分析其重要性，同时注意个体的性格特征、社会文化环境的影响；其次应该区分能力的自由、机会和结果对生活质量的内外影响，在能力框架中整合责任，提炼功能，考虑个体的选择机会和选择能力，准确实现福利的评价。

2.5 社会福利最大化

福利的均衡问题探讨无疑是以早期福利经济学思想的效用和功利主义为基础的，也即个体的资源平等和公平分配才能实现个体福利的最大化，个体福利的总和为集体福利。孟青春等（2001）通过增加效率约束条件的货币测度的社会福利函数，提出了社会福利最大化的优化模型和资源消耗最小化的优化模型，并指出了福利最大化与帕累托效率之间的关系。聂鑫等（2010）将失地农民的福利定义为外部性，通过还原法、替代法和CVM计算了农地的价值，以作为失地农民的福利补偿标准。刘玉龙等（2009）

用效用函数探讨了福利定义，认为福利是偏好，个体的福利总和便是社会福利，并将生态保护的外部性用效用函数进行了探讨，以 GDP 为福利标准探讨了帕累托最优下的上下游的福利均衡。

在追求资源获取和资源的公平分配中，毫无疑问个体不仅仅是追求吃、穿、住、用、行等资源最基础的效用的平均分配，个体在资源效用或福利的追求中，体现出的是拥有资源的能力大小、个体能自由获取资源的机会、个体获取资源以及提高生活质量的能力等。单纯用资源拥有权来衡量福利明显是对福利的弱视，而通过对偏好的满足来体现福利及其均衡显然也是福利的不完全表达。而在对福利的内涵界定不清楚的前提下，我们更不能深层次地把握福利的损失和补偿问题。个体和集体福利的界限界定不清楚，更无法科学地研究福利的均衡问题。而忽略个体福利的内部异质性及其异质性导致的集体福利的性质和质量的变化而探讨福利均衡问题显然也是有失偏颇的。阿罗不可能定理表明，我们不可能通过个体的偏好序数、偏好的一致而得到社会福利函数，因为个人偏好是复杂的、多种多样的，个人偏好显然不能排除他人效用冲突和人际比较而实现社会选择，把个人判断的总和作为福利判断的准则同样不可靠，只有揭示福利的基数效用及人际可比性，实现福利的精确测量才可能实现社会公平和平等。

根据帕累托最优，个人是他本人的福利的最好判断者，社会福利函数是社会所有个人的效用水平的函数，即个人序数或者基数偏好的函数。要使社会福利达到最大化，必须同时实现经济效率和公平分配，那么，最终的社会排序就可以得到了，即社会选择就是在满足一些合理的条件下，找到一个以个人偏好为基础的社会偏好。因此忽略了福利的基数测量和人际比较，只探讨效率问题而回避社会收入的分配问题。我们在福利均衡研究中，到底应该是关注资源的有效配置问题即福利的效率问题，还是应该关注对贫困人群的资源获取能力即福利的公平问题？如果我们侧重于资源的有效配置问题，那么我们在探讨社会福利最大化问题时，必须以不损害个体的福利为前提，因此在强调帕累托最优时，必须排除垄断效应、外部性等因素，否则就应该在信息公开和透明等条件下考虑次优标准。面对贫困人群，我们是应该考虑通过累进的税收/转移支付制度和反向加权来实现社会公平，还是应该选用黄有光先生的"一元就是一元"的第三优理论？

可见，我们在谈福利的公平和效率问题时，首先应该明确的是是否存在外部性、信息公开、公共政策以及税率和补贴问题，然后探讨选择福利均衡的前提下是否应该补偿或转移支付，而不是在考虑福利补偿的同时不考虑资源的低效利用以及支付意愿的加权导致的不均衡，辩证和动态地看待均衡和补偿问题是科学和必要的。

在社会福利的经济指标体系中，当社会决策者考虑并尊重消费者偏好时，消费者剩余是社会经济福利的表达，是一项经济制度或制度安排好坏的福利标准，社会福利普遍、公平地实现社会剩余最大化时，作为政策制定和制度安排可行的标准，可以防止和矫正市场失灵并增加社会福利。希克斯和马歇尔的补偿理论认为，当社会变革使一部分人受益而另一部分人受损时，受益人可以对受损人进行补偿，只要收益大于补偿就说明社会福利增加了。因此，我们认为在用消费者剩余来补偿受损者的情况下，社会福利将是均衡的。

2.6 基于能力的福利研究展望

从 GDP 到加权的 GDP，再到社会生态经济综合指标，最后到可持续福利指标，社会福利逐渐成为从仅包括经济福利过渡到包括环境、社会分配、健康、安全和文化等在内的综合指标，社会福利的内容在不断扩展，但缺乏统一的理论基础和规范的福利框架的社会福利研究，不能有效地解释各种群体、不同地域和国家的福利状态，更不能实现真正的全人类公平、平等和发展。因此在科学的理论基础上，只有构建规范化的社会福利函数，各群体、各地域的人们才能自由、公平地获取和拥有资源，国家和政府的社会制度才能有效地调节各种分配不公平和不均等，以及市场失灵、外部性，各种体制下的人们才能实现自身的价值和幸福，环境和文化才能得到保护，才能实现社会福利最大化和人类可持续发展与进步。

自森提出能力理论来研究福利后，国内外学者纷纷借助能力理论进行实证研究，如高进云（2007）运用森的可行能力框架探讨了农地流转前后失地农民的福利变化；尹奇（2010）运用森的可行能力框架探讨了失地农民的福利变化，并认为应该通过增加人力资本、完善社会保障来提升失地农民的福利；方福前（2009）运用森的功能和能力福利理论对中国城镇居民福利水平影响因素进行了实证分析。运用能力框架构建福利指标并且探讨引起福利变化的影响因素是福利经济学发展中的一大进步和亮点，但是很多学者在该框架中并没有考虑到生活满意度和幸福指标，缺少主观福利维度的衡量和考察，导致福利的测量不完整。此外，森的能力理论是针对个体福利的，对于社会福利仍然没有进一步的明确探讨。运用对个体的福利的影响因素来探讨集体福利的损失是否科学？在此基础上提出的如何提高集体福利的政策建议是否有效？未考虑福利受损的补偿的社会福利能否实现社会福利最大化？个体福利的补偿和公平是否就能实现社会福利最大化？最后，福利的能力框架中不应该没有对福利与贫困减弱、自由、平等、促进人类发展和进步的探讨，而自由、平等和人类进步是福利最大化的体现，更是福利的终极目标。

Paul Anand 在给森的 75 岁生日贺礼的文章中肯定了森为社会选择和福利、贫困的衡量的经济理论和理念及发展所做出的不朽贡献，以及为追求自由和平等而贡献的毕生心血，并指出了福利经济学发展的新方向——首先，福利经济学应该以能力为理论框架，并引入与主观满意度正相关的换位思考、自我价值、过往的经验、自治的目标、不受歧视、安全性和低压力等指标，建立多维福利的 GLLAMM 模型；其次，指出经济和社会福利固有的多维度反映在将个体与社会之间的联系进行量化上，并增加环境指标、住房指标和民主指标；再次，经济和社会福利是多维度的，多维福利的核心问题之一是聚集的问题，揭示了如何界定福利，并可以把一些比较弱、非参数条件下使用的基于双福利功能的距离函数，作为强劲的多维排名的评估方法；最后指出在社会福利的测量中关注自由、平等、发展、正义和公平。

综上所述，本研究拟在厘清效用、偏好、能力、生活满意度和幸福等含义及其相互关系的基础上科学地构建全面的福利内涵，研究不同层次尤其是底层的人们的福利体现和实现，只有正视平等、饥荒、贫困问题才能实现资源有效、公平的分配，以及实现个体福利和社会福利的均衡。而对福利损失的补偿，必须是实际的，并且是有效的和不能损害资源的。福利的不减少不仅是贫困的减弱，更是社会进步发展和人类幸福的前提。

2.7 福利均衡的手段——生态补偿

2.7.1 三江源草地生态环境退化

三江源地区生态环境比较脆弱和敏感，很容易受到人类活动和干旱、冰冻等恶劣气候的影响而退化。近几十年来，在全球气候变化驱动下，受干旱化气候和雪灾等自然灾害和人类活动的双重影响，三江源草地生态环境严重退化，已引起国家乃至全球的关注。生态系统服务的变化将会影响人类的选择机会和能力，进而危及人类社会的福利（MA，2003），尤其是在生态脆弱区，当某一项生态系统服务相对稀缺时，生态系统服务的微弱变化都将导致人类福利的大幅度降低。

在生态环境质量本身退化，或者因为生态保护而使当地的弱势人群利用自然资源的权利受到限制时，他们的福利将受到较大的损失。正如 Daily 等（2009）的研究所述，全球范围内近百年来约 60% 以上的生态系统服务功能出现退化，导致严重的损害并进一步威胁着人类福利。杨光梅等（2007）认为，当某一项生态系统服务的供应相对于需求来说比较充裕时，生态系统服务的边际增长只能引起人类福利的微小变化，但当某一项服务相对稀缺时，生态系统的微弱变化将可能导致人类福利的大幅度降低。三江源区域草地生态环境急剧退化，使草地生态系统服务及其外部性严重下降或衰退，极大地影响到了当地人的福利，更不利于牧区和藏族少数民族聚居区生态经济的可持续发展及社会的和谐稳定。

三江源草地生态环境退化，不仅仅影响到当地单纯依于草地而生存的牧户的生计能力和福利问题，使他们遭受福利损失和陷入贫困，更危及到长江、黄河和澜沧江的水源安全问题。因此在 2005 年，国家成立三江源自然保护区，对部分牧户实施禁止放牧政策并将他们移民，对部分牧户实施限制放牧政策，并积极在三江源地区开展种草、补草、灭鼠等生态建设工作，以实施全面的生态保护战略。这一战略在一定程度上恢复了生态系统服务功能，但同时当地牧户却因为参与生态保护行为而使福利受到了很大的损失，尤其是那些在就业和非放牧能力方面比较差的牧户，其福利遭受了生态环境退化和环境保护政策的双重打击。

因此只有探究自然保护的生态服务功能（尤其是生态脆弱区）所承载的福利内涵，研究生态保护中人类（特别是贫困人群）的福利变化量及其增加程度，关注贫困、尊重发展权，从人类的生态保护意义和支付意愿研究出发，制定"生态补偿"机制，对他们损失的福利进行公平的补偿，让他们的福利和社会福利不降低或者有所提高，才能激励他们积极主动地参与生态保护，实现生态系统健康稳定、人类福利增加、社会进步发展的多赢局面。

2.7.2 生态补偿——福利均衡

生态补偿概念源于生态学理论，指为恢复自然生态系统的动态平衡及循环而采取的一定措施。20 世纪 90 年代以来，生态补偿被引入社会经济领域，更多地被理解为一种资源环境保护的经济刺激手段。狭义上，生态补偿一般指对人类保护和建设生态环境行为而产生的正外部性所给予的补偿，往往等同于国外的 Payment for Ecosystem Service（PES）或 Payment for Ecosystem Benefit（PEB）概念，是一种高效的环境管理策略。广义的生态补偿往往是各种生态环境行为及其相关费用管理机制的综合体，既包括能增加环境保护正外部性效益的各种环境保护和生态建设行为的利益驱动机制、激励机制和协调机制，也包括对环境损害而产生的生态负外部性的损害责任赔偿，还指以外部成本内化为目标的以防生态破坏而征收的费用（章铮，1995），更是对缺乏或丧失自我修复与恢复能力的生态系统进行物质、能量的反哺和调节机能的修复所需的费用（毛峰等，2006），即是对生态服务的各种恢复、惩罚和机会损失等行为而进行的付费、交易、奖励或赔偿的综合体。目前国内外实施的一系列环境经济政策，如排污收费、环境税、生态税、矿产资源开发税、退耕还林还草等都属于生态补偿的范畴。赖力等（2008）归纳了生态补偿的理论基础为外部性理论的福利经济学、资源产权经济学、利益博弈学、社会公平理论等，本研究不再赘述。

　　环境保护往往使环境生产者和使用者的利益遭受损失，如果他们得不到有效的补偿，便不会产生保护的动机和行为，也不可能通过资源和效率的调节实现福利的均衡。赖力（2008）指出，生态保护与经济利益关系的严重扭曲将使生态保护的持续性面临极大的挑战。从环境经济学的角度看，生态补偿是对生态系统或者环境对人类提供的服务的付费或对保护环境或者对保护生态系统的贡献者进行补偿，即当资源利益享有者对资源开发造成外部不经济行为而对环境受损方进行赔偿，或资源使用者为保护环境而放弃发展机会导致自身的福利受到影响时有权获取相应补偿，实质上是使经济行为产生的外部性内部化的手段。而这种补偿过程实现了各主体利益和福利的均衡，同时实现了个体的利益不下降和社会利益（生态环境得以恢复）的统一，即科学有效的生态补偿是环境保护行为中各利益主体福利均衡的有效手段，更是区域生态经济可持续发展的保障。因此，生态补偿通过制度安排来调整损害与保护环境的主体间利益关系，不仅可以通过外部效应内部化的激励，而避免公共资源的滥用和公地悲剧的发生，从而成为有效的、可持续的生态环境保护的激励措施；更通过协调生态服务功能供给区域提供生态效益，受益区为享受的环境服务付费，以支持和鼓励生态脆弱地区承担起生态保护和恢复的责任，并通过补偿损失来提高和刺激生态系统服务提供者的积极性，最终促进生态和环境保护、解决生态保护和经济发展的矛盾，确保各利益主体间、区域间的福利均衡，在实现个体与社会福利均衡的基础上实现可持续发展。

3 生态保护的福利及其补偿理论和研究进展

3.1 生态系统服务和福利

3.1.1 福利

古典功利主义认为福利是物品消费的效用或偏好的满足，可通过人们的幸福度或满意度来评估。Sen（1993）指出，福利是可行性能力的函数，一个人的可行性能力指的是此人有可能实现的、各种可能的功能性活动组合。Steve Dodds（1997）进一步指出，福利包括饱满的精神状态、良好的生活状态、能力和潜在需求的满足等四个方面的评估。千年生态系统（2003）将福利定义为人类的体验和经验，其中包括良好生活的基本物质资料、选择和行动的自由、健康、良好的社会关系、文化认同感、安全感、个人和环境安全等，我们可以进一步理解为，福利即为人类能力——个体体验各种生活的能力，而个体具备基本能力并进行选择和增加可能性的选择机会则增加或改善了个体的福利（Van Ootegem and Spillemaeckers，2010）。因此，运用能力框架，在资源（需要）基础上，将效用（happiness 和 pleasure）与生活质量相重叠，构建完整的福利概念（Clark，2005），并且结合福利是贫困、福利是基本需求或资源、福利是幸福或灵性（精神性）或心理适应能力等观点（Robeyns，2005；Schokkaert，2009），科学地定义福利概念，展开资源分配中的福利和贫困研究将是重要的课题。

因此，福利是基于良好生活质量基础上实现的幸福生活及其生活质量的整合。生活质量取决于需求的满足和外部性的影响，幸福是一个瞬间的感觉或生活方面的主观感受。生活质量和幸福感受人际比较、适应性、个性和精神状态的强烈影响，福利评价不应仅包括幸福感，更应超越幸福分析。应该把"幸福感或生活满意度"作为福利的部分功能，并结合个体的行为和状态共同评估福利。福利是个体的可行性能力和机会，资源仅仅是产生福利的一种手段，即个体通过资源的获取机会和能力以选择有价值和有意义的生活的实质自由（自由是人们能够过自己愿意过的那种生活的能力），发展是增进人的能力、扩大人们所享有的实质自由的过程，发展的目标是实现个体的全面的、实质性的自由，自由是发展的核心，对发展或进步的评判必须以人们拥有的自由是否得到增进和人类能力全面提高为准绳（李惠梅等，2013）。

3.1.2 生态系统服务

生态系统服务特指人类从生态系统功能中获得的好处或福利，当且仅当生态系统功能影响到人类的需要或价值时，生态系统功能即是生态系统服务。学者们借生态系统功能和生态系统服务的这种转变，通过自然生态系统为人类提供的产品和功能的量化和衡量而实现了自然资源的评估。Costanza 等（1997）将生态系统服务分为气候调节、气体调节、水文调节、保持土壤、废物处理、维持生物多样性、食物生产、原材料生产和提供美学景观等 9 项功能，以供给服务、调节服务、文化服务三大类服务价值进行估算。生态系统服务评估得以实现的经济学基础是，将各种服务看做效用，当效用被定义为一个指标（作为一个标量，但不可衡量）时，不同的效用可以简单地通过相加来得到整体的效用。因此生态系统服务可以被看作是效用，并通过对生态系统各功能的分别估值（但需要忽视生态系统的多维属性），加总得到整体的生态系统服务的价值，即总效用。即生态系统服务的评估忽略了生态系统的耗损贬值、环境退化所造成的负效益以及对福利的损失的衡量（李惠梅等，2011）。

3.1.3　生态系统服务与人类福利

全球气候变化、自然灾害的频发、生态系统的退化和衰退、荒漠化、水土流失、生物多样性下降等导致生态系统服务的减弱和损失，不仅严重阻碍了经济的发展，更严重威胁到人类的生存和发展。同时人类活动对生态系统的影响日益增强，已逐渐超过了生态系统自身恢复的阈值，使人类意识到必须尊重自然环境，重新审视生态系统服务，并着眼于量化经济发展的环境成本，实施自然资源使用付费制度，使资源的使用不再粗放和免费，实现有偿、高效、节约、科学地利用自然资源。生态系统服务研究，采用经济学的手段来干预人类对自然生态系统的开发和利用，将自然生态系统对人类的服务与经济评价结合起来，能更好地解决自然资源的保护和合理配置问题，最终实现生态—经济—社会系统可持续发展。

生态系统服务被 Constanza（2007）定义为人类直接或间接地从生态系统得到的利益，主要包括向经济社会系统输入有用的物质和能量、接受和转化来自经济社会系统的废弃物，以及直接向人类社会成员提供的服务（如人们普遍享用的洁净空气、水等资源）；千年生态系统（2003）将生态系统服务区分为供给、调节、支持和文化服务，同样强调的只是人类从生态系统获得的收益，仍然忽略了提供这种收益的过程。可见，生态系统服务特指人类从生态系统功能中获得的好处或福利。人类从生态系统服务得到的各种效用便是福利，它是人类得以发展的基础（李惠梅等，2013）。

（1）生态系统服务是人类福利的载体

生态系统服务是通过对人类的效用而定义的，而福利是人类为实现有价值的生活对生态系统产生的功能性活动进行选择的能力和自由，各种功能异质性的组合体现出不同的生活状态，反映出个体的可行性能力。自然生态系统为人类提供资源、景观等生态系统服务，并为人类提供食物、燃料、住房等功能福利，是幸福、良好的生活质量及宗教文化等福利功能的载体。人类在自然生态系统利用和开发中为实现美好的生活、健康、体验、各种社会关系、归属感、尊重和实现自我价值等而选择各种生活的自由和能力便是人类福利。幸福感是能力的一部分，强烈依赖于特定的文化、地理和不同的人类社会的发展历史背景，取决于文化的社会经济进程。因此运行良好的、健康的、有修复力的生态系统服务在很大程度上为人类带来了福利，保护生态系统服务对提高人类福利具有决定性意义。可见，生态系统服务产生了功能，而人类对功能性活动的选择和组合能力才是人类福利，即便是同样的生态系统环境，个体由于需求差异及性格、教育、过往的经验差异导致功能性选择的差异，进而导致福利差异。

（2）生态系统服务的人类福利内涵

生态系统服务功能的变化及其对人类福利的影响是生态系统评估的核心内容。从生态系统服务中受益的能力（自由选择），通过社会、政治和经济因素以及各种环境变化而塑造、产生（Sen，1999），即资源环境是人类能力或福利的产生源泉。Fisher 和 Turner（2008）进一步提出，通过生态系统中间服务、终点服务和福利收益来建构起连接生态系统服务和人类福利的概念框架。诸多学者都认为生态系统服务产生了福利，并尝试用各种理论和媒介来建构起连接二者的框架，三个千年生态系统更非常明确地定义和区分了生态系统服务和人类福利：生态系统产生的支持服务（土壤形成、养分循化、基本生产）是供给服务、调节服务、文化服务等其他三大生态系统服务的基础。而供给服务（从生态系统获得的初级产品，如提供食物、新鲜的水、燃料、木材和纤维、生物化学循化、生物基因库）、调节服务（从生态系统过程获得的好处，如气候调节、疾病调节、水调节和净化）、文化服务（从生态系统获得的非物质好处，如精神和信仰、休闲和娱乐、美、激励、教育、文化遗产、归属感）形成了人类福利的安全、良好生活的物质基础、健康、和谐的社会关系等功能，而人类为追求有价值的生活而对功能的自由选择能力便是人类福利。因此自然生态系统福利关注的不应该仅仅是生态系统本身贡献了多少功能和服务，而更应该体现在该生态系统中以人为中心的人类能力得到了多大程度的提高或改善。

（3）贫困的解释

贫困不仅仅是指收入的下降，而且是指福利的下降或被剥夺（赵士洞，2004），是人类在利用资源的过程中，权利受到限制，或者是个体本身因受教育的限制而导致的利用资源的能力受限，或者是由于个体的社会关系以及能力限制而导致的获取资源的机会不足、选择余地较小等，此处的贫困不仅仅是指选择的机会和自由受限，同时包括选择后实现的结果不能达到预期或者不是有意义的、有价值的，不能实现个体的价值和幸福的生活，不能使个人的能力得到提高和不能实现发展。即贫困是多维的，不能实现基本需要的满足和幸福感及人类的发展受限、环境污染、非文化进步的经济增长和资源过度开发等都是贫困。

3.2　生态保护—福利

生态系统服务的变化会对人类福利产生影响，而依赖于生态系统服务的贫困人口或弱势群体的福利将受到更严重的威胁，因此学者们更关注生态系统服务保护或者生态环境退化对贫困人口的福利影响。只有构建起生态系统服务和人类福利的概念框架，探讨生态保护对人类福利的意义，探究在资源利用和贫困减少的过程中权衡如何实现有效的生态保护（Fisher et al.，2010），对提供和保护生态系统服务对穷人的福利影响（Carpenter et al.，2009）进行重点研究，把生态系统服务纳入资源利用、生态系统管理、生物多样性保护、区域可持续发展以及减少贫困等议题（Nam et al.，2010），才有可能实现生态保护—人类福利提高—可持续发展的多赢局面。

3.2.1　生态保护对福利的影响

Kyung-Min Nam（2010）基于可计算的一般均衡方法，通过 18 个西欧国家评估空气污染对社会经济的影响研究表明，空气污染造成的福利损害是巨大的。自然资源的保护与利用的决策选择，意味着在一些生态系统服务增加（如粮食生产）时伴随着其他服务（如固碳、风暴保护）的减少，而这些因素的权衡往往造成社会选择的困难，如森林砍伐使有些人获得了福利，但同时生态系统的存储和固碳能力下降，进而影响到其他人的福利甚至社会福利（Fisher et al.，2010）。而在自然保护区内采取减少森林砍伐（Gjertsen，2005）和进行栖息地的保护（Ferrer-i-Carbonell & Gowdy，2007）等措施则被证明是改善人类福利的有效措施。即自然生态系统的决策权衡对人类福利有着重要的影响，不合理利用、过度砍伐，甚至环境污染往往对人类福利产生较大的损害，而生态保护策略会改善或提高人类福利。

福利不仅仅是客观的生态系统服务，同时应该包括个体对环境的态度、保护意愿和对生态系统服务的认知。识别环境变化对人类福利的复杂影响有助于正确理解生态保护和福利，如英国居民对臭氧污染的态度与其福利是负相关的，而对物种灭绝的态度与其是正相关的（Konishi & Coggins，2008）；Comim 等（2009）通过对非洲居民对环境的态度诱导和测量出了他们的主观福利，并探讨了主观福利与贫困的关系。在正常的环境状态下，人们形成了一定的利用自然和开发自然的能力，而面对环境风险时，人们可能会由于缺乏信息公开和相应的知情权而产生不同于正常的选择，而在非正常状态下非自愿的或者被迫的选择（因为选择的自由受限制）本身是福利下降的反映。如 Konishi 和 Coggins（2008）发现，在面临环境风险时各项政策导致福利下降是显著的，Welsch（2007）则通过建立幸福函数确定了改善环境质量的货币价值，估算了空气污染导致的货币利益和相关费用收入方面的消减及对生活满意的负影响；Brendan 和 Stephen（2011）探讨了生态保护对人类福利的意义以及在资源利用和贫困结果的影响下如何实现保护问题，Gjertsen（2005）通过对可持续发展的概念、综合保护和发展项目下以社区为基础的资源管理模式的研究，发现环境和人类发展之间特定的制度安排，有助于生态系统的有效保护和人类福利的改善双赢局面的实现。国家公园和自然保护区等生态保护良好的区域通过提供生态系统服务可以减少森林砍伐、实现基础设施的不断改善，并促进旅游业的发展，进而可以减轻贫困，即通过对生物多样性和生态系统服务的保护和减轻贫困的"双赢"的方案（Carpenter et al.，2009）是可能实现且存在的。总之，通过多样化的、多种途径和手段（如减少砍伐、建立保护区、发展生态旅游减少对自然资源的依赖、实施信息公开以获取公众对环境保护的认同和支持等）都将可能通过生态保护而间接地或直接地改善福利。

3.1.2　生态保护管理促进福利改善

我们可以通过生态保护的成本效益分析，帮助管理者设计可持续管理的最佳政策，以有效、科学地管理生态系统（Chapin et al.，2009）和公平地提供生态系统服务，最终促进人类福利的增加。因此，将人类活动和生态系统服务之间的社会—生态相互依存关系作为生态系统管理的基本导向（Bryan et al.，2010），使用多目标决策分析构建多利益主体的自然资本和生态系统服务框架来确定区域环境管理的战略优先目标（杨莉等，2010），探讨生态系统服务对人类福利的影响（Tschakert，2007），理解从局部到全球尺度多个变化的驱动力作用下的生态系统服务和人类社会福利动态关系对于科学管理生态系统和实现区域可持续发展具有重要意义（Cleaver & Schreiber，1994）。

综上所述，在评价生态系统带来的人类福利时，尤其应该注意区分生态系统服务和功能及其能力（即福利）的区别，我们研究福利不是为了纯粹的追求自然资源或者自然资源的经济价值，而真正的着眼点应该是在生态环境中人类能力的提高。生态系统过程的核心——生物多样性，其损失不仅会导致生态系统过程的退化，而且会严重影响人类福利，使其大幅度下降，尤其将威胁到穷人的福利。在可持续发展的概念、综合保护和发展理念下，应设定环境和人类发展之间的特定制度安排，将人类活动和生态系统服务之间的社会—生态相互依存关系作为生态系统管理的基本导向，把生态系统服务纳入资源利用、生态系统管理、区域可持续发展以及减少贫困等议题，重视生态系统服务的政策和管理战略上的互补性，实现生态系统服务—福利的链接，通过生态保护实现人类福利的提高（李双成，2011）；探讨生态保护对人类福利的意义以及如何在资源利用和贫困减少情况下实现生态保护的权衡，探究保护和生态系统服务流量的变化会如何影响福利，尤其是对穷人的实际影响，加强贫困地区自然资源的管理和关注贫困家庭的参与能力及替代生计，并设计政策和机构来公平、有效地管理生态系统，构建以福利损失为基础的生态补偿机制，有助于实现生态系统的有效保护和人类福利的改善的双赢局面（李惠梅等，2013）。

3.3 生态保护的福利度量

生态系统的福利，指生态系统本身的过程和功能，为人类提供的各种物品、服务及其效用。生态系统的退化会使生态系统为人类提供各种物品和服务的能力和效用降低，即福利下降；而生态系统的养护和保护往往会增加人类从生态系统获得的各种服务、物品乃至效用，并使人类利用自然资源的能力和机会选择的可能性增加。因此，生态保护的福利，不仅是指由于人类的保护行为使生态系统服务所提供的功能增加，包括直接为人类所能看见并使用及交易的物品，如食物、燃料等，也包括不能直接被人类所感知到的各种间接功能，如提供清洁空气、水源涵养、水土保持、营养循环等间接价值，还包括一些对子孙后代和生态系统的维系及人类社会文明的传播等有重大意义的功能，如美观的环境、宗教服务、文化服务、生活习俗等；同时包括生态系统保护过程中对人类的发展产生的各种效用（福利），主要指人类在长期利用自然资源过程中所产生的资源开发利用能力、各种依赖自然资源生产生活的生计能力，以及资源利用和使用的权利及选择机会等。此外，更不应该忽视自然资源保护中产生的各种外部性。

自然生态系统福利关注的不应该仅仅是生态系统本身贡献了多少功能和服务，更应该体现在该生态系统环境中以人为中心的人类能力（或自由选择）得到了多大程度的提高或改善；贫穷也不仅仅是收入的下降，更指的是福利的下降或个体自由（选择）能力的受限；某一区域的贫穷，不仅仅是经济发展的不平衡，更是指由于某种原因（或不公平）使该区域资源利用的机会和能力受到限制（如生态保护等），导致人类的发展受限，或未尊重发展权和对发展受限进行有效的补偿，及资源环境退化导致整体区域发展的不平衡、不和谐等。

本文将生态系统服务和福利的内涵及其关系用图 3 - 1 进行了阐释。图 3 - 1 揭示出，全球变化（气候变化、地球生物化学循化等）和生活多样性变化（物种数量变化、物种丰富度变化、空间分布差异等）对生态系统服务具有明显的驱动作用，而生态系统服务产生了福利的各项功能，同时全球变化和生物多样性通过影响生态系统，间接地影响了人类福利；人类福利是依赖于一定的自然环境和文化、地理、历史背景而产生的，并受社会经济系统的驱动和影响；福利用五角形来表达其多维性和层次性，最底层的基本需求是必须满足的，占权重最小，但是面积较大；安全、健康等其

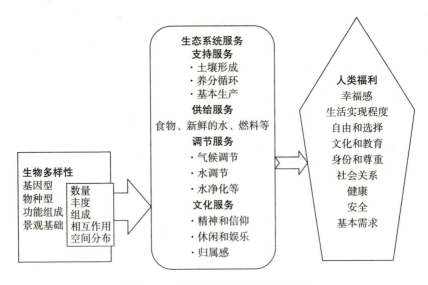

图 3 - 1　生态系统服务及福利的关系

次；幸福感和生活实现程度是最高阶的。福利是环境、能力、生活意义和幸福感的综合体现，是个体在特定的环境下适应、发展和产生一定的健康的可行能力，应根据个体的差异和偏好自由选择一定的生活，实现生活的（效用）意义和价值（如环境保护、人与自然和谐、人类共同发展和进步），获得自我实现的满足和最大的幸福。

3.3.1　生态系统服务价值的变化量

生态系统（ecosystem）是生物体利用太阳能和水分、空气等无机物合成有机物，并通过消费者和微生物进行能量的消耗和降解实现物质循环和能量循环，具有时间和空间上的动态平衡性。人类是生态系统中的消费者和使用者，享受着生态系统所提供的各种环境、生产生活资料及各种效用，即生态系统服务，这也是人类生存和发展的基础。Costanza 指出，生态系统服务是生态系统功能和生态系统产品及其服务的总和，而生态系统功能是生态系统的环境、生物及系统属性或过程，强调的是过程及生态系统的完整性和统一性；生态系统产品及服务指生态系统提供的产品（如食物、纤维、燃料等）及产生的各种服务（特指人类直接或间接地从生态系统功能中获得的收益和效用)。MA 报告在 Costanza 概念的基础上进一步完善并规范化提出了福利概念,报告中认为的生态系统功能更强调一种系统本质的特征,是指与生态系统维持其完整性和系统性的一系列生产和平衡状态及与过程相关的生态系统的内在特征,包括生产、分解、养分循环、能量流动和平衡等过程;生态系统服务是生态系统产品和服务的简称,指人类从各种生态系统中获得的好处和效用,包括供给服务(如食物、纤维、燃料、清洁的空气、空间)、调节服务(如水源涵养、水土保持、养分循环等)、文化服务(如精神、宗教、休闲娱乐和文化教育等),以及支持服务(如初级生产、氧气生产、土壤形成与维持、养分循环、水循环和提供栖息地等),其中支持服务是生态系统各种服务的基础,生态系统功能是生态系统服务的基础和物质保障,生态系统是人类的福利基础,是社会存在发展的基础。

生态系统服务往往是在一个长时间的过程中形成的,因此我们在分析和研究生态系统服务时,不应该将其价值归结到某一点上进行计算,并用来衡量生态系统对人类的价值,这种评价往往是生态系统服务价值的弱化。因此,我们在评估供给服务价值时,不仅应该看重环境产品当期的价值,更应该重视其形成的过程和环境,以及其价值的积累性,也应该注意在当期的过高价值对未来的生态系统资源的过度利用等形成的土壤肥力逐渐减损等影响;在评估调节服务的价值时,更应该关注局部地区的调节服务在时间上和空间上的价值,生态系统的水分涵养、水土保持等服务,往往会对将来的气候和环境产生更重要的影响,同时上游提供的这种服务往往对下游乃至更大区域产生各种生态影响。而生态系统的文化服务往往是人类在几千年的生活生产过程中形成的各种生活习惯和文化、文明,并不断积累而流传至今的,其效益往往体现在遗产价值和存在价值方面,其价值不可忽视,但往往由于评价方法不当,我们对这部分价值无法做出准确的评估。因此,本研究认为实施后生态保护的生态系统服务,更应该重视其生态学机制,同时应该关注的是保护实施后,生态系统服务增加了多少或者减少了多少,即变化量,这样就可以简单地消除生态系统服务时间积累上的误差性。生态系统的循环是否良好及环境质量如何,往往可以通过植物的生产能力和植被覆盖度来体现，故本研究通过 NPP 来计算供给服务和调节服务，但对文化服务的评估仍然比较欠缺。

3.3.2 生态保护后的效用变化

目前环境或生态经济可持续发展面临的诸多矛盾中，最突出的无非是经济增长与环境保护的平衡以及生态经济可持续发展中的效率与公平问题。而要想实现可持续发展，必须首先解决这两个核心矛盾，关键是在分析资源利用安全的问题上，探寻到更为合理、科学的福利标准，将生态环境的自然资源利用、经济发展与社会福利联系起来，在兼顾效率与公平的基础上对环境经济问题加以分析，并通过政策和制度安排，实现福利的最大化和资源的最优配置。

3.3.2.1 马歇尔剩余还是希克斯剩余？

福利经济学基于效用理论的基础，提出了消费者剩余原则和"希克斯—卡尔多"补偿原则。马歇尔（Marshall）用需求曲线推导和定义了消费者剩余，并且用消费者剩余的多少来衡量社会福利，按照马歇尔原则，任何可以增加消费者剩余的方案均为帕累托更优的；"希克斯—卡尔多"补偿原则提出，如果资源配置的结果使福利受益者补偿福利受损者后，受益者的福利水平仍可以提高，那么整个社会的福利也相应提高（胡涵钧等，2001），这一配置就是最优配置。

马歇尔的需求曲线是单独考虑价格的变动对商品需求量的影响关系，而将其他相关商品的价格与收入水平固定不变。消费者剩余 CS（意即总消费者剩余）往往等同于个人消费者剩余的加总。对于离散商品来说，消费者剩余就等同于支付意愿减去实际消费的支出（H. 范里安，1994）。个人消费者剩余为支付意愿与实际支付价格之差，即：$CS = WTP - P$；总福利（TCS）为个人福利的加总，净福利（NCS）则等于总福利减去政府补贴的成本（S），故有：$NCS = \sum (WTP - P) - S$。但在传统的以马歇尔为基础的福利理论标准中，由于价格是影响福利的主导因素，因此对经济发展给环境带来的负面影响以及环境的外部性等问题往往束手无策或难以精确的衡量。如经济发展和人类活动的频繁往往会导致环境恶化、气候变化等负的环境影响，并危及经济发展和人类的生产和生活，但只有当这些环境危害及影响能够间接地作用于价格并使相对价格发生变化时，环境因素才可能作为一个影响生产可能性边界以及社会福利水平的外部因素，进而影响社会福利水平（胡涵钧等，2001）。环境属于公共物品，不可避免地存在着外部性、外部效应。当然在产权明晰的情况下，科斯定理可以轻松地解决环境物品的外部性问题，但在我国的自然资源利用中，往往无法实现或达到"产权明晰"这一前提，因此外部性效应就无法内化，就更不可能实现帕累托最优，社会福利也就无法最大化。

因此，在自然资源和环境的福利度量中，应该运用"希克斯—卡尔多"补偿原则来正确衡量环境福利的变动。如果资源配置的改变、环境保护等行为使一方得益而使另一方受损，而通过经济政策使得益方补偿受损方后，福利并没有下降，就可视作社会总福利增加了，而这种资源配置就是最优的，环境保护行为就是有效和更优的。当然，首先应该避免陷入重效率而轻公平导致的盲目追求经济发展和效率产生的资源粗放使用及环境的超负荷损耗，而应该在公平的基础上对为保护环境放弃发展的行为进行补偿，实现社会福利的均衡以及生态经济可持续发展。

3.3.2.2　补偿变动和等值变动

环境或非市场物品的希克斯经济剩余概念，即补偿剩余、对等剩余、补偿变量和对等变量等，可以由相应的希克斯福利测量得到环境物品量变化时的 WTA/WTP。接受愿意（WTP）等同于补偿变动 CV（Compensating Variation），即当价格变动或者其他变量发生改变时，为使某人保持变化以前的福利水平，应该从他那里取走一定补偿金的数额；在环境问题中通常考虑环境退化的情形，即环境退化、环境污染或者环境质量下降时，环境破坏者或污染者应该为环境损失提供一定的补偿金额，来弥补环境使用者由于环境退化、污染等环境质量下降导致的福利下降或生活成本增加、医疗成本增加等导致的间接损失，以实现福利均衡，并惩罚环境使用者减少甚至停止环境破坏或污染行为，迫使他们为避免环境恶化而采取行动，最终实现福利的均衡。支付意愿（WTA）与等值变动 EV（Equivalent Variation）等效，指没有变化发生的情况下，为了使某人达到变化发生后他可能达到的福利水平而应该给予他的补偿金的数额；环境福利研究往往和改善环境质量有关，即环境服务的使用者或拥有者，采取一定的行为保护环境或实现环境的改善，为使该使用者持续地保护生态环境并提供高质量的环境服务，必须给他一定的补偿以弥补他的损失或激励他的保护行为，这样才能实现福利的均衡。

3.3.2.3 环境偏好的经济分析

环境物品等非市场物品引起的福利变化，通常通过揭示和称述消费者的环境偏好来测量。一般通过某些市场信息和因素的变化（如距离、成本）来反映环境物品的价值，如旅行成本法和享乐价值法；而陈述性偏好方法则通过给定受访者一个假想的交易市场，询问受访者对于某产品或者政策愿意支付的最高价格，通过对假想的环境物品的支付意愿来代表环境物品的价值，如条件价值评估法和选择模型法。

条件价值评估法，利用效用最大化原理，通过将环境对人类的效用偏好进行度量，推导在不同环境状态下消费者的等效用点，并通过定量测定支付意愿的分布规律得到环境物品或服务的经济价值。在模拟市场的情况下，被调查者个体是其福利和效用的最好、最真实的表达者，他们面对环境状态改善或者质量下降等变化的可能性，并且假设这种环境的变化在一定的资金调配均衡下最终将导致福利改善，然后直接调查和询问人们对诸如生态环境效益改善、资源保护措施、生态环境养护等的支付意愿，环境或资源质量损失、环境污染、环境破坏的接受赔偿意愿，通过支付意愿和受偿意愿的分布区间推导出环境质量改善（诸如空气清洁、水源保护、湿地恢复、草地保护、退化减少、生物多样性增加等）或环境质量损失等所产生的经济价值，为环境效用的生态补偿标准提供依据，更为自然资源和生态环境保护的战略、决策和计划提供科学支撑。

我们假定，市场商品 N 的价格为 P，另外一个环境物品为 Q，它的条件间接效用函数 $V(P,Q,M)$ 代表消费者的偏好顺序，其中 M 为收入；条件支出函数为 $E(P,Q,U)$，U 为做出选择的效用水平。则为非市场物品的边际支付意愿 $MWTP$ 为：

$$MWTP\omega(P,Q,M) = \frac{\partial V/\partial Q}{\partial V/\partial M}$$

通过 Roy's identity 和 Shephard's Lemma 补偿的 $MWTP_{wc}(P,Q,U) = \partial E/\partial Q$

在此框架内，当其他条件不变，环境物品的质量或数量从 Q_1 变化为 Q_2 时，我们要确定消费者的福利增益。我们可以从定义推导消费者的盈余测量 CS：

$$CS = \int_{\underline{Q}}^{\overline{\overline{Q}}} \omega(P,Q,M)dQ$$

补偿变化 CV 是消费者收入的最大金额，如果不能达到提供 Q_2 单位的环境物品，如果要维持 $Q = Q_1$ 的现状，则 CV 定义为 $V(P,\overline{\overline{Q}},M-CV) = V(\tilde{P},\tilde{Q},\tilde{M}) =: \bar{U}$ 或者 $CV = \bar{M} - \bar{E}(Q,\overline{\overline{Q}},\bar{U})$，对应于消费者的支付意愿，用 Shephard's Lemma，

$$CV = E(P,\bar{Q},\bar{U}) - E(P,\overline{\overline{Q}},\bar{U}) = \int_{\underline{Q}}^{\overline{\overline{Q}}} \omega^c(P,Q,\bar{U})dQ$$

补偿的变化即 CV 可以表示为补偿的 $MWTP$ 函数。

类似地定义等价变化 EV，它反映了接受意愿是消费者必须得到的收入最低金额，是为了达到 Q 增加后的状态。但如果我们保持 $Q = Q_1$，则 EV 被定义为：

$$V(P,\bar{Q},M+E\bar{V}) = \bar{V}(\tilde{P},\overline{\overline{Q}},M) =: \bar{U}$$

对应于消费者的接受意愿，用 Shephard's Lemma，则 EV 为：

$$EV = \int_{\underline{Q}}^{\overline{\overline{Q}}} \omega^c(P,Q,\bar{\bar{U}})dQ$$

用马歇尔消费者剩余计算的环境物品等非市场物品的 WTP 和 WTA 相差很大，而本方法运用泰勒扩展计算出的一阶梯 CV 和 EV 非常接近，证明可参照 Ebert（2008）。

因此，在三江源草地生态保护过程中，为使三江源草地覆盖度增加、

生态环境质量变好，牧户已经被限制放牧或生态移民，则对他们的补偿标准至少应该是 EV，即必须满足牧户的最小受偿意愿以保证他们的福利水平不因参与生态保护而降低，故本研究采用牧户的受偿意愿作为最低补偿标准。

3.3.3 参与生态保护的能力变化

传统福利经济理论中福利来源于个体对商品的消费产生的效用，主要受可支配收入和消费品价格因素的制约，即预算曲线的约束。森（Sen，1985）在效用理论基础上对此加以发展，将效用理论扩展为功能理论，即不仅关心商品的效用，更强调其功能，强调商品特性对商品本身需求的重大影响，考虑到个体偏好差异性来描述个人对其生存状态的福利评价。生态环境对生活在当地的居民的福利影响，可以通过居民各自"能力集"的变化及加总而反映出来，并且不同区域、不同环境和不同个体的"能力集"均不同，反映出生态环境福利效应的差异性。生态环境的变化，尤其是生态环境的破坏、退化或污染，往往造成当地经济发展和福利的下降，尤其对贫困人群的影响更为严重，贫困人群由于和生态环境的关系更为密切，他们对生态环境退化或质量下降更为敏感，因此环境稍有变化，他们就会感觉到福利水平下降、心情变差、生活和医疗成本增加，这通常使他们更容易陷入贫困的威胁中。可见"功能—能力"理论克服了传统福利标准的单一性，在货币因素的基础上引入了物质与精神领域的多种因素，通过生活的多个维度和主观感受来表达个体的福利偏好，更为全面与科学，同时从公平角度探寻资源如何分配的福利问题，通过环境付费、环境税和生态补偿等手段和机制来解决人类社会的不平等问题，最终实现福利的最大化。

生态保护这一行为，从理论上来说可以增加生态系统服务，提高人类的福利。但是对于贫困人群及当地人而言，由于实施生态保护战略，如禁止放牧和限制放牧等，限制了当地牧户利用自然资源而获取生活生产资料的能力和权限，并且这些人的发展权往往遭受很大的剥夺，即这些人的能力被限制，使他们的福利和生活水平下降，心情变得糟糕，从而影响了他们生活的幸福感；迫使他们增加生活成本，并且会使他们被迫加大在有限土地上的劳动强度以弥补他们的生活损失，这无疑会导致生态环境的进一步退化，不利于当地经济的发展，更不利于社会的稳定。因此，必须设法提高生态保护过程中这些人的能力，补偿他们的损失并尽力维护他们的发展权，在社会福利均衡的基础上，促进当地人的生计能力和经济收入能力，促进当地的经济发展，并保障生态保护战略的可持续实施。

关于参与生态保护战略中牧户的能力变化见前文分析。对于能力的货币化部分，本研究仅仅计算了当地牧户在该计划中的机会成本和发展权损失，并对该部分进行补偿。

3.3.4   生态保护的外部性及其内化

根据帕累托最优原则，个体是他本人福利的最好判断者，社会福利函数是社会所有个人的效用水平的函数，即个人序数或者基数偏好的函数。要使社会福利达到最大化，必须同时实现经济效率和公平分配，那么，最终的社会排序就可以得到了，即社会选择就是在满足一些合理的条件下，找到一个以个人偏好为基础的社会偏好。我们在福利均衡研究中，到底应该是关注资源的有效配置问题（即福利的效率问题），还是应该关注贫困人群的资源获取能力（即福利的公平问题）？如果我们侧重于资源的有效配置问题，那么我们在探讨社会福利最大化问题时，必须以不损害个体的福利为前提，在强调帕累托最优时，必须排除垄断效应、外部性等因素，否则就应该在信息公开和透明等条件下考虑次优标准；面对贫困人群，我们是否就一定要考虑通过累进的税收/转移支付制度和反向加权来实现社会公平？还是应该选用黄有光先生的"一元就是一元"的第三优理论？可见，我们谈及福利的公平和效率问题时，首先应该明确的是是否存在外部性、信息公开、公共政策以及税率和补贴问题，然后探讨选择福利均衡前提下是否应该补偿或转移支付，而不是在考虑福利补偿的同时不考虑资源的低效利用以及支付意愿的加权导致的不均衡，辩证和动态地看待均衡和补偿问题是科学和必要的。

相对于私人物品，生态系统服务具有显著的外部性。首先，人类对资源的粗放利用、过度开发利用及不合理配置和利用造成的生态系统破坏导致外部性成本增加（或负外部性），人类的生态系统保护行为往往导致空气质量变好、生态环境改善、生物多样性增加、福利增加、心情愉悦等正外部性，可见生态保护，往往首先对当地人产生积极的外部性，使当地人的福利得到改善。其次，生态保护行为产生的外部性不仅仅包含着生态效益的增加（如生态系统得以恢复、生态环境得以改善、生态产品和服务的增加等），同时包含着经济效益（生态环境变好促进当地的旅游经济、第一产业及服务业的发展，进而全面促进当地的经济飞速发展等）和社会效益（经济发展和环境改善使当地人身心愉悦、社会关系变好、民族团结和社会和谐稳定）。再次，区域的生态保护行为产生的外部性如水源涵养、气候改善、水土保持、生物多样性增加等效益，往往具有扩散性和空间性，不仅对当地和当代人的生态安全有着至关重要的意义，更对更大区域内、后代的生态安全和可持续发展具有深远的、不可限量的重大意义。

因此，生态保护的外部性具有复杂性、时空动态性和可持续性等特点。生态保护的外部性是生态效益、经济效益、社会效益及个体发展能力的总和。对于保护区的民众而言，生态保护的外部性指当地的政府、企业和牧户通过实施生态养护、减少生产和限制资源利用开发等生态保护行为，使生态环境质量得到改善，而当地政府的发展权和牧户等因为生态保护行为而遭受的损失（如经济收入下降、就业能力下降、生活成本增加、就业机会和发展机会丧失等），必须得到激励和补偿才能实现社会福利均衡；对于流域下游、经济发达地区，乃至全国而言，他们享受和获得了保护区或保护地民众生态保护行为产生的外部性效益，花费了很小的成本和代价便享受了上游和不发达地区提供的外部性溢出效益，进一步加快了经济发展，导致社会福利的不均衡，因此必须对所享受的外部性付费，以补偿上游和不发达地区等提供生态外部性时的损失和发展机会的不公平。最后，当代人必须减少生态环境的破坏、资源的过度利用等行为，加强生态环境的修复和保护，为下一代提供良好的生存环境。

3.4 生态保护及其福利改善的经济手段——生态补偿

生态保护与经济利益关系的扭曲使生态保护和区域可持续发展面临很

大威胁。如果在适当的体制背景下，缺乏为市民提供生态系统服务并将生态保护等外部效应内部化的激励机制，将不会实现有效和可持续的生态系统管理（Brendan et al.，2011）。而生态补偿恰能通过对损坏资源环境的行为进行收费或对保护资源环境的行为进行补偿，使外部成本内部化，并达到保护自然环境的目的（李文华等，2006），相比于传统的环境命令政策和粗暴的控制污染等方法，生态补偿是更有效的一种生态保护机制（Pagiola et al.，2002）。国内外，关于生态补偿的机制、生态补偿的标准、流域间的生态补偿及森林和矿产开发等的生态补偿模式和生态补偿存在的问题等探讨较多，本研究不再赘述。生态补偿的科学实施是社会群体的福利均衡及生态保护的保障，生态补偿有效实施的关键是生态补偿标准的科学性和获得当地群众的支持和参与，不能获得群众支持和参与的制约因素是生态补偿或生态保护未考虑当地群众的生计可持续问题。因此本研究通过文献分析，重点探讨生态补偿对福利的意义，尤其是在贫困减缓的意义基础上，分析了利益相关者补偿和群众的生计可持续与生态补偿的关系，进一步阐释了生态补偿对促进生态保护和福利均衡的重要性。

3.4.1 生态补偿—福利

人类对生态系统服务产生的供给服务、调节服务、文化服务等功能性活动的自由选择和组合能力构成了人类福利，即人类在自然生态系统的基础上为实现美好的生活、健康、体验、各种社会关系、归属感、尊重和实现自我价值等而选择各种生活的自由和能力，而获取更多的自由和选择是人类福利改善的终极目标，也是人类发展（能力提高）的最终追求。贫困是对福利的强行剥夺，而消除贫困便是提高人类福利（赵士洞等，2004）。可见，福利是自然资源基础上的人类能力，贫困是福利的被剥夺和受限，生态保护将对人类的福利产生巨大的影响，生态保护是减轻长期贫困的重要举措（Brendan & Treg，2007），生态保护可以通过提高人类的能力而改善人类的福利（减缓贫困）。

研究表明，PES 计划不仅是生物多样性和其他生态系统服务的保护机制（Kelly et al.，2010），更是有效的生态恢复和保护的形式（Rodrigo & Eric，

2006），生态补偿对环境保护和贫困减少相当有效（Kerr，2002；Landell-Mills and Porras，2002；Pagiola et al.，2002；Grieg-Gran et al.，2005；Pagiola et al.，2005；Ziberman et al.，2008），Erwin Kelsey 等（2008）进一步通过实证检验和生态补偿机制的探讨，证明生态补偿机制是对贫困减弱的一种有效的机制。生态补偿通过平衡利益关系和调节保护、利用与破坏相关者利益的协调机制及制度安排，通过对生态保护中的福利损失和经济增长中所消耗的生态资源进行补偿，以激励和促进生态保护和对破坏的生态环境进行恢复和治理，进而增加人类福利或者减少贫困，是生态保护的重要激励机制，更是贫困减少的重要举措。许多学者认为生态补偿有助于贫困减缓（Erwin & Erwin，2008；Pagiola et al.，2005；Ziberman et al.，2008），因此建立生态系统服务—福利的概念框架链接，深入地探究和测度保护生态系统服务会如何影响福利，尤其是对穷人的实际影响（Stefano et al.，2010），并探讨生态保护对人类福利的意义，探寻在资源利用和贫困减弱的目标下如何有效地实现生态保护（Brendan et al.，2011）。通过成本效益分析，设计最佳的可持续管理的政策和机构以有效地管理生态系统和公平地提供生态系统服务，在可持续发展的概念、综合保护和发展项目下的以社区为基础的资源管理，设定环境和人类发展之间的特定的制度安排，进行生态补偿，有助于有效的生态系统保护和改善人类福利的双赢局面的实现（李惠梅等，2013）。

3.4.2　福利公平基础上的生态补偿标准及机制

福利经济理论一直强调公平和平等。资源获取机会的自由和平等是个体能力的体现，更是发展的前提。生态补偿正是基于公平和平等原则对福利受损者进行补偿和对利益获得者进行收费，及对时间（代际）、空间、不同利益主体之间的资源利用和保护行为进行制度的安排，实现个体福利的不减少和人类能力的提高及社会福利的平等和最大化，即实现生态保护、人类发展和社会进步。

3.4.2.1　补偿标准及其区间选择

生态系统服务具有公共物品的性质，因此存在着外部性，而生态补偿是实现外部性内部化的重要途径。王振波等（2009）认为生态补偿的主体是人类及生态系统的自身调节能力，补偿客体是生态系统及其内部的受害者和贡献者，补偿依据是生态系统服务价值的降低、生态系统不断被破坏以及其恢复成本的升高、生态保护成本的投入和发展机会成本的损失，以及人与人、区域与区域、阶层与阶层之间社会非公平问题。自然资源产权不清等问题同样是生态保护制度失灵的重要原因（张效军等，2010）。提高资金使用效率对完善生态补偿机制至关重要（Jennifer et al.，2008），优化选择补偿区域和合理的补偿标准是提高补偿效益的关键（赵翠薇等，2010），补偿标准往往直接影响生态补偿的效果（赖力等，2008）。熊鹰等（2004）认为生态补偿额度应该以增加湿地的生态功能服务价值为上限，以农户损失的机会成本为下限，并结合农户调查确定具体的标准；郑海霞（2006）总结性地认为生态补偿标准是成本估算、生态服务价值增加量、支付意愿、支付能力四个方面的综合；生态补偿对象的空间选择研究更对建立高效合理的生态补偿机制具有十分关键的作用（戴其文等，2010），补偿区域的研究则是通过对区域内的受偿标准、区域间的补偿能力和经济发展水平综合衡量后确定的。因此提高生态补偿效益和促进生态保护，不应该仅仅是对受损的福利进行补偿，而且应该在公平和平等的基础上考虑补偿的优先级和区域，以及不同利益主体的责任界定，即实现福利均衡才是社会福利的最大化，是社会发展的动力，更是生态保护和可持续发展的终极目标。

（1）生态系统服务及其福利

生态系统服务是福利产生的基础，也是社会经济可持续发展的保障。生态系统退化或受到保护将使人类的福利减少或者增加，因此我们不仅应该重视存量的评估，更应该关注生态系统质量和数量的变化引起的生态系统功能的退化或者价值的增加，深刻了解人类的干扰和气候变化以及环境污染等扰动下的生态系统作用和反馈，以及修复和恢复作用，精确评估生态系统服务，明晰产权，以调控、管理和实现区域生态保护。

（2）机会成本及其空间分布

MacMillan 等（1998）在苏格兰的研究结果表明，生态补偿标准与生态服务功能无关，与机会成本直接相关，完全以经营成本为标准往往导致补偿的激励不足，要获得足够的动力参与生态保护和建设，需要包括部分或者全部机会成本以补偿经营过程中所放弃的发展机会的损失；李晓光等（2009）认为土地权属结合机会成本估算是确定区域生态补偿的有效方法，考虑时间因子和风险因子的影响将使生态补偿标准的估算更为合理和科学；当边际成本等于边际收益时将实现环境效益的最大化，因此理论上最佳补偿额应该以提供的生态服务的价值为补偿标准，应以保持生态系统健康、持续发挥服务功能为基础，以保育生态系统所需的经营成本来确定提供多少经济补偿（冯凌，2010）。作为理性的经济人，在自愿的情况下，只有补偿标准大于机会成本，他们才会参与生态补偿，最小数据法基于决策者的微观经济行为和决策机制，通过机会成本空间分布推导新增生态系统服务的供给曲线（生态系统服务供给量与补偿标准之间的关系），从而确定特定生态环境恢复目标下的最佳补偿标准（Antle et al.，2006；吕明权等，2012），目前看来具有很强的适用性和可行性。

（3）补偿剩余

根据消费者剩余理论，补偿剩余（CS）可以用来表示前后变化的福利损失，而建立在 CS 基础上的补偿可以保证福利是均衡的。CS 往往用个体最大 WTP 计算，在一定程度上是外部性的体现；福利不仅仅是客观的生态系统服务下降，同时应该包括个体对环境的态度、保护意愿和对生态系统服务的认知。生态补偿标准和因补偿而增加的生态服务直接影响到补偿效果和补偿者的支付能力，因此充分考虑利益主体的意愿，并考虑受偿者的需求和补偿者的支付能力及支付意愿（WTP），结合损失的机会成本和特定恢复目标下增加的生态系统服务来制定生态补偿标准是科学的，更是实现福利均衡和社会福利不下降的保障（李惠梅等，2013）。

3.4.2.2　利益相关者的福利损失补偿——生态系统保护及其福利最大化的关键

要使社会福利达到最大化，必须同时实现高效的经济效率和资源的公平分配。生态补偿指通过对损害或保护资源环境的行为进行收费或补偿，从而激励保护行为，达到保护资源的目的，而补偿应该建立在对保护者或其他主体的福利损失的基础上。因此，生态补偿的关键是通过福利损失补偿和利益主体的福利均衡而实现生态保护和社会福利的增加，缺少了利益相关者的福利均衡、福利损失补偿都不能真正地实现生态保护的激励。

我们的生态保护工作不能有效实施的最主要和最直接的原因是，忽略了当地政府、社区以及居民等不同利益相关方在生态保护行为上的响应（Pires，2004）。国内的很多研究对当地政府、游客、保护组织、社区以及居民等不同利益相关方在保护和补偿行为上的响应研究较为缺乏，也使得以往的生态保护工作的有效性受到质疑。生态保护和补偿能否顺利实施的关键在于牧民在其中损失的利益能否得到补偿及其为生态恢复所作的贡献能否得到承认（熊鹰等，2010），应该在准确的估算利益受损者的损失及对环境的贡献的基础上，结合利益相关者的意愿调查确定补偿的合理水平，调查居民针对不同环境状况变化的支付意愿，从而定量确定环境状况变化带来的经济效益和福利的损失，只有实施生态保护的外部性补偿（贡献和损失）和福利补偿，才可能实现有效的生态补偿。协调不同利益相关方的利益冲突是实现生态保护和有效补偿的关键（彭晓春等，2010），因此关注利益相关者的保护和响应行为，协调利益相关方的利益冲突，并制定科学合理的补偿标准，构建利益相关者机制的生态补偿是实现真正的生态保护的保障。

中央及地方政府实施的一系列生态保护与恢复项目的效果并不理想的主要原因之一是缺乏当地群众的参与，因此研究生态系统对居民生产生活的影响应制定科学的生态保护和利用政策，了解当地居民（农牧民）的生态保护行为，并深入分析生态补偿意愿的影响因素，有针对性地提高他们的生态补偿积极性，掌握当地居民（农牧民）对于生态功能的认知情况、生态保护的态度及影响因素和地域差异，根据利益主体的行为进行策略选择以调整人的行为模式，实现生态环境保护，采用经济手段激励相关群体进行生态环境保护、恢复和治理，把当地居民（农牧民）的生态补偿意愿转化为实际行动，引导他们实现主动参与式补偿和保护（戴其文等，2010），这样才能真正科学有效地实现生态保护和地区的福利增加与可持续发展。同时，应考虑各行政区之间的公平性和经济最优（效率）的目标以界定环境责任（许晨阳等，2009），结合利益相关者的意愿调查确定补偿的合理水平，建立均衡国家与地方利益的互动机制和"责效"关系（李芬等，2010），关注利益相关方的补偿意愿和受偿意愿及其程度，解决利益相关方的矛盾和冲突，明确补偿实施主体和责任主体，鼓励企业、社区、非政府组织等参与，尤其应该尊重弱势群体的意愿、生存和发展权利，促进利益相关方之间合作是生态补偿的关键，更对实现地区可持续发展和生态保护环境管理意义重大。

3.5　展望

目前生态补偿研究对于发展权的受限、农牧民的福利变化和贫困以及可持续发展考虑不够，更应该关注从个体行为的参与角度进行生态补偿的研究。贫困不仅指收入的下降，更指能力的受损，指获取资源的能力或机会的受限，以及自由选择和发展的受限。发展不单纯是经济增长，更是人类能力的提高和扩展，包括人类的自由、环境保护、文明、平等及人类的和谐进步。在生态保护过程中，部分人的资源利用和开发权利受到限制，甚至部分长期只能依赖当地的生态系统服务以维持生计的人群利用自然资源的机会和自由以及实现一定的社会关系、娱乐休闲、自身价值、文化承载、环境保护等能力受到重大的限制和改变，即福利受到损失。因此，应了解农牧民的生态保护行为，并深入分析生态补偿意愿的影响因素，关注利益相关者的保护和响应行为，结合利益相关者的意愿调查确定补偿的合理水平，明确利益相关方的责任界定及区域资源发展和保护的责任，协调利益相关方的利益冲突，通过平衡利益关系和调节保护、利用与破坏相关者利益的协调机制及制度安排，构建生态补偿机制，实现生态保护和社会福利的均衡。同时促进贫困家庭参与能力的提高和促进农牧民生计多样化，引导他们实现主动参与式补偿和保护，以提高人类能力和发展为主题，在可持续发展的综合理念下制定自然资源保护和管理规划，最终促使有效的生态系统保护—提高人类福利—发展的多赢局面的实现。

4 三江源草地生态保护中牧户的福利变化

4.1 福利评价模型

4.1.1 能力的内涵

福利是各种生活功能的能力集合,具有多维和层次性,高阶功能的实现是以一般的低阶功能为基础的,并且不同的功能对福利的贡献是不同的,可以通过权重来体现,福利的本质是自由的扩展和发展而实现的美好生活及其产生的幸福感。能力和幸福感都是生活内部质量的反映,能力是生活功能集合的"生活机会"的选择,幸福感是选择之后的"生活的结果",是生活质量的评价,是整体生活满意度的反映。幸福感是能力的生活结果的反馈,而能力是幸福生活的必需。个体必须具备一定的能力,才能实现更大的幸福,同时一些重要能力的提高将促进幸福感的增加。我们在研究中用能力理论或者幸福感理论来研究福利经济时,更应该注意区分所代表的福利内涵的差异。福利不仅仅应该包括生活的内部质量,更应该包括生活的外部质量,如环境和生活效用。个体的福利内容和状态往往是个体生活环境状态的体现,良好的自然环境、文化环境和社会经济环境往往对个体的福利影响很大。而且我们追求生活的效用不仅仅是为了效用本身,更是为了获得这种体验和实现生活的意义,如生态环境保护、文化发展、人类进步、自由和平等，没有意义、没有真正价值的生活不是人类所追求的，更不是人类发展的体现。

因此，福利应该是环境、能力、生活意义和幸福感的综合体现，是个体在特定的环境下适应、发展和产生的一定的可行能力，根据个体的差异和偏好自由选择一定的生活，实现生活的意义和价值，获得自我实现的满足和最大的幸福。福利是能力框架下，通过偏好（功能的选择、自由）的满足，实现的效用（幸福和美好的生活质量）。追求幸福和美好的生活以及能够自由选择并实现美好生活，是个体能力的体现和表达。个体选择的功能集合代表了他想要过的生活，选择的能力和对选择结果的承受能力都是个体能力的反映。生活的成就是个体选择的结果，个体拥有选择的自由和机会越多，能力就越大。个体选择的能力和选择的自由以及机会，受个体性格特征的影响，同时是在个体的生活环境和过往经验的基础上实现的。个体通过追求生活意义和价值实现个体的能力和生活价值，即福利是个体自由地选择美好和有价值的生活，并实现幸福的可行性能力。人类的能力得到提高和扩展并实现全面的自由才是人类真正的发展，这是福利改善的最终体现。

4.1.2 能力理论模型

本文主要采用 Sen（1985）的能力方法计量模型解释福利，包括三个相关的方程组：1：$f_i = f_i(r_i)$，表示功能 functionings，f_i 取决于个人（i）可利用的资源（r_i），人们用不同的资源禀赋和有关的异质性能力能将资源转化为功能，因此这个方程是公平分析的核心。2：$h_i = h_i(f_i)$，表示个人的幸福、效用取决于个体参加的功能。3：森认为，除了一个人选择的功能束，所有一个人可以选择的其初始资源禀赋的功能束集，$Q_i = \{f_{i1}, f_{i2}, \cdots f_{in}\}$，也可以衡量他们自己的优势。集合 Q 指某个人的能力集，构建一个个人的能力的概况指标必须以自由的自我报告的观察为基础。给定条件：$\hat{Q} = (q_1, q_2, \cdots, q_n)$，$q_1$ 表示在生活领域 1 的某个人的能力分值，则个体的福利应该是：$W = \sum_i^n q_n \cdot \overline{w}_n$。结合学者的研究结果及玛多牧民的实际情况，本研究选取生活、健康、安全、社会关系、环境、社会适应、自由、生活实现、幸福感等维度来衡量牧民的可行性能力集合。

4.1.3   权重确定方法

4.1.3.1   二级指标权重确定：模糊评价法

设牧户的能力集合为 Q，$Q_i = \{f_{i1}, f_{i2}, \cdots, f_{i9}\}$，$Q = (q_1, q_2 \cdots, q_9)$，$q_i$ 表示牧户在 i 个生活维度的能力分值；每个生活维度 $q_i = (x_{i1}, x_{i2}, \cdots, x_{ij})$，$x_{ij}$ 表示第 i 个生活维度中第 j 个指标的取值；x_{ij} 值是通过将若干指标分量值求算数平均值得到的。

q_i 值是通过模糊评价法而得到各指标的权重，再用 x_i 乘以权重加总而得到的。

（1）隶属度的确定

根据 Cefioli 和 Zani（1990）将这类虚拟定性变量的隶属函数设为：

$$u(x_{ij}) = \frac{x_{ij} - x_{ij}^{min}}{x_{ij}^{max} - x_{ij}}$$

（x_{ij}^{min}，x_{ij}^{max} 分别为第 i 个生活维度中第 j 个指标的最小值和最大值）；

（2）Cheli 和 Lemmi（1995）将权重确定为：$\omega_{ij} = ln\left[\dfrac{1}{\mu_{xij}}\right]$，该权重公式可保证给予隶属度较小的变量以较大的权重，在福利评价时更关注获得程度较低的指标和功能。

4.1.3.2   功能指标（一级指标）的权重确定：层次评价法

（1）判断矩阵：能力集合的各功能之间是具有递阶性的，因此本研究建立的判断矩阵如表 4 - 1 所示。

表 4 - 1   功能指标权重矩阵

功能项	生活	健康	安全	社会关系	环境	社会适应	自由	生活实现	幸福感
生活	1	2	3	4	5	6	7	8	9
健康	1/2	1	2	3	4	5	6	7	8
安全	1/3	1/2	1	2	3	4	5	6	7
社会关系	1/4	1/3	1/2	1	2	3	4	5	6

功能项	生活	健康	安全	社会关系	环境	社会适应	自由	生活实现	幸福感
环境	1/5	1/4	1/3	1/2	1	2	3	4	5
社会适应	1/6	1/5	1/4	1/3	1/2	1	2	3	4
自由	1/7	1/6	1/5	1/4	1/3	1/2	1	2	3
生活实现	1/7	1/7	1/6	1/5	1/4	1/3	1/2	1	2
幸福感	1/9	1/8	1/7	1/6	1/5	1/4	1/3	1/2	1

（2）计算最大特征值及其对应特征向量

最大特征值 $\lambda_{max}=9.4086$，最大特征值对应的特征向量分别为：0.7108、0.5065、0.3540、0.2448、0.1682、0.1156、0.0797、0.0566、0.0419。

（3）一致性检验

对特征值进行归一化得到各功能指标的权重分别为：生活（0.0186）、健康（0.0251）、安全（0.0353）、社会关系（0.0512）、环境（0.0745）、社会适应（0.0996）、自由（0.1568）、生活实现（0.2243）、幸福感（0.3148）。为验证本指标体系的科学性，我们用 CR 进行一致性检验：

$$CI = \frac{\lambda_{max} - n}{n-1} = 0.051075$$（λ_{max} 为最大特征值，n 为指标阶数）

$$CR = CI/RI = \frac{\lambda_{max} - n/n-1}{RI} = \frac{0.051}{1.45} = 0.0352$$（在 $n=9$ 时查表得 $RI=1.45$），$0.0352<0.1$，认为通过一致性检验，各功能指标是可行的。

4.2　研究假设

本文在森的能力理论的基础上，提出如下假设：

假设 1：福利是多维的，能力被定义为某人的可行性功能集

通过受访者的不同维度的评价分值，各维度在一定的权重下最终构成了个体的能力，因此个体的能力指标必须以自由的自我报告的数据观察为基础。本研究的研究对象是生态保护战略实施后的牧户群体，在生态保护战略实施前，草地可以带来持续性收入、工作机会及和谐的居住环境，是牧户的生活保障，而实施生态移民或限制放牧后，草地的这些功能都将部分消失或受到限制，因此牧户的收入、社会保障、居住环境和身份转变所引起的社会关系都将发生很大的变化，进而导致他们整体的福利水平发生极大的变化。因此本研究选取了生活、健康、安全、社会关系、环境、社会适应、自由、生活实现和幸福感九个维度来定义三江源牧户的可行性能力集。

假设 2：幸福感依赖于功能

一方面，生活幸福不仅仅是幸福感，还包括人们生活目标的实现以及对现状的满足度。本研究假定对失地牧民而言，补偿公平、对征地补偿政策满意和赞成、对生活现状满意以及实现了奋斗目标和总体幸福感是构成他们美好生活的必要因素。另一方面，美好生活是否能够实现或实现的程度是由个体的能力决定的，或者依赖于个体功能的实现程度。因此，这个框架不仅探讨了幸福和能力的关系，并且有助于识别对美好生活的强大贡献——为决策者寻求福利的基本社会选择的关键问题。

假设 3：福利的各功能之间是递进的

牧户的福利功能中，生活、健康和安全是实现人类正常生活的最基本需求，也是牧户必须实现的功能，只有在这些最基本功能实现的基础上，牧户才可能实现更高阶的功能，如社会适应和自由等，并实现全面的功能。即低阶功能的实现程度影响高阶功能的实现，进而影响整体的福利水平。如果在生态保护战略实施过程中，首先导致牧户的部分低阶功能受限制或未能完全实现，则必将影响其他功能的实现，导致他们的幸福感下降或整体福利水平降低；同时，如果通过其他政策和渠道有效地提高了某些高阶功能的水平，则将大幅度改善他们的福利水平，但是必须建立在保障低阶功能水平不下降的基础上。

4.3 能力功能维度的选择及赋值

4.3.1 各功能的选择

4.3.1.1 生活功能

生活功能是个体生存和发展的最基本的需要，也是个体在日常生活中最基础的、最低阶的能力的体现。当个体的生活状态发生变化、利用资源的能力或机会选择有变化时，首先受到最直接、最明显的影响和冲击的是个体的生活状态，尤其是那些个体能力比较弱（个体的福利水平比较低）的人群的生活功能将是最脆弱且最敏感的，他们的福利变化程度更值得研究和关注，因此关注个体最基本的生活功能的变化也是衡量个体福利变化的基础。此外，当个体连最起码的生活需求都不能实现时，很难再会考虑更高阶层的需求，更不可能跨过物质需求来实现高阶层的精神幸福乃至整体的幸福。因此，我们在文献分析和调研的基础上，选用收入、消费、打工、住房、基础设施、社会保障等6个指标来测度牧户的生活功能情况。

（1）牧户家庭经济收入。用收入水平代替整体的福利水平显然是不完全的，具有片面性。但不可否认的是，牧户的收入水平和收入的稳定性以及收入来源，不仅是牧户提高生活质量的关键因素，更重要的是体现了牧户运用资源或选择利用资源的机会的大小，即是个体能力大小的体现。

Sara（2001）认为家庭经济资源可以反映家庭成员的社会地位，其可用的商品和服务以及紧急情况发生后是否感觉安全可以反映家庭生活的舒适度，也反映了一个人改变自身条件的难易程度。即牧户拥有的家庭经济收入是牧户生计资本大小的体现，牧户拥有更高的生计资本和能力，则表明在生态保护战略的实施过程中福利受到的冲击或影响较小，面对和防御各种风险的能力也较强。在三江源草地退化和生态保护的背景下，牧户家庭的经济资源在很大程度上决定了牧户的社会角色能否顺利转换，而且可以反映牧户适应这种变化的能力大小。可见，牧户的家庭经济收入是牧户面对各种风险和抵御福利损失及其冲击力影响的能力大小的体现，更是牧户适应各种变化的生计资本之一。

本研究用收入水平、收入的稳定状况和收入来源三个变量来揭示牧户实现经济收入的能力大小或结果。三江源牧户在生态退化的大背景下，无论是响应生态移民还是限制放牧，响应后的放牧收入必然会失去或减小；此外在现金补偿的单一补偿模式下，一方面补偿不能有效地弥补响应生态保护后的放牧及经济作物收入的损失；另一方面牧户受文化技能和汉语水平的限制，非牧就业能力较差，许多牧户的收入来源呈现出靠政府补助或放牧的单一化趋势，收入大部分不能维持动态稳定，这些都将导致他们的总体收入大幅度下降。

（2）消费。个体的消费水平无疑是个体能力的体现。首先，个体的能力较强，其利用资源的能力或选择机会就较大，可以获取更多的资源而实现财富的增加，进而体现在通过消费水平的提高来获得满足感以及高质量的生活。其次，在物价水平波动的情况下，个体的消费水平能保持不变，从而使其生活质量不受影响或下降，这本身就是个体应对风险和适应能力较强的体现。再次，个体的消费水平在很大程度上会直接影响个体的整体幸福水平，是个体生活质量的最直观表现。尤其是在面临生活环境变化或生计来源变化时，如果此时的生活质量和幸福感并未降低，个体的安全感和自信心就会加强，个体的福利水平也将呈现增加趋势。

本研究用牧户的消费水平、消费满意度和物价水平满意度三个变量来反映牧户的消费能力。三江源牧户响应生态保护战略，不仅面临收入损失或减少的威胁，更直接的影响是，牧户通过利用草地资源而获取日常生活必需品（如肉类、牛奶、酸奶等食品和牛毛、羊毛、牛粪等）的机会（或选择）被禁止（生态移民）或者被限制（限牧定居），这意味着牧户选择过以前那种生活的权利被限制；另外，受长期生活习惯的影响，牧户必将支付更高的生活成本（免费获取演变为高价购买）以维持以前的生活状况，增加的高生活成本和牧户的不适应或风险厌恶心理将导致他们的福利水平受损。相比较而言，响应限制放牧模式的牧户对消费状况的满意度要高于响应生态移民模式的牧户，因为前者只是资源利用的幅度和范围受限，而后者则是完全失去了利用资源获取生活必需品的权利或者过草原放牧生活的机会，因此其消费满意度是否受影响更是他们能力大小的体现。

（3）打工。工作被很多学者认为是福利的重要功能之一。工作不仅是个体获得收入以实现其生活质量的重要途径，个体更可以通过工作而运用其能力实现个人价值，获得最高层次的幸福感和成就感。同时工作中形成的各种社会关系和社会资源也是个体能力的重要内容。在面对各种变化时，打工能力的大小就是牧户能否过想过的生活以及实现个人价值，并最终实现幸福的决定性因素，更是牧户福利水平不下降的重要保障。

一个区域工作机会的多少是能否有效实现就业的重要制约因素，当地政府部门对牧户的就业技能培训是牧户实现就业和获得工作的重要保障，牧户的工作时间和工作稳定性则是高收入及高稳定性的重要保障，因此本研究用打工时间、工作的稳定程度、工作机会和技能培训四个变量来表示牧户的工作指标。三江源区域，85%以上的中老年牧户不能用汉语正常交流，基本上除了放牧并无其他技能，长期依赖草地放牧，这是他们的主要工作和生活来源。因此，牧户的主要工作——放牧在生态保护战略实施下被禁止或限制时，牧户能否通过其他途径或方式而获取经济收入以维持生活质量，不仅仅是个体能力的重要体现，更是个体能否持续地响应生态保护战略的关键。

（4）住房。"居者有其屋"一直是人们所向往和努力奋斗的目标。Robeyns（2003）认为，从工具性角度来讲，好的居住条件与好的心理和生理健康密切相关，舒适的住房不仅是个体能力大小的体现，更是居住者身份的象征（Bratt，2002），住房功能的满足将带给个体极大的安全感和幸福感，将有利于提高个体的生活满意度和生活质量。可见住房是福利的重要组成部分。三江源大部分区域牧户的住房都以帐篷为主，少数牧户拥有土坯房以供冬天居住。三江源区域实施生态保护战略后，政府给移民和定居的牧户提供了免费的、等面积的框架结构的住房，因此，本研究用牧户对住房质量的满意度、住房的位置满意度（是否临街等）、住房配套物品（沙发、煤气灶、电视等物品）的满意度三个变量来表示牧户对响应生态保护战略后住房改变带来的满意和福利变化情况。

（5）基础设施。个体的生活离不开"吃、穿、住、用、行"，因此基础设施的完备程度将在一定程度上影响个体生活的舒适度和满意度。三江源牧户多择水而居，生活用水相对比较方便，但生活用电因主要依靠太阳能发电故极不方便和稳定。三江源区域比较偏远，交通极不方便，导致牧户看病和子女上学及购物非常不方便。因此本研究用牧户对水、电、取暖、交通、就医、上学和购物的方便程度来定义牧户居住地的基础设施情况。三江源区域实施生态保护战略后，牧户被迁移至县城（生态移民）或冬天自愿在县城定居（限制放牧定居），他们的生活方便程度和舒适度有了较大的提高和改善，一方面影响牧户对响应生态保护战略后的满意度，另一方面也增加了他们响应生态保护战略的积极性。

（6）社会保障。"老有所养，病有所医"一直是人们的理想和生活的追求目标，也是我国社会保障和医疗保障制度体系建立的核心所在，因此个体的社会保障及满意度是个体实现良好的生活的有效保障，更是个体提高福利水平的基础。三江源区域在实施生态保护战略之前，草地承担着牧户的社会保障功能，草地资源不仅仅通过提高畜牧产品给予牧户生活上的保障，同时世代生活在草原上的牧户通过放牧和采集经济作物实现就业，因此草地资源兼具失业保险和养老保障的功能。但在三江源生态环境严重退化的趋势下，必须禁止或限制放牧以减缓草地退化趋势，实现区域生态经济可持续发展，这对仍然生活在草原以放牧为生的牧户而言，草地的失业保险和养老保障功能势必受到威胁和影响。因此，政府在三江源区域推行生态保护计划时，应建立让牧户都享受医疗保险、最低生活保障和老人及未成年子女的保障等体系以弥补他们由于响应生态保护战略而损失的草地保障功能，这会在一定程度上改善牧户的生活状况，减少他们的后顾之忧，提高他们的福利水平。本研究以牧户对医疗保险、最低生活保障、补助等的满意度来作为社会保障指标。

4.3.1.2　健康

很多学者在用能力方法衡量个体的福利时，健康功能是不可或缺的。Luc 和 Sophie（2010）以工作、物理环境、心理健康、社会环境、休闲和文化、教育和信息、收入和财富、政治环境八个维度来建构福利的能力框架，并且通过打分分析了各个维度对福利的意义和重要性，结果表明健康是最重要的福利内容。个体拥有健康的身体是实现其各种功能，通过利用资源过上有质量的生活并获得幸福的必要前提。如果个体的身体或精神不健康，就很难产生幸福感，更难以通过工作满足自己的需求。在经济高速发展的今天，人们更加关心自己的身心健康，因此本研究通过个体的身体健康状况、压力状况和精神健康三个指标来表示健康功能，并将健康功能作为个体能力的重要内容。由于健康状况很难量化，故通过受访者的满意度回答来衡量各指标。

4.3.1.3 安全

在千年生态系统报告中（MA，2003），将物质资料、自由、社会关系和安全作为人类福利的重要内容；Paul 的研究表明，换位思考、自尊、自治、歧视、安全和压力等指标对福利衡量具有显著的统计学意义，但重要性按顺序递减（Anand et al.，2011）。马斯洛（Maslow，1954）的需要层次理论中更是将安全的需要作为最基本的需要，由此可见，安全功能是福利的重要内容，个体只有满足了安全的需要，才有可能实现全面的或整体的福利。三江源区域较为偏远，经常有野兽出没伤人，响应生态保护战略而移居或定居在县城，将可以极大地避免人身受到伤害，并且当地的公安和保卫部门也能较好地保障牧户的人身安全，可见，三江源牧户响应生态保护战略可使安全功能增加，从而在一定程度上促进了牧户个体福利水平的改善。本研究用人身安全和治安状况两个指标来表示牧户在生活环境变化后的安全状况，用个体对他人伤害、野兽袭击和社会稳定三个变量来衡量人身安全指标，用牧户对治安状况的满意度和对小偷存在情况的满意度来衡量治安指标。

4.3.1.4 社会关系

社会中的个体并非是独立的，个体有着与他人交往的需求，并且在社会交往中产生情感，并获得快乐或愉悦的体验。个体在社会交往中形成的融洽、和睦、亲密的社会关系，往往是建立在信任、互助的基础上，会增加个体对自我的认同感和存在价值。良好、健康的社会关系不仅是个体获得幸福感的基础，更是个体具有正常的交往能力的体现，同时也是个体乐观、积极的源泉；此外，个体拥有良好的社会关系的能力也是个体能够适应各种变化的能力体现，是个体能力和积极乐观性格影响的结果。本研究选用家庭和睦，与亲戚、朋友、邻居和村干部之间的关系的满意度来表达社会关系。

4.3.1.5 环境

个体是依赖于一定的自然环境和社会环境而生活的，并在特定的环境中形成不同的生活方式、生活习惯、风俗和文化，乃至文明而被继承和传播。个体的环境是福利的重要组成部分，优美的自然环境能让人身心愉悦，带来幸福感；而一定的经济环境决定了个体的生活水平和质量；同时，积极向上的社会文化环境可以让个体受到文化的熏陶而陶冶情操，并让个体的心灵受到提升，激励人们实现自我价值和社会价值，获得最大的幸福感；再者，个体在熟悉的生活环境中更容易情绪平和，产生安全感和幸福感。三江源牧户在响应生态保护工作过程中，迁移前享受的清新的空气、安静的生活环境和自然景观等都发生了改变，虽然新环境中的文化教育环境变得更好，但是个体对城市文化的适应和融入将是他们不得不面对的难题。因此，个体的福利将由于生活环境的改变而发生变化，尤其是当个体不适应新的环境或文化时，个体的幸福感将会下降，从而对其福利产生深远的影响。

如果个体目标与生活的环境、文化背景相适应时 SWB 会增加（Diener et al.，1999）。因此，本研究用生态环境、文化教育、宗教活动、休闲娱乐四个指标来衡量牧户的生态环境功能对其福利的影响。用气候状况、空气质量、景观、安静的环境和卫生状况来考察牧户的生态环境变化对其福利水平的影响，用牧户的汉语水平、教育条件和城市文化适应程度来衡量牧户的文化教育情况，用对休闲娱乐的次数、时间、质量等的满意度来反映牧户在环境中获得的休闲娱乐功能的变化，并结合三江源牧户的文化和生活情况，采用宗教满意度来反映牧户在草地环境中产生的精神价值的变化情况。

4.3.1.6　社会适应

现代 SWB 理论的核心概念是适应或习惯化，当人们并不能彻底、迅速地适应环境变化时，个体的 SWB 将明显降低（Diener et al.，1999）。一般情况下，如果个体拥有更多的生计能力和生计资本，则往往具有更强的面对风险的能力，也更容易适应各种变化，而个体的福利损失幅度才会较小。个体首先必须适应各种变化，才有可能在适应的基础上生存下来并逐渐提高个体的能力，形成新的生活方式和社会关系，并实现良好的生活质量和自我价值，获得成就感和满足感，进而改善自我的福利水平。可见，社会适应能力是个体可行性能力大小的重要标志，更是个体福利的衡量指标。

三江源牧户在响应生态战略而完全或定期地迁徙至县城生活，首先迫切需要面对的是其身份地位是否被认同和是否受到歧视、排斥等问题，如果牧户的社会地位没有受影响、有很强烈的融入感、没有感觉到任何的被歧视和排斥，则说明牧户对当地的社会文化等适应性较强。马斯洛的需要层次理论中，也将个体的尊重需要列为高阶的需求，如果牧户不能自我尊重、得不到他人的尊重、不愿意或没有信心和他人交往，就说明牧户的适应性有待提高，牧户的尊重需要未能被满足，这也是个体福利受损的体现。因此，本研究选用身份和地位、歧视和排斥、尊重三个指标的满意度来衡量牧户的社会适应能力。

4.3.1.7　自由

自由就是指他（或她）的行动和选择不受他人的阻碍。政治和社会理论家感兴趣的不是这种偶然的行动限制，而是政治和其他权威限制个人行动自由的理由和限度，也就是制度层面上哪些限制个人自由的政策才是合法的、正当的，如监禁、奴役、严重限制消费者的选择自由（如商品供应方的高度垄断）以及由惩罚支持的法律所禁止的行动等。在森看来，自由的实质是个人生活中免受困苦（如饥饿、营养不良、可避免的疾病等）的能力，以及受一定程度的教育、享受政治参与等，自由就是人们能够过自己愿意过的那种生活的能力。自由和可行能力是等价的。可行能力是指一个人能选择的备选的功能性活动组合，是自由的一种表述，它直接关注自由本身而非实现自由的手段。因此，可行能力观念本质上是自由的观念——一个人在决定过何种生活上的选择范围即表达了一个人实现福利的自由。在这种意义上，可行能力可以理解为实质自由的表述。森指出，人获得和发挥可行能力就是要实现自由的目的。

三江源牧户响应生态保护战略后，其自由是否受到了一定的影响，进而影响了其选择的自由，导致福利受损，是研究福利变化必须关注和重视的。本研究用牧户的政治权利自由、言论自由、宗教信仰自由和迁移的自由以及政策的公平、公正等指标来衡量牧户的自由，以观察牧户的可行性能力大小以及福利水平的变化。

4.3.1.8　生活实现

人类福利的本质是良好的生活，要充分刻画一个人的福利或个体是否过得很好，必须在首先满足一般功能（如营养、安全、保障、健康、长寿、识字、休闲、娱乐、性关系、舒适、住房、交通、社会关系等）的基础上，实现较高阶的全面功能（享受生活、智慧、成就、和谐、和平、承诺等），体会到美好生活并产生喜悦感（John，2002）；Veenhoven（2000）将福利看作幸福生活和良好生活质量的组合。可见，人们实现幸福的前提是必须实现良好的生活，生活实现和生活质量是福利的重要体现。

Wilson（1967）认为期望值和实际成就之间的差异与 SWB 相关，高期望值与个人实际差距过大会使人丧失信心和勇气，期望值过低则会使人厌烦，期望值本身并非 SWB 的预测指标，但期望值与个人获取资源的机会、权力地位、社会关系和个体的气质外貌是否一致可以作为 SWB 的预测指标（Diener et al.，1999）。当个体能以内在价值和自主选择的方式来追求目标并达到可行程度时 SWB 才会增加，即目标必须与人的内在动机或需要相适应，才能提高 SWB。如果与个体的生活环境目标、文化背景相适应，SWB 就会增加，表明个体的目标与其生活实现越接近，个体获得幸福感的水平就越高，这是个体的可行性能力实现程度的体现。

马斯洛需要层次理论将个体的自我实现作为最高需要的满足，如果个体满足了自我实现即实现了个体目标与生活实现的重合，则代表个体获得了最大的幸福。本研究用个体实现的生活质量和个体的生活满意度两个指标来衡量个体的生活实现，并用生活目标和生活现状的满意来表示生活质量，用牧户对政策的满意度、牧户对补偿的满意、现在生活的意愿（返迁意愿的负值）来作为牧户的生活满意度指标。三江源牧户在生态保护战略响应中，他们对生活现状越满意并与自己的生活目标越接近、对政策和补偿的满意度越高、生活适应性越强、对现在生活的意愿越强，就表明牧户的生活实现程度越高，也说明在生态保护响应中，牧户的福利并未受较大的影响，牧户愿意继续响应生态保护战略。

4.3.1.9　幸福感

心理学家将心理欲望得到满足时的状态称为幸福感，是一种持续时间较长的对生活的满足和感到生活有巨大乐趣并自然而然地希望持续久远的愉快心情。幸福感是个体的可行性能力得以完全的发挥，并实现了一般功能和高阶功能，并过上了良好的生活，实现了自我价值和社会价值后产生的巅峰的、持久的快乐感、满足感和成就感。为了过上快乐的生活，能力显然是必需的，而幸福感在很多方面反馈了能力。能力不仅在个人层面而且间接地在社会层面影响幸福感。因此，本研究用总体的幸福感和心情愉悦程度来表达幸福感，并将幸福感作为高阶的功能，作为可行性能力大小的体现和运用可行性能力实现美好生活的结果的检验。在生态保护战略响应过程中，有些牧户的可行性能力未能得到充分的发挥，导致其未能过上美好的生活或者其选择过美好生活的能力受到了限制，进而影响了他们的幸福感，从而影响了他们的整体福利水平。

4.3.2　变量的赋值

1. 经济收入指标

以牧户的收入水平、收入稳定性和收入来源状况三个变量的平均值来表示牧户的经济收入情况。

（1）牧户的收入水平。年户均收入在 0—5000 元的赋值为 1，5000—1 万元的赋值为 2，1 万—2 万元的赋值为 3，2 万—3 万元的赋值为 4，3 万—5 万元的赋值为 5，5 万—8 万元的赋值为 6，8 万元以上的赋值为 7。

（2）收入的稳定性。以牧户对收入稳定情况进行打分取值，1 = 相当不稳定，2 = 比较不稳定，3 = 有点不稳定，4 = 一般，5 = 有点稳定，6 = 比较稳定，7 = 非常稳定。

（3）收入来源。三江源地区的牧民，基本上以放牧和出售牛羊及其附属物（如牛毛、酸奶、羊皮等）为主要生计来源，有限区域的牧民以挖虫草（采草药、蘑菇、蕨麻）等经济作物作为一定的收入来源，有些牧民以零售商店或车辆运输等作为生计来源。故本研究对放牧生计来源赋值为 1，对其他经济作物赋值为 2，对有虫草收入的赋值为 3，对自售商店或运输的赋值为 4，如果某牧民家有多项收入的进行累计。对打工状况，家中有人打工的赋值为 1，有人打工且打工时间每年超过 60 天的赋值为 2，家中有固定打工的赋值为 3，有固定工作的赋值为 4，在行政或事业单位做长期固定工作的赋值为 5，在学校或医院等事业单位工作的赋值为 6，家中有公务员或军人的赋值为 7。

2. 牧户的消费指标

以牧户的消费水平、消费满意度、物价水平满意度三个指标的平均值作为牧户的消费指标。

（1）牧户的消费水平。以牧户对自家的消费水平的感受打分来赋值，1 = 最差，2 = 比较差，3 = 有点差，4 = 一般，5 = 相对比较好，6 = 比较高水平，7 = 最高。

（2）消费满意度。以牧户对消费情况的满意度自评，最不满意为 1，最满意为 7。

（3）物价水平满意度。以牧户对现有的物价水平的满意度进行打分，最不满意为 1，最满意为 7。

3. 牧户的打工指标

以牧户的打工稳定程度、打工满意度和技能培训满意度的平均值来表示牧户的打工指标。

（1）牧户的打工稳定程度。以牧户在一年中打工时间的稳定情况来定义，打工时间≤15 天 = 1，15 天≤打工时间≤30 天 = 2，30 天≤打工时间≤50 天 = 3，50 天≤打工时间≤60 天 = 4，60 天≤打工时间≤90 天 = 5，90 天≤打工时间≤150 天 = 6，打工时间≥150 天 = 7。

（2）牧户的打工满意度。以牧户在打工中对收入和工作环境的满意程度来定义，1 为非常不满意，7 为非常满意。

（3）技能培训满意度。对当地是否开展技能培训，及若开展培训则对其时间长短和效果的满意度进行打分，1 = 没有任何技能培训，2 = 有培训，但不适合牧户，3 = 有培训但次数、种类和时间都不满意，4 = 有培训，但效果一般，5 = 有培训，且自己掌握了一定的技能，6 = 有培训并且能就业，7 = 有培训，能稳定就业或政府安排了就业。

4. 住房

以牧户对房屋质量、房屋的区位和配套设施的满意度的平均值来表示住房指标，1 = 非常不满意，7 = 非常满意。

5. 基础设施

以牧户的生活用水、电、取暖、交通和就医、上学购物等的方便程度的平均值来表示，1 = 非常不方便，7 = 非常方便。

6. 社会保障

以牧户对医疗保险、最低生活保障、各种补助的满意度来定义，1 = 非常不满意，7 = 非常满意。

7. 身体健康

以牧户是否有疾病、能否正常劳动的平均值来定义。（1）疾病的赋值是按照家中是否有慢性的、需花费大笔医疗费用的病人反向赋值，即家中无病人或者属于感冒等普通病的赋值为 7，家中虽然有人生病但比较容易治疗或治愈的赋值为 6，家中虽然有病人但小手术即能解决的赋值为 5，家中有病人需住院治疗的赋值为 4，有病人且较难治的慢性病赋值为 3，有病人在长期治疗且难治愈的赋值为 2，有病患且有死亡的赋值为 1。（2）正常劳动是按照牧户的残疾情况、年龄和自评打分来赋值的，1 = 身体残疾不能劳动，2 = 虽无残疾但年老多病不能劳动，3 = 经常生病不能干重活，4 = 一般可以劳动，5 = 身体很好可以正常劳动，6 = 身强力壮是家里的主要劳动力，7 = 是家中的经济支柱。

8. 压力

牧户在放牧中经常担心牛羊会被野兽袭击等，故以牧户的睡眠和生活压力的平均值来定义。（1）睡眠：以牧户是否失眠和有睡眠障碍的回答来赋值，1 = 经常失眠，2 = 有时候失眠，3 = 经常担心牛羊而睡眠不好，4 = 一般，5 = 睡眠比较好，6 = 没有压力睡眠非常好，7 = 非常满意。（2）压力：以牧户对生活压力的感觉回答来赋值。1 = 非常有压力，很不满意；7 = 没有任何压力，非常满意。

9. 精神健康

以牧户对自己的正常认知能力和积极乐观的自我评价来赋值，并以平均值来表示精神健康指标。1 = 非常不好，7 = 非常好。其他指标均以牧户的评价来进行赋值，1 = 非常不满意，7 = 非常满意。

其中的指标均定义为虚拟变量，赋值如表 4 - 2 所示。各功能指标的权重采用模糊评价方法得到，福利功能的权重通过层次评价方法得到。

表 4-2　牧户参与生态保护的福利指标体系

功能（权重）	指标	指标分量	权重 移民前	权重 移民后	权重 限牧前	权重 限牧后
生活 0.0186	收入	收入水平、收入稳定性、收入来源	0.0523	0.1527	0.0405	0.1925
	消费	消费水平、消费满意度、物价水平满意度	0.0551	0.5338	0.0742	0.3121
	打工	打工时间、工作的稳定程度、工作机会、技能培训	0.3073	0.2161	0.2983	0.2371
	住房	质量满意度、位置满意度、配套物品满意度	0.1381	0.0569	0.0828	0.1222
	基础设施	水、电、取暖、交通、医疗、上学、购物	0.1794	0.0161	0.1311	0.0741
	社会保障	医疗保险、最低生活保障、补助	0.2676	0.0243	0.3731	0.0620
健康 0.0251	身体健康	是否有疾病、是否残疾、能否能正常劳动	0.63	0.4489	0.6342	0.389
	压力状况	睡眠、生活压力	0.164	0.2971	0.1607	0.3259
	精神健康	能否正常的思考、认知能力、乐观情况	0.2059	0.254	0.2051	0.2846
安全 0.0353	人身安全	他人伤害、野兽袭击、社会稳定	0.4822	0.1989	0.4844	0.2861
	治安状况	治安状况满意度、小偷存在情况满意度	0.5178	0.801	0.5157	0.7139
社会关系 0.0512		家庭和睦、与亲戚、朋友、邻居和干部的关系				
环境 0.0745	生态环境	气候状况、空气质量、安静的环境、景观、卫生状况	0.0959	0.2449	0.3575	0.2772
	文化教育	汉语水平、教育条件、城市文化适应程度	0.6107	0.4039	0.334	0.3282
	宗教活动	宗教活动次数及满意度、寺院及活动场所	0.1277	0.247	0.1347	0.2231
	休闲娱乐	对休闲娱乐的次数、时间、质量等的满意度	0.1657	0.1042	0.1378	0.1751
社会适应 0.0996	身份和地位	融入感、牧民身份认同感、社会地位	0.2614	0.2498	0.2664	0.2968
	歧视和排斥	是否被歧视、是否感到排斥、归属感	0.2347	0.3722	0.1917	0.1885
	尊重	自我尊重、他人尊重、愿意交往	0.5037	0.3781	0.5419	0.5147
自由 0.1568	自由	言论自由、宗教信仰自由、环境使用自由	0.0702	0.2258	0.0719	0.2003
	政治权利	选举权、大事知晓、找干部的次数及满意度	0.7295	0.1921	0.7468	0.4114
	公平	补助公平、住房公平、公正	0.2003	0.5822	0.1813	0.3883
生活实现 0.2243	生活质量	生活目标、生活现状满意度	0.5995	0.4369	0.5359	0.5577
	生活满意度	政策满意度、返回草原的意愿、补偿满意度	0.4005	0.5631	0.4641	0.4423
幸福感 0.3148	心情愉快		0.5	0.5	0.5	0.5
	幸福感		0.5	0.5	0.5	0.5

从表 4-2 的结果可以看出，三江源牧户在响应生态移民模式的保护战略前后，不论是移民还是限制放牧的牧户，其生活功能指标、安全功能指标、环境指标和自由功能指标的权重变化比较明显，说明牧户的生活方式

和福利变化中，这几项功能指标代表的福利内容发生了比较显著的变化，进而影响了福利变化的方向，而福利功能指标值的变化与其权重共同影响了福利水平的增减。

4.4 牧户在生态保护中的福利变化

为遏制三江源生态环境日益退化的趋势，2005 年，国家投资 75 亿元成立三江源国家级自然保护区，近年来，三江源的生态环境有了一定程度的改善。从 2005 年起，在严重退化地区禁止放牧，并推行生态移民工程，在草地生态中轻度退化的区域全面限制放牧，并在藏区实施了惠民的游牧民定居工程，让青壮年牧户夏秋季在草原放牧，冬春季可以在县城里政府免费提供的房屋中居住生活，老人和小孩可以在城市居住、上学，医疗和教育得到了保障。但青海三江源的移民定居和游牧定居的少数民族牧民，在民族差别、文化差别、观念差别、所处的自然环境差别等方面与其他地方有较大的不同，尤其是生计问题、适应问题和人的发展问题等面临的形势仍然相当严峻。下文我们将以前文提出的框架评价这些牧户的福利变化情况和生计能力问题，以期为后期的区域可持续发展政策制定提供科学支撑。

4.4.1 生态移民牧户的福利变化分析

4.4.1.1 生态移民各功能指标变化结果

根据前面的探讨，下文以在三江源区域的黄河源区的玛多县移民区、玛沁县移民区、黄南藏族自治州的泽库县移民区和长江源区的唐古拉移民区、曲麻莱县移民区、玉树县移民区以及澜沧江源的囊谦县移民区调查获得的 394 份牧户问卷为样本数据，运用模糊评价和层次评价法，选择如表 4-2 所示的功能和指标来测度三江源区牧户在响应生态移民模式后的福利变化情况。我们分别对比了牧户在移民前后各福利功能的变化情况，如图 4-1 所示。

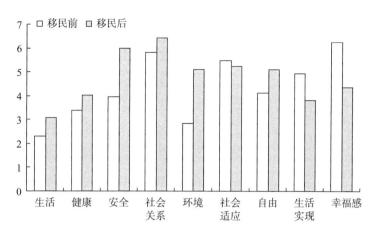

图 4 - 1　三江源移民响应生态移民模式前后的各福利功能变化情况

从图 4 - 1 可以看出，在响应生态移民模式的生态保护前后，牧户的环境功能、安全功能、自由功能等的变化最为明显，且增加程度按顺序递减；而社会适应、生活实现和幸福感的功能值下降明显，且下降程度按顺序递增。具体分析如下。

（1）生活。三江源牧户参与生态移民模式的生态保护计划后，首先受影响的是牧户的生活情况，生活功能的值由 2.28 变为 3.07，说明牧户响应生态保护计划后他们的生活功能有了一定程度的改善，但改善程度有限，牧户的生活功能仍然属于中等偏下即不满意的范围（≤4，4 为一般）。牧户在响应生态保护计划后，虽然住房、基础设施和社会保障有了一定程度的改善，但经济收入和消费指标却急剧下降，导致牧户对生活功能整体不满意。

三江源牧户在生态移民前户均年收入在 5 万—8 万元，移民后政府每户每年补助 8000 元。大部分牧户除了放牧没有其他的技能，习惯了放牧生活，加上移民后政府的工作安置能力和适合这些牧户的就业岗位有限，导致 95% 的牧户在移民后的 5 年内都没有通过任何形式的工作来解决生计问题，牧户的经济收入来源只剩下政府的补助、自己的积蓄以及亲友的帮助。在移民后的 1 年内，牧户的满意度还是比较高的，但随着积蓄用完却没有稳定的收入来源，导致牧户的满意度逐渐下降，许多牧户更是急切想搬回草原居住。经济收入的不满意在很大程度上影响了牧户的幸福感和对政策的满意度、继续过移民生活的意愿和生活实现程度，最终使牧户的福利下降。

三江源牧户世代生活在草原，长期以牛奶、酸奶、肉食为主要食物。响应生态移民计划后，牧户的生活习惯并未改变，但是牛奶和肉食品却不能自己生产，只能购买。加上牧户的收入锐减和物价飞速上涨，移民前可以免费获得的食物如今却要高价购买（2012 年 7 月，牛奶的市价为 5 元/斤、牛肉的市价为 30 元/斤，羊肉的市价为 38 元/斤，酸奶一桶为 70 元），这使牧户对消费以及目前的生活极度不满意，更影响了其他功能指标的满意度。草地不仅仅可以提供生活资料，同时有很重要的保障作用，牧户在生态移民后，不能放牧，受技能和就业机会限制不能打工，受生活习惯的影响，大部分牧户都不愿意打工，导致他们赋闲在家，既没有收入来源，又失去了在工作中实现个人价值和人际交往的机会，使他们的自信心受挫，严重影响了他们的幸福感和生活实现功能。更说明移民后，牧户的可行性能力未能得到有效的发挥。

可见，虽然通过生态移民三江源区域的生态环境得到了一定的恢复和保护，但由于牧户完全失去了利用资源的权利，却未能充分得到补偿，导致这些人的福利受损，既违背了公平原则，也不利于区域的可持续发展。区域的可持续发展不能仅仅以损失个体的福利为代价，在衡量个体福利损失的基础上，应基于公平和维护弱势群体的利益的原则，通过发展绿色经济促进当地经济的发展，并通过如畜牧产品深加工延伸产业链和加强文化技能培训等，提高牧户的就业率，改善他们的收入、消费以及其他功能，最终提高个人福利水平，并建立有效的、充分的、科学的补偿标准和机制，以弥补牧户的损失和失去的发展权以及选择权，才能在提高和改善牧户的福利基础上，实现区域的生态经济可持续发展。

（2）健康。三江源牧户参与生态移民后，健康功能由 3.389 增加为 4.027，表明移民后由于气候更适合居住、牧户的劳动强度下降和移民后的就医条件有了很大的改善，因此牧户的健康功能值有所增加。但由于移民后牧户的生活压力增加，故牧户的健康功能增加不多，牧户对健康的满意度维持在一般水平，在一定程度上使牧户的福利能维持不下降。

（3）安全。三江源牧户由以前的偏僻山区移民至县城或城市，使牧户的安全功能由移民前的 3.94 增加为 5.97，说明牧户移民后避免了野兽的伤害，可以保证人身和财产的安全，他们对移民后的安全非常满意。可见，生态移民计划满足了牧户的安全需求，可能使牧户的整体福利水平得到提高。

（4）社会关系。三江源交通、通信较为落后，在移民前和其他民族、亲朋好友以及村干部之间的交往非常有限，移民后居住在县城，通信和交通比较方便，居住集中，和其他民族打交道的机会大大增加，这使牧户的社会关系功能由移民前的 5.81 增加为移民后的 6.42。但三江源牧户受宗教信仰的制约，很多牧户不愿意和其他民族交往，并且受汉语水平的影响，和汉族及其他民族也不能顺畅的沟通和交流，因此使社会关系功能的变化不明显。

（5）环境。三江源牧户移民后变化最明显的就是社会环境的变化，我们的研究也表明牧户的环境功能变化值最为突出，由移民前的很不满意（2.82）转变为比较满意（5.1）。除了唐古拉山镇和曲麻莱县的移民移至格尔木市后，移民因空气、景观等对生态环境的满意度和舒适度感觉有所下降外，其他移民的空气、景观等指标变化不大，但移民后气候的舒适指标均比移民前有了较明显的提高，从而使移民后的生态环境指标有了增加。移民后牧户均可享受比较好的教育和医疗条件，并且有更多的时间参与宗教活动和休闲娱乐活动。在县城和城市，娱乐活动的功能更强大，使牧户对环境功能的满意度较高，并使他们的福利有了一定程度的提高。

（6）社会适应。当个体的生活方式、生产方式和生活环境发生变化时，最能考验他们的能力和福利水平的就是其适应能力，如果适应能力强，则说明可行性能力高，更说明其通过适应环境来维持福利水平并获得幸福感的可能性就大，其福利水平也就不容易下降或下降程度不明显。三江源牧户移民后其适应能力由移民前的 5.48 下降为 5.23，虽然下降程度不明显，但仍然在一定程度上说明了其福利水平受到一定的影响。究其原因，三江源牧户移民后许多牧户被歧视和被排斥，使他们产生了很大的受挫感，个体尊重的需要未能满足，进而影响到个体自我价值的实现，在很大程度上导致牧户心情不悦和比较压抑，影响牧户的幸福感和福利水平。可见帮助牧户树立自信和自尊，增强融入感是提高其福利的重要途径。

（7）自由。自由是可行性能力的体现，三江源牧户移民后，其选举权、言论自由和宗教信仰的自由得到了充分的保障，并且当地政府在补助的发放和住房的分配上均等质等量按户发放，使牧户对公平、公正的满意度非常高，对自由功能的整体满意度由移民前的 4.1（一般）增加为 5.0（比较满意）。但由于许多牧户想返回草原继续放牧生活，但是已经无力购买牲畜和草场等生计资本，加上对子女上学的考虑，他们不能返回草原，从而使他们选择过另一种生活的机会和可能性受到了限制，即环境迁移的权利受限制，最终使牧户的自由功能增加幅度较小。

（8）生活实现。个体的生活实现是其能力水平的体现和结果，三江源牧户移民后生活实现功能值由移民前的 4.94（比较满意）下降为 3.82（有点不满意），说明牧户的生活质量和生活满意度都有所下降，对移民后的生活不满意，不愿意继续过这种生活，对政策的不满意有所增加，又由于自身能力有限不能改变生活现状，更不能实现个人的价值以获得成就感和满足感，这使牧户最重要、最高阶的需求得不到满足，严重影响了个体的福利水平。

（9）幸福感。由于收入水平、消费水平、自我尊重、生活实现等需求得不到充分满足，所以牧户的幸福感明显受挫，由移民前的 6.25（很幸福）下降为 4.36（一般），故而使其整体福利水平下降明显。

我们在前文中假设，牧户的福利是由生活、健康、安全、社会关系、环境、社会适应、自由、生活实现和幸福感等功能构成的，并且这些功能对福利的影响程度是递减的。我们的调查结果表明，三江源牧户在响应生态移民模式的保护计划后，生活、健康、安全、社会关系、环境等基本功能得到了一定程度的改善，这使牧户的福利在一定程度上有所增加，但诸如社会适应、生活实现和幸福感等较高阶的功能却在很大程度上被限制，从而将可能导致牧户的福利下降。因此，在今后的政策制定中，应该重点关注牧户的社会适应、生活实现和幸福感等高阶指标的改进，从而最终改善牧户的福利水平。

4.4.1.2 三江源移民福利变化的区域差异

我们对比分析了牧户的福利水平在移民前后的区域间差异，如图 4 - 2

所示。从中可以看出，除泽库县的牧户在移民后福利水平（5.88）比移民前（5.15）有明显的增加外，其他区域牧户的福利水平均在移民后呈现出一定程度的下降，其中玉树县和曲麻莱县的牧户移民后福利水平下降最为明显，分别由移民前的5.14（比较满意）、4.98（比较满意）下降为3.86、3.84（一般偏下），由移民前的比较满意变为相对不满意。

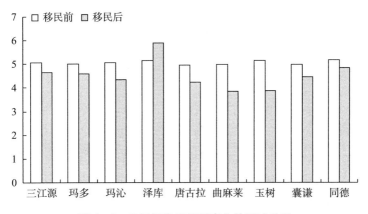

图4-2　三江源移民福利变化的区域差异

（1）玛多移民。玛多县曾经是全国有名的富饶之地，草场丰饶，牛羊众多，当地牧户的收入很高，但是常年气候恶劣、苦寒，上学、就医等日常生活极不方便。2002年、2004年的连续几次大雪灾，对玛多当地的牧户和生态环境的影响重大而深远。一方面，玛多牧户的财产都受到了重大的损失，另一方面，由于信息和交通不便，导致救援物资迟迟不能到达灾区，冻死、饿死的牛羊众多，存活的羊群大量挖食草根，对草场环境造成了极为严重的破坏。三江源区域属于高寒气候区，土壤属于冻土类型，土层较薄，羊群的破坏造成更大面积的沙漠化和荒漠化，鼠害泛滥，进一步造成了草地生态环境的破坏。因此，政府在扎陵湖和鄂陵湖自然保护区实施禁牧政策以保护生态环境。玛多县位于扎陵湖和鄂陵湖附近的牧户全部生态移民，其中191户移民被安置在果洛藏族自治州玛沁县（文中用玛多县移民表述），约115户移民被安置在海南藏族自治州同德县（本文用同德移民相区别）。

移民至玛沁县的玛多牧户，移民后虽然收入下降明显，但由于安置在果洛藏族自治州州府所在地，故牧户的认同感和归属感较强，歧视感和排斥感不明显，住房和安全等功能有了较大的改善，加上在县城，教育、医疗、文化设施和条件比较好，同时在州府所在地各种信息获取也比较方便。部分牧户被安置了清洁工、保安等工作，有些牧户通过经营零售商店、洗车等可以增加部分家庭收入。总体上，玛多县牧户移民后，其生活、健康、安全、社会关系、环境、社会适应、自由、生活实现、幸福感等功能由移民前的2.24、3.37、3.99、5.79、2.8、5.48、4.56、4.86依次变为2.75、3.75、5.9、6.48、5.19、5.58、3.68、4.12。可以看出，移民后牧户除社会适应、生活实现和幸福感功能有了一定程度的下降外，其他福利功能都有了明显的提高。说明，玛多牧户移民后，由于其高阶功能受限，导致牧户的幸福感有所下降，从而使整体福利水平由移民前的5.0（满意）下降为4.58（中等）。

移民至同德县的牧户，气候、安全、教育、医疗等各项指标都比移民前有了较大的改善。同德县属于交通枢纽区，约35%的移民有临街的零售商店在经营，再者当地政府通过开展技能培训将许多中青年牧户吸收至当地的藏毯厂打工和安排当协警等，使许多移民的生活来源和收入有了一定的保障。但许多牧户对房屋质量不满意（存在着裂缝、漏雨等），且由于被安置在另一个州（海南藏族自治州），使牧户存在着语言和文化交流的不便，对歧视感和排斥感较敏感，导致牧户的整体幸福感下降。被安置在同德县的移民，其生活、健康、安全、社会关系、环境、社会适应、自由、生活实现、幸福感等功能由移民前的1.89、3.29、3.92、5.81、2.96、5.51、4.19、5.09、6.49依次变为3.14、4.10、5.95、6.41、5.0、4.998、5.48、4.10、4.69。可以看出，移民后，牧户的生活、健康、安全、环境等基础功能得到了显著的提高，由移民前的不满意变为满意，但高阶功能如社会适应、生活实现和幸福感却明显下降，导致其福利水平由移民前的5.17下降为4.84。

以上分析揭示出，三江源移民安置工作，不应仅考虑移民安置后的收入、住房、环境等功能的改变，同时应该针对三江源牧户的地理、文化、宗教信仰和语言等习俗的特殊性，在解决他们的吃、穿、住、行等基本需求的前提下，更关注他们的文化和身份归属等，增强其适应能力，帮助他们实现个人价值，只有这样才有可能从根本上改变他们福利下降的情况，实现生态保护和牧户幸福的可持续发展。

（2）玛沁、玉树和囊谦县移民。这三个县的牧户都被安排在当地的县政府所在地，移民后的住房、气候、环境、教育、医疗、交通等都有了较大的改变，且地理、文化各方面都能有比较好的融合和适应，但这三个县的牧户移民后收入的下降程度极为严重。这三个县的草地生态环境属于轻度退化，并且牧户的牲畜数量在人均5—9头之间，使牧户可以通过放牧来满足日常生活。这部分牧户的经济收入95%来自虫草，移民后他们不仅失去了在草地放牧获取牛奶、肉食等生活消费品的机会，同时不能采集虫草导致他们失去了主要的收入来源。尤其是这几年虫草价格上涨近10倍，更间接导致牧户损失的机会成本增加，故很多牧户的幸福感下降明显，使他们的福利满意水平由移民前的5.04、5.14、4.98分别下降为移民后的4.33、3.86和4.46。收入虽然不是决定福利的唯一因素，但是在许多牧户的收入来源不能保障，且收入下降极为严重时，收入一定是限制福利增加的重要原因。因此，科学地补偿牧户的福利损失，并引导他们通过就业改变收入现状和实现自身价值，降低和改善他们的攀比和失落心理，才可能增加他们的幸福感。

（3）唐古拉和曲麻莱移民。这两个地区的牧民都是从气候极为恶劣的区域移民至青海省格尔木市南郊，属于异地安置。一方面，移民后，牧户的住房、健康、安全、医疗、教育等都比移民前有了非常明显的提高。另一方面，这两个区域的牧户都被安置在城市，移民后消费是最高的，故他们对消费的满意度是三江源移民区中下降最显著的。此外，移民至城市后，虽然教育、医疗、交通有了显著的改善，但受语言和宗教及文化背景的限制，排斥和歧视感、融入感、人际交流、交往、社会关系、社会适应等功能指标的满意度都有明显的下降。另外，这两个地区的移民被安置在城市市郊，而使藏族牧户的宗教信仰和宗教生活受到了严重的影响。由于没有天葬台不能实施天葬，加重了牧户的不幸福感，进而使唐古拉和曲麻莱牧户的福利水平由移民前的4.96和4.99分别下降为4.24、3.86。可以看出，曲麻莱移民的福利水平下降比唐古拉移民的剧烈，究其原因在于以下两点。第一，虽然都是异地安置在城市，但唐古拉行政上隶属于格尔木市，故归属感相对较强；而曲麻莱隶属于玉树藏族自治州，牧民们虽然现在居住在格尔木市,但行政管辖权却在玉树,管理上存在着滞后效应和不便。一方面,导致牧户对政策的满意度不高,另一方面,使牧户对格尔木市的归属感较差,感觉到被歧视和被排斥,而且不能适应城市生活和城市文化,从而影响了他们的心情愉悦度和幸福感。第二,移民前,唐古拉区域气候恶劣,牧户的收入水平普遍不高,移民后虽然收入有了一定的下降,但由于格尔木市经济发展水平较高,除了三江源移民的草原补助外,格尔木市政府对该部分移民有额外的补助,并且积极鼓励和帮助他们就业,唐古拉移民在格尔木市藏族风情园内的藏族酒吧里唱歌、打工的较多,故牧户的福利水平下降并不明显;而曲麻莱牧户移民前有虫草收入,而移民后却失去了这项巨大的收入,同时消费和生活成本增加,又没有就业能力,所以他们的福利水平下降显著。

可见,移民安置中,重视移民的归属感,尊重和维护藏族移民的宗教信仰自由,充分补偿牧户因移民而受的损失,帮助他们有效实现就业以解决生活困难,才是提高移民福利的必由之路。忽视了移民的需求下的安置,注定存在着诸多影响牧户福利的隐患,既不利于安置区的社会稳定,也不利于区域的可持续发展。

(4)泽库移民。泽库县的移民被安置在黄南州藏族自治州府所在地同仁县,移民后住房、环境、安全、教育、医疗等各项指标均有了很大的改善,并且归属感、融合感、社会适应和社会关系等的满意度并未下降。最重要的是,泽库移民区大力发展生态旅游,同时利用当地的特产和技术大力推广和发展石雕产业,解决了牧户的生计来源,同时使牧户能够通过自主劳动过自己想过的生活,因此使福利水平由移民前的5.15增加为5.88。泽库的移民模式表明,通过发展绿色经济,重点解决牧户的生计问题,在使他们的收入得到保障的基础上,提高高阶功能的满意度,才能使牧户的福利得到改善,并能保障区域的生态经济可持续发展。

4.4.1.3 三江源移民的福利变化

三江源移民的福利水平介于3.8(一般)—5.8(比较满意)之间,处于中等福利水平。在移民前,三江源牧户的平均福利水平为5.05,移民后他们的福利水平有了一定的下降,平均值为4.64,有些牧户的福利水平在移民后有一定的提高，但很多牧户的福利水平移民后有所下降，并且区域之间差异较大。即三江源牧户移民后整体福利水平出现下降趋势，具体原因总结如下。

首先，个体的福利是递阶性的，即个体首先在满足低层次的功能的基础上，才能实现高阶的功能，最终实现自我价值。收入高低虽并不直接决定幸福，但当收入不足以支撑有质量的生活时，幸福感一定会受收入的影响。事实上三江源牧民在参与生态保护移民中，由于收入和消费的基本需求未能得到有效满足，故而影响了整体的生活满意度，并且在很大程度上影响了高阶功能的实现。

其次，三江源牧民在参与生态移民后，由于无生活技能和语言的受限，均未外出打工，一方面限制了生活质量的提高，另一方面导致个体的社交受限和选择机会的受限，并导致不能实现自我价值和获得尊重和归属感。而泽库移民的福利提高是由于生计来源的丰富，其模式值得效仿和思考。

最后，三江源牧民在参与生态保护中不能有效地适应现在的生活，不能最大限度地发挥个体的可行性能力，进而影响到生活质量和生活目标的实现，不能过上有质量的、满意的生活，个体的能力受到了很大的限制，最终导致个体幸福感的下降。

三江源牧民在参与生态保护中，由于生活需求未能有效地得以实现，社会适应性较弱，以及自我认同感的下降，限制了高阶功能的实现，进而使牧民的福利受损。但由于安全得以保障、居住条件得到改善、各种社会保障得以有效实施、教育医疗水平得到提高、政治权利有所提高，这使得牧民在参与生态移民中福利下降不是非常明显。

4.4.2　限牧定居牧户的福利变化测度

根据前文的福利理论评价框架，本研究以青海省三江源保护区的果洛藏族自治州玛沁县和甘德县，黄南藏族自治州的泽库县、海南藏族自治州的同德县、玉树藏族自治州的玉树县和玉树县隆宝乡的限制放牧并安排定居的 136 户牧户为样本数据，评价了他们在响应生态保护的限制放牧模式后个体的可行性能力变化情况。

4.4.2.1 限牧定居牧户的福利功能变化情况

福利是个体的可行性能力，是个体能力功能的函数，因此，我们首先分析了三江源限牧定居牧户福利功能的变化情况，如图 4 - 3 所示。

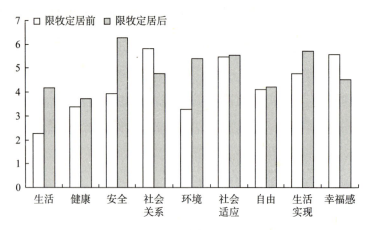

图 4 - 3 三江源限制放牧牧户参与生态保护前后福利变化

从图 4 - 3 可以看出，三江源牧户限制放牧定居后，除了社会关系功能从 5.8（比较满意）下降为 4.7（满意），幸福感由 5.58（满意）下降为 4.54（一般）外，生活、健康、安全、环境、社会适应、自由、生活实现等各项功能都表现出一定的增加，依次由限制放牧定居前的 2.25、3.36、3.94、3.27、5.47、4.11、4.79 增加为 4.18、3.71、6.27、5.4、5.55、4.2、5.7，其中安全、环境和生活实现功能的增加程度最显著。

（1）生活。首先，牧户在限制放牧后，放牧的收入下降，但在草地上采挖虫草等经济作物的权利并未被限制，使牧户的收入下降程度并不明显。同时限制放牧后通过放牧获取必需的日常生活来源如牛奶、肉食等的权利并未被禁止，牧户仍然可以保持自己的过去生活习惯，只是不能大量的买卖牛奶和肉食等，因此虽然在县城定居在一定程度上增加了生活成本，使消费增加，但相比于生态移民，牧户的收入和消费指标满意下降并不明显。其次，牧户被国家安排免费定居后，牧户的住房功能有了非常大的改善，在县城水、电、交通、通信等比较方便，老人就医和子女上学的条件有了根本性的改变，加上政府对老人和未成年子女的补助，医疗保险和最低生活补助及养老保险的普及，实现了"老有所养，病有所医"的安居乐业状态，因此使牧户的生活功能指标有了很大程度的增加。最后，受文化技能的制约以及世代游牧生活的影响，牧户定居后打工功能并未有大的改变。可见，要使牧户实现真正的城市化转变，加强文化技能培训以提高就业能力是重要的前提。

（2）健康。牧户在定居后，就医非常方便，并且有医疗保险可以买药和看病，因此使牧户对健康的功能满意度有了一定的提高。但是由于许多牧户对医疗保险的作用并不了解，使用率和报销率非常低，因此对健康功能的满意度提高并不显著。

（3）安全。牧户定居后，安全功能的增加最为显著，牧户不仅可以免受野兽的伤害，同时定居点的治安状况比较好，很好地满足了牧户的安全需求。该基本需求的满足，将会使牧户的整体满意度增加。

（4）社会关系。牧户限制放牧定居后，对社会关系的满意度有所下降，可能的原因是老人和小孩都在县城居住，因此导致牧户与亲戚朋友的交往减少。另外，由于政策和补助的滞后性和牧户对城市文化的不适应，导致牧户与村干部之间的关系不是很融洽，最终导致社会关系功能的下降。

（5）环境。牧户定居点都在县城，使牧户的卫生、文化教育条件等有了较大的改观，同时景观功能下降不明显，并且牧户的休闲娱乐、宗教活动的次数和满意度等指标都有了明显的提高，使牧户的环境功能增加。

（6）社会适应。牧户的社会适应能力是可行性能力的体现，牧户能否适应定居生活更是游牧民定居工程绩效的有效评价。三江源牧户限制放牧的覆盖面广泛，是针对藏区的所有牧户，因此歧视感和排斥感不明显，而自我尊重和他人尊重等和定居前并无较大的变化，因此使社会适应功能的变化不明显。

（7）自由和生活实现。牧户定居后，他们的言论自由、宗教信仰自由等均有了较大的保障，定居后居住比较集中选举权也得到了保障。政府提供的补助和住房标准都是统一的，但由于个别牧户对政策的公平和公正满意度不高，使牧户的自由和生活实现的满意度不高，导致牧户的整体福利水平增加不明显。

（8）幸福感。牧户在定居后，许多功能得到了明显的改善，但由于限制放牧使牧户的收入水平有了一定的下降，并且定居后牧户的生活成本增加，牧户的就业不能保障，牧户的成就感和自我认同感不高，导致牧户的幸福感下降。可见，如何在保障牧户的基本生活需求的基础上，提高牧户的生计能力，促进牧户的就业，不仅是促进地区经济发展的重要途径，更是使牧户安居乐业，并减少对草地生态环境的依赖，减轻对草地生态环境的压力，真正实现牧户的福利提高和区域生态经济可持续的重要保障。

4.4.2.2 限牧定居牧户的福利变化

我们的评价表明，三江源限牧定居的牧户的福利由 4.83 增加为 4.97，有了一定的增加，各区域的福利变化都呈现出增加的趋势，但增加幅度各不相同。我们以各区域牧户的福利平均值进行了比较，如图 4-4 所示。

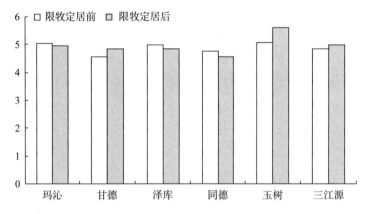

图 4-4 参与限制放牧并定居的牧户福利变化区域比较

从图 4-4 可以看出，玛沁县、泽库县、同德县的牧户在限牧定居后福利略有降低，但福利水平仍然维持在满意的水平，而其余区域的牧户在定居后的福利水平都略有增加，玉树县牧户的福利水平增加最为明显。

（1）玛沁、泽库、同德。这三个县牧户福利在限牧定居后有了一定的下降，但福利水平仍然维持在满意的水平。这三个区域经济水平相对较好，牧户定居后消费成本有所增加，同时这三个区域的牧户大部分有自建的住房，因此迁居使牧户的住房功能虽然有了一定的改善，但牧户之前的投入不能收回，并且增加了搬迁成本，使牧户的整体满意度和对政策的满意下降，整体福利功能有了一定的下降，但下降程度不明显。

（2）甘德。甘德并非州府所在地，经济发展水平一般，因此定居后牧户的住房、安全、生活等功能有了明显的提高，虽然限制放牧使收入有了一定的下降，社会成本有了一定的增加，但以虫草等作为主要收入来源的权利并未受限，因此牧户的福利整体上得到了改善。

（3）玉树。虽然当地经济发展水平相对较高，但是2009年的地震使许多牧户损失了不少的财产，认识到住房的重要作用。因此定居后，牧户对住房功能的满意度相当高，加上政府对当地的牧户都有受灾补助，并且在受灾时政府进行了大量的救援工作，使牧户的社会关系和民族交往有了非常大的改善，因此牧户的整体满意度较高。另外，随着灾后重建工作的开展，牧户的就业机会增加，有些牧户开始外出打工（如开出租车、在建筑工地打工），在增加了收入的同时，个人能力也得到了提高，增强了自信心，从而使玉树牧户的福利增加较其他区域显著。

通过以上分析，我们可以得出如下结论。

首先，三江源牧民的整体福利水平不高，并且牧户的生计来源较为单一，对草地生态环境的依赖程度几乎达到98%，说明在自然环境发生严重退化时，牧户的福利首先会受到冲击。另外，在牧户的生计来源受到威胁，并且生计能力未能得到有效改进的情况下，他们抵御风险的能力也会大为下降，这容易使牧户陷入贫困的危险困境中。三江源牧户在生态退化背景下，必须参与限制放牧的生态定居模式。但自身的工作能力不高，加之政府的岗位安置和经济发展产生的就业机会有限，一方面使牧户的生活质量下降，对损失产生厌恶感，并对政策的满意度下降，幸福感下降；另一方面限制放牧使个体利用资源的机会受限，使牧户产生了严重的挫败感，导致他们不能实现自我价值，不能工作和语言交流障碍使牧户的社交受限，牧户获得尊重和归属感的满意度下降，最终使牧户的整体福利下降。

其次，当牧户的可行性能力水平整体不高且有限的情况下，牧户的整体能力在很大程度上依赖于低阶的、基本福利能力的满足。三江源牧户由于受文化技能和生计能力的制约，福利水平和能力水平不高，因此响应限制放牧和定居后，其收入和满意程度大幅度下降，并在很大程度上影响了幸福感，即低阶功能的需求未满足而影响了牧户的整体福利水平。

再次，三江源牧民在参与生态保护中，由于生活需求未能有效得以实现，社会适应性较弱，以及一定的歧视和自我认同感的下降，限制了高阶功能的实现，进而使牧民的福利受损；但由于安全得以保障、居住条件得到改善、各种社会保障的实施、教育医疗水平的提高、政治权利的提高，使牧民在参与生态移民中福利下降不是非常明显。

最后，玉树的研究结果表明，虽然牧户的福利水平不高，并且受基本需求未被充分满足的限制而使高阶功能未能实现，但是牧户的福利存在情感偏好，尤其是当牧户的特殊需要被满足时，即便其他功能指标的满足和提高不明显，牧户的福利水平也会得到较大的提高。因此我们在福利的研究中，必须重视个体的这种特殊福利偏好，并设法提高或者满足这种关键性的福利指标，使个体的福利得到明显的改善。可见，尤其在民族地区，通过各种措施和途径，使牧户从内心深处认识到生态保护的重要性，有针对性地提高牧户对政府、民族交往及其他政策的认同度和支持度，使牧户的幸福感增加，是改善牧户福利的重要方式。

总之，在限制放牧过程中，牧户的收入虽然受到了一定的影响，但是如果能在保障基本生活需求、安全、医疗、文教、环境等基本功能的基础上，将其他的高阶福利功能如自我实现、自由、幸福感的满意度大幅度提高，并且改善藏族牧户最薄弱、最关键的福利指标（如宗教信仰自由、民族交往、政策满意、政策执行公正），将使牧户的福利水平得到极大的改善。更值得注意的是，如果从根本上解决牧户的生计问题，在牧区加强文化技能培训，依托草原畜牧业发展畜牧业深加工或者生态旅游等绿色经济促进当地的经济发展，并创造更多的就业机会，吸引青年牧户逐渐放弃放牧生活，就会提高牧户的福利水平并减轻草原生态环境的压力，并激发牧户参与生态保护的积极性和主动性，使牧户的福利水平与区域生态保护密切联系起来，这样就会使牧户和牧区的经济得到发展，并保证生态保护的持续和有效进行，最终实现区域生态经济可持续发展。

4.5 牧户参与生态保护的可行性能力——自由

在三江源草地生态环境退化格局下，牧户有权选择参与或不参与生态保护行为响应，更有权选择以何种方式参与生态保护行为，而牧户根据现有的文化知识对选择的风险应该具有的认知能力、牧户可以自由选择做何种决策的机会、牧户通过自身能力的博弈考虑做出选择的能力、牧户自身对做出的选择及过上有质量的生活的预见能力及实现程度等都是牧户可行性能力大小的表现，而如果牧户的选择机会或能力受到限制，或者在违背了牧户的意愿情况下做出的抉择都是个体可行性能力受限的表现。

森指出，个体可行能力是此人有可能实现的、各种可能的功能性活动的组合，对个体福利起直接作用的五种工具性自由决定了个体的能力，具体分析如下。

（1）政治自由。即个人所能分配到的政治资源，指人们有多大的机会和权利及自由选择的可能性。在具体到三江源区域的生态保护政策时，即便牧户具备理性经济人的条件，可以通过投票来表达对生态保护政策的不满意或者利益诉求，但由于三江源牧户本身文化水平和汉语水平不高，加上牧户大都生活在比较偏远的地区、住的比较分散，加上生活用电不方便，牧户极少通过电视或报纸等渠道获取相关信息，他们对各种信息和政策的认知与获取都来自道听途说或是村干部的转达，因此由于交通和文化限制等他们几乎不能参与诸如是否应该实施该政策等意愿的表达，更具体的哪些区域应该如何实施计划、牧户对补偿是否满意、牧户到底应该承担多大的保护责任等，他们的意愿都不能得到有效的、及时的反馈和实现。作为一项政策的制定，合理科学的程序应该是首先调查和研究牧户及相关利益群体的参与意愿及福利诉求，在谈判协商的基础上制定使各方利益都能得以兼顾和平衡的政策，唯有如此才能在最小的实施成本下得到各利益方的支持和参与。但三江源生态保护计划的推行是由上及下的，因此牧户的参与只能是被动的、无奈的选择，毫无疑问的是牧户对政策表达满意或批评，甚至参与制定的自由得到了极大的限制，导致牧户的可行性能力受限，使牧户的福利降低，从而抑制了牧户参与生态保护计划的积极性和主动性，同时使地方政府推行计划的阻力和实施成本加大，不利于社会和谐稳定，也对区域生态保护增加了困难，无法实现社会福利的最大化。如何在三江源生态保护计划实施数年后，听取三江源牧户对环境保护政策的态度及其利益诉求，并在充分保障牧户各项权益的情况下，让牧户自由选择是否响应和参与环境政策以及以何种模式响应环境保护政策，是牧户自由和可行性能力增加的必要性策略。

（2）经济条件。即个体所拥有的经济资源的机会与便利性及其支配权。在三江源草地生态退化的背景下实施的生态保护计划，剥夺（禁止放牧的生态移民）或部分限制了（限制放牧）牧户利用草地资源获取消费品或生产的权利的机会和权益，使牧户的收入和消费等基本生活功能受到了严重的影响。另外，随着这几年物价的上涨和人们对绿色食品需求的增加，原本三江源牧户的收入水平将大幅度攀高，但是由于牧户失去或被限制了在草地上大量繁殖牛羊的权利，进而失去了获利的可能性。这再一次剥夺了牧户的福利，使牧户的福利受到了双重的剥夺，挤压了牧户通过利用草地资源获取利益和福利的空间与机会，使牧户的生活满意度下降，同时使牧户对生态保护政策的响应积极性和政策支持度都急剧下降，既不利于牧户的福利水平提高，也不利于区域的社会稳定，更无法实现区域生态保护和生态经济可持续发展。

（3）社会机会。指社会能够为个体提供的教育、医疗保障等各种基础服务体系，以及影响个体自由选择更好的生活方式的保障性条件和机会。第一，三江源区域由于气候恶劣和交通不便，因此教育基础设施建设非常落后，三江源的中老年牧户基本上没有汉语文化水平，因此极大地限制了他们获取各种信息并参与政治经济社会的机会和可能性，也直接影响了他们可以通过选择高效率、高质量的工作来过上有质量的生活的机会。随着移民生态定居工作的推进，牧户的教育和医疗条件得到了显著的改善，尤其是牧户的子女可以接受比较好的教育，使他们将来可以走出草原，去拓展自己的视野，领略不一样的文化和知识，并可以极为广泛地参与各种经济活动和政治生活，实现自己的理想，选择自己的生活。可见，三江源生态移民和生态定居工程，使牧户有机会可以通过提高文化水平，扩展自己的生计能力，实现参与社会交往和政治参与的权利，并可以充分发挥自己的可行性能力，以增加过自己想过的生活的选择机会，即牧户的福利改善的机会和可能性增加。第二，身体健康是牧户福利的重要内容和前提，随着生态保护战略的推行，牧户可以在县城居住，医疗水平得到了极大的提高，健康得以保证；另外，牧户的身体健康得以保障，就提高了他们通过增加经济收入来过上有质量的生活的机会和可能性。第三，牧户通过实施生态保护计划在县城定居，避免了人身伤害和财产损失，保障了牧户基本的生存和安全权益，改善了他们的福利。第四，牧户长期在草原居住，形成了特有的生活习惯、文化习俗和宗教信仰、社会交往等生活方式，搬迁至城市居住后，即便国家和地方政府都并未限制牧户的各种自由，但由于不能融入城市，增加了他们适应新生活的难度，使他们不能像在草原上那样自由自在的生活，从而产生了被歧视感、被排斥感、戒备心。同时牧户充分开展宗教信仰活动的自由受到了一定程度的自我约束，导致牧户的生活质量和生活方式并不如以前一样令他们满意，使牧户的福利遭受了一定程度的损失。因此，应尽量选择在同行政区域和同民族地区安置这些牧户，并通过增加寺庙、天葬台等宗教活动场所和设施，满足牧户的特殊生活需求，只有这样才能使牧户的心灵和情感得到极大的慰藉和满足，从而产生幸福感。

（4）透明性担保。即人们在社会交往中所需要的信用，以及各种信息公开、公正和自由交易、谈判的环境。草地资源作为一种准公共产品，其使用权不仅仅是一种建立在纯粹个人私利之上的安排，而且应该是在公平、自由的强有力的价值规范体系下建立的自由市场上，像矿产开采权和水权一样，通过相关利益者相互谈判、博弈来进行产权的公开交易，使相关各群体的利益都能得到充分的保障，并通过坚实的法治基础、道德准则、行为约束习惯及制度和政策，来支持和保障各种权利和契约、协议的履行。但三江源区域的牧户由于文化程度的制约，对生态保护计划及自己响应该计划后的风险、失去的权益等并不具有充分的知情权和知情能力，并且此计划的制订过程并不是公开的，并未听取和考虑各群体的利益和责任，因此该计划的终端执行者——牧户并不具有完全的知情权，也不具备对风险的判断和认知能力，即牧户选择不参与生态保护计划的权利完全被剥夺。同时，以三江源牧户现有的文化技能和生计资本，并不具备应对响应生态保护计划后的福利损失的风险预见能力，也不具备响应该计划后，牧户还能过上自己想过的生活的能力和选择机会，即牧户的福利受到了较大的剥夺和损失。正如事实表明的那样，三江源很多牧户的生活陷入了贫困，在这种情况下，通过提高牧户的生计能力以增加风险应对能力，并通过草地使用权交易明确各群体的利益和权责，建立更公平有效的补偿机制，才能使牧户的生活和福利得到一定的改善。

（5）防护性保障。即指各种贫困救助、弱势群体辅助、灾害预防治理以及灾难救助、紧急情况预警和救助等社会安全体系，其目的是关注弱势群体和最贫困的人群，通过社会救助体系以防止受到影响的人遭受饿死、流离失所乃至灾难和疾病的折磨，改善这部分人的福利状况以消除最严重的贫困。国家为三江源牧户提供了最低生活补助、养老补助以及未成年子女补助等社会保障，降低了他们的生活陷入贫困的可能性，提高了他们的文化水平和将来就业、参与政治活动和过有质量的生活的机会。三江源地区部分牧户由于没有草场、牛羊数量较少、有劳动能力的劳动力较少，生活已经十分贫困，而实施生态保护计划后这部分牧户的生活将面临更加贫困的风险，我们的政策制度不能做"压死骆驼的最后的稻草"，而应该通过改善最贫困牧户的福利，改善他们整体的福利水平。同时部分当地政府为三江源移民和牧户提供了比如清洁工、保安等文化要求低的工作岗位，增加了他们改善经济状况和增加生计来源的机会，提高了他们的福利水平和归属感。

三江源牧户在参与生态保护计划过程中，参与政策制定和建议的自由被限制，同时通过利用自然资源而获取经济收入的权益被剥夺或被限制，公开争取自身权益和风险认知的能力等被忽视，但受教育和接受医疗救治的社会机会增加，防护性保障的广泛使用使牧户的贫困程度有所下降，这反映出牧户的整体福利功能被限制，但有些保障被提升，由此可以看出，牧户整体的福利水平变化呈现出复杂性和特殊性。

发展就是增进人的能力、扩大人们所享有的实质自由的过程,它与社会的制度安排密切相关。森认为自由是发展的目的和手段,并指出衡量发展的指标不是国民收入或者 GDP,而是可行性能力(决定生活质量和幸福),发展的本质不再是单纯的经济发展或增长,而更指人类的发展和进步,即是个体权利的扩展和实现,以及个体能力的拓展。三江源牧户在参与生态保护计划过程中,有些可行性能力得到了改善,但他们通过草地资源获取基本的生活来源的机会则被剥夺和被限制,牧户及地方政府的发展权被剥夺,而牧户的生计能力又未能得到保障,他们选择过自己想过的有质量的生活的能力和机会都受到了严重的影响,可行性能力受到了极大的限制。牧户的福利损失未被充分补偿的前提下,在被动的参与生态计划后,生活质量下降,即牧户选择的结果并不是他们最初的预期,牧户的幸福生活并未实现,可行性能力被限制而并未增加,真正的发展实现还需要很长的一段路要走。

4.6 三江源生态保护的福利优化

4.6.1 福利优化模型的建立

个体在很大程度上是自身福利的判定者,且福利可以通过效用人际比较来实现。假定个体福利或效用的总和便是社会福利,则中央政府的生态保护决策目标便是实现社会福利最大化,社会福利为各相关利益主体福利之和,即社会福利(W)最大化是牧户的福利效益水平($U_{牧户}$)、三江源保护区的福利效用($U_{保护区}$)和长江、黄河及澜沧江中下游区域(简称中下游)的福利效用($U_{中下游}$)之和。假设三江源保护区的草地资源都是均质的、同退化程度的,并假设三江源自然保护区保护行为产生的各种生态服务效益均能被中下游区域所消费或所享受、牧户拥有的草地面积和产生的生态服务效益总和等于三江源自然保护区的草地面积和生态服务效益。

个体的福利是由个体消费各种商品及服务产生的效用(包括物质的、精神的、娱乐的、文化的等)所构成的,也是个体在生产生活或资源利用过程中的各种能力（F）集合，因此福利函数可以被看做是个体的可利用资源（R）和机会等产生的效用函数集合，即 $W_i = \{F_i(R_i)\}$，此处的可利用资源既包括草场、牲畜和劳动力等实物性资源（X_i），也包括区域拥有的特殊经济作物如虫草资源、就业机会、文化教育水平和区域交通便捷等非物质性资源（Q_i）；不同利益主体间的福利是存在很大差异性的，但同类主体如牧户即便拥有相同数量和质量的草地资源，也可能因个体的特征（如年龄、健康或文化技能）差异、拥有的社会资源和能力的不同，从而使个体的福利表现出很大的差异性，即主体自身特征（A_i）同样是其福利状态的重要自变量，因此某一利益主体的福利函数为 $W_i = U(X_i, Q_i, A_i)$。

4.6.2 三江源草地生态保护社会福利优化

三江源生态保护行为的最终目的是实现三江源草地生态环境的恢复及保护，最终维护中下游乃至全国的生态利益，即社会福利最大化，但在生态保护行为过程中，三江源牧户和三江源区域的福利受到了一定程度的影响，并发生了可能不同方向的变化。参照高进云等（2010）在农地城市流转的福利优化模型，本文设定三江源生态保护的目标决策函数为：

$$W_{Max} = \sum_{n=3}^{i} U(X_i, Q_i, A_i) = U_{牧}(X_t, Q_{牧}, A_{牧}) + U_{三江源}(X_{t保}, Q_{三江源}, A_{三江源})$$
$$+ U_{中下游}(X_{t保}, Q_{中下游}, A_{中下游})$$

约束条件为：s.t. $X_{t-1} = X_t + X_{t保护}$，即 t 时刻草地面积加该时刻的草地保护面积之和为 $t-1$ 时刻的草地保护面积。

进行拉格朗日求解：

$$L = W + \lambda(X_{t-1} - X_t - X_{t保})$$
$$= U_{牧}(X_t, Q_{牧}, A_{牧}) + U_{三江源}(X_{t保}, Q_{三江源}, A_{三江源})$$
$$+ U_{中下游}(X_{t保}, Q_{中下游}, A_{中下游}) + \lambda(X_{t-1} - X_t - X_{t保})$$

继续求解，得到：

$$\frac{\partial U_{中下游}}{\partial X_{t保}} + \frac{\partial U_{三江源}}{\partial X_{t保}} = \frac{\partial U_{牧}}{\partial X_t} = \lambda$$

结果表明，在三江源中下游区域获得的单位面积草地上的畜牧生产的效益转变未因草地保护而产生的水源涵养服务及其他服务价值（即边际效益变化量），与牧户保护单位面积草地而产生的草地畜牧生产效用价值相等时，社会福利达到最大；即在 t 时刻，由牧户继续利用草地资源进行畜牧生产获得的效用与中下游地区购买同样的水源涵养服务无差异；进一步揭示出，三江源生态保护行为使牧户因被禁止放牧或限制放牧产生的各种效用和福利损失（包括经济收入的下降、生活成本的增加、社会适应性的困难、草地生活保障功能的下降和失去、重新就业的困境等），被中下游区域全额补偿时，牧户的生态保护积极性才可能得到提高，并有动力和意愿持续参与生态保护恢复及保护行为，社会福利最大化才可能实现。可见，福利损失的有效补偿是实现社会福利最大化和三江源草地生态恢复的必要条件。

4.6.2.1 三江源草地生态保护各主体利益优化

在微观经济学理论中，实现帕累托最优的交换条件是商品的边际替代率必须相等。在三江源生态保护行为实施之初，移民的生活条件得到了很大的改善，老人看病和子女上学得到了保障，且存在一定补偿的情况下，虽然补偿数额不高，但牧户不用参加艰苦的放牧活动，同时靠积蓄能维持日常的生活，对新生活有一定的热情和好奇心，使移民的福利受损并不是很明显，同时在一定程度上使移出区域的草地生态得到部分恢复，而中下游地区并未付出响应的费用还能享受上游生态保护行为带来的各种服务和好处，使各利益主体的福利状态都比未保护前的状态要好，但值得注意的是该状态极不稳定，也不是帕累托最优的。随着积蓄用尽，移民的生活水平大幅下降，牧户的就业技能和适应能力并未得到提高，生活来源无法保障却要面对各种民族交往、社会关系和歧视等各种冲突和矛盾，这时牧户的福利水平下降就比较明显，此时牧户会要求获得更多的补偿或者选择返回草原继续以前的放牧生活。为了解决这一问题就亟须中下游区域提供资金以缓解中央政府补偿资金不足所产生的矛盾，如果中下游区域拒绝支付时，则中央政府的资金压力依然存在，而牧户对政策的怀疑和抗拒就会增加，同时可能招致社会各界对中下游的谴责，在这种情况下，无论哪一方的福利状态都不是最好的，社会福利也就不可能实现最大化。目前三江源保护区各利益主体所面临的便是这种状态。

根据科斯定理，在产权完整的情况下，不存在干涉或补偿时，各主体会以自身的效用最大化为目标，通过将环境服务在市场上自由交易、讨价还价来实现资源的优化配置。而实际情况中则很少存在完全产权。三江源牧户的保护行为是政府强制推行的结果，环境服务的自由竞争市场也并不存在，因而必须有相应的补偿机制来调控资源的使用和平衡各方福利。

根据行为经济学理性经济人的假定，我们将三江源自然保护区当地政府设定为理性经济人，其行为决策都是基于追求保护区的效用最大化，为了以最小的成本完成中央政府的行政命令获得区域的各种政绩，保护区政府都会选择推行强制的、政府主导模式的生态保护计划，通过给予牧户一定的货币补偿开展生态移民工程和限制放牧工程，并获得大量可以用来生态恢复、建设的草地，来实现草地生态系统服务效益的增加、保障中下游的水源涵养，维护三江源区域的生态安全。在此过程中，三江源保护区的效用增加了，牧户却因失去了草地其效用水平下降了。由于草地生态的恢复和水源涵养难以短期内见效、不能很快被人们直观感觉到，并且中下游地区并未承担环境保护费用因而使中下游的效用水平保持不变。但当牧户获得的补偿难以弥补牧户参与生态保护行为的福利损失，而且由于缺乏其他生计能力以改变生活水平下降的状态时，牧户的效用水平会持续下降，极易陷入贫困；牧户也很难愿意继续参与到生态保护行为中，此时资源的配置将会向帕累托改进的方向转变。

4.6.2.2 牧户参与生态保护的利益均衡

三江源草地是西部乃至全国生态安全的重要保障，草地资源提供的气候调节、水土保持、水源涵养等功能，说明草地具有准公共产品的性质，也决定了草地利用与保护的牧户利益最大化与社会利益最大化决策存在着不一致甚至背离，也难以达到资源配置最优和利益分配最优。

生态保护的核心问题是利益的平衡，即协调利益分配关系，保证各相关利益主体在公平、公正的前提下进行利益的转移和分配，使各利益相关者的利益均不受侵害或损害。而个体的利益往往和社会的利益并不一致，除非所有的社会成员具有共同的目标时，才有可能实现社会利益均衡。草地生态退化过程中，地方政府（村集体）、牧户和国家的利益在很多时候并不完全一致，国家是全局和整体利益的代表者，不仅要考虑三江源的利益还要顾及西部乃至全国的生态安全，与此同时国家不仅希望当代人能够享受到草地资源带来的清洁空气、水源涵养等生态系统服务供给，更希望子孙后代也能有享用同质量的生态系统服务的机会，因此政府希望的结果是牧户能够响应生态保护并实现区域的生态保护和可持续发展。但是此决策的制定务必要考虑到地方政府和牧户的利益，才能维持社会稳定、促进区域生态保护和全民利益最大化。一方面地方政府作为国家政策的执行者必须承担保护责任，另一方面地方政府也是地区利益的诉求者，因此并不完全具备实施生态保护行为而使该区域的经济发展受损的内在驱动力，在保护计划的执行过程中势必存在不情愿、妥协或者执行不力等问题。实施生态保护，牧户是最大、最直接的利益受损方，是最不愿意执行该政策的一方。假定牧户都是理性经济人，并且具有正常的风险认知和判断能力，则他们不会通过损失或让渡自身的利益来实现生态保护的社会福利最优的目标。可见三个利益相关方面临着尖锐的利益冲突。通过资源有效配置来均衡各相关利益主体的权益和责任，协调和兼顾三方利益相关者的利益和福利诉求，将是实现三江源区域经济发展、牧户福利改善、三江源及全国生态保护和生态安全的焦点。

草地生态保护的利益受损方——牧户和地方政府，对生态保护的政策并非完全出于主动、积极的响应和执行，因此必须对牧户损失的福利进行相应的补偿，同时对承担保护责任的地方政府所失去的发展权进行公平的补偿。否则，既侵害了他们的利益进而降低了他们参与生态保护的积极性，又违背了公平原则，不能使福利损益在各群体间转换，最终阻碍了社会福利最大化的实现，也不利于区域社会稳定和生态经济可持续发展的和谐统一。

因此，应通过中央政府、地方政府和牧户的三方谈判和协商，借助制度安排调整相关利益者的直接利益关系，由享受三江源生态保护效益的全社会共同承担保护成本，补偿牧户的福利损失以继续提供生态系统服务供给，同时基于可持续性和公平原则适当补偿地方政府的发展权损失，以激励地方政府能切实地执行生态保护计划，使发展权益在各群体间科学合理的分配，从而实现利益相关者的福利转移和平衡，在解决"搭便车"现象的同时激励牧户、地方政府及其他群体共同参与生态保护，实现生态效益与地区经济发展的目标。

4.6.3　牧户福利最优的三江源生态保护补偿机制

三江源草地生态恢复及保护是一个长期、缓慢而艰难的过程，因此如何让保护行为更有效、在现有的保护模式下如何调控和管理保护行为使保护效益最大化将是在一段时期内需要重点解决的问题，而其中牧户的福利损失能否得到补偿是能否实现可持续的保护和牧户能否积极保护草地生态环境，并能否最终实现生态环境恢复及保护，即社会福利最大化的关键。

4.6.3.1　生态补偿标准

牧户在 t 时刻的福利指其拥有的草地带来的总效用，包括因生态保护行为而获得的补偿（C_t）和草地畜牧经营的效用（S_t），即 $U(S_t, C_t)$。按理来说，随着时间的推移，牧户的补偿标准会越来越高，但实际上补偿标准是按照 2005 年的牲畜价格计算的，并且是"一刀切"的静态标准。设被保护的单位草地面积（R）的补偿价格为 P，则 $C_t = Pd_t$，牧户在 t 时刻的福利水平为 U_t，则 $(S_t, C_t) = U_t(S_t, PRd_t)$。

牧户的畜牧经营收益应该考虑到用合适的还原率来进行时间折现的问题，设折现率为 ρ，则在某一保护区间 $[0, t]$ 内，三江源牧户参与生态保护行为中的福利应该表达为：

$$U_t = \int_0^t U(S_t, e^t RP) e^{-\rho t} d_t$$

要使牧户在 $[0, T]$ 保护期内福利最大，则约束条件为：t 属于 $[0, T]$，s.t. $S = -R$。

在 0 时刻，即未实施保护前，牧户所能经营的草地为拥有的全部草地，即 $S_{t=0} = S_0$，在保护期内牧户所拥有的草地面积为 $S_{t=T} = S \geq 0$，这是边界条件。

建立 Hamiltonian 方程：$H = U(S_t, e^t RP) e^{-\rho t} + \theta(t)(-R)$，其中 $\theta(t)$ 为

伴随变量，S_t 为状态变量，R 为控制变量，分别对该三个变量求偏微分，得到如下结果：

$$\dot{\theta}(t) = -\frac{\partial H}{\partial S_t} = -e^{-\rho t} U_{St}^t ; \frac{\partial H}{\partial \theta} = \dot{S}_t = -R ; \frac{\partial H}{\partial R} = e^{-\rho t} P U_{Ct}^t - \theta(t) ;$$

令控制变量的偏微分等于 0，则得到：

$$\theta(t) = e^{-\rho t} P U_{Ct}^t \Rightarrow \frac{\theta(t)}{e^t P} = U_{Ct}^t e^{-\rho t}$$

即当 t 时刻草地资源的影子价格与该时刻补偿价格的比值等于补偿的边际效用时，牧户的福利将达到最大，也就是说，按照边际机会成本和因保护行为增加的生态服务效益的价值相等时，牧户的福利效用水平能够保持不变或者更好；这也揭示出实际的补偿工作中，生态保护效益的增加值产生的效用如果超出了生态保护行为的边际效用（可以以补偿标准来考虑）时，差额部分应该作为溢出效用补偿给牧户。

我们进一步推导了牧户的补偿价格与草地边际效用和折现率的关系，结果如下：

$$e^{-\rho t} e^t P = \frac{U_{St}^t}{\rho(U_{Ct}^1 - U_{Ct}^2)}$$

表明，在 t 时刻补偿价格必须是经过时间和资金的体现后的补偿价格、应该是动态的且贴现后的补偿的边际效用与草地边际效用相等时，牧户在保护期 $[0, T]$ 内的福利水平将达到最优。按照边际效用理论，随着牧户能够经营的草地面积的增加其边际效用递减，由于限制放牧和生态移民，牧户能够有权畜牧生产的草地面积大幅度下降，使草地的畜牧经营或将来的获利空间将加大，即边际效用会随着面积的减小而增加（U_{ST} 递增）；此外，草地生态补偿标准的逐渐提高可能使草地生态补偿的边际效用呈现出递减趋势（U_{Ct} 递减）；随着保护期的时间增加补偿的边际效用逐渐减少，即在移民或限制放牧的后期与前期相比，补偿的边际效用递减，牧户对补偿标准的要求将越来越高。

一方面，随着物价上涨及生态旅游、畜牧深加工等经济发展方式的改变，草地生态环境质量的改善，草地的边际效用将大幅度增加，此时应提高补偿水平；另一方面，在保护补偿 8 年后补偿的边际效用已经降低到一个极低的水平，同样应该提高补偿标准来增加补偿效率，实现社会福利的最大化。此外，对牧户的福利补偿不应该局限于草地产生的经济效益的补偿，同时应该着眼于草地对牧户的养老和生活保障效益、草地的生态效益、草地所承载的文化和宗教价值，及人与人之间因地缘关系形成的互相帮助的社会关系等各方面的效用价值。

此外，随着补偿标准的提高，牧户主要实施保护行为（减少放牧或不放牧、草地补草等）就可以得到相应的补偿，并且使自身的福利水平得到改善，此时牧户将基于个人利益最大化原则，主动参与生态保护行为，增加保护面积使生态保护效益增加，即实现牧户福利的最优。但实际中，高标准的补偿资金往往难以获得，因此应考虑通过改变牧户非牧生计的边际效用，来刺激牧户逐渐放弃草地经营行为，这也是间接改善牧户福利的对策。

因此，提高补偿标准、考虑时间贴现的动态补偿和结合生计补偿的多途径补偿，是现阶段实现三江源牧户福利最优的关键性对策。

移民是永久的失去了草地资源的使用权，应该对他们进行无限期的折现；对于限制放牧的牧户，待草地资源恢复时有可能再进行畜牧经营，所以应该进行有期限的补偿，而还原率（r）应该为同期的银行储蓄利率与同期物价水平之商。补偿标准分别如下：

（1）移民：$\dfrac{C_t}{r}$

（2）限制放牧牧户：$\dfrac{C_t}{r}\left[1+\dfrac{1}{(1+r)\ n}\right]$

4.6.3.2 福利功能补偿

前文的理论叙述中指出，牧户的福利是草地资源利用过程中形成的 9 种功能的组合，各功能之间是递阶式的，福利功能的这种层次性和重要性通过权重来体现，即牧户的福利函数是 9 种功能的隶属值与其权重的乘积之和，表示如下：

$$W = \sum_{i=1}^{9} (\mu_i \times \overline{w}_i) = \sum_{i=1}^{9} \left(\mu \times \frac{1}{\sqrt{\mu_i}} \right)$$

求偏导得：$\dfrac{\partial W}{\partial \mu_i} = \dfrac{1}{2\sqrt{\mu_i}}$

表明，各福利功能的权重对个体福利指数的影响是反向的，与"最小木板理论"相吻合，即个体的福利指数主要受那些剥夺程度较大、个体难以实现或者实现程度较低的功能的受限程度影响，而不受已经实现的功能的影响；功能中往往是那些最基本的如生活和安全的需求等低阶功能相对容易满足，而如自由、个体自我价值的实现等高阶功能是在低阶功能被实现的基础上才可能实现，相对要求个体有较高的可行性能力和各种资源利用的机会才能实现，而个体福利水平的不高往往是由于这些高阶功能的被限制而导致的。可见，要想改进被限制放牧或移民的牧户的福利水平，或者说至少使牧户的福利保持在参与保护行动前的福利状态，或者说使牧户福利受损的程度减小，就必须努力帮助他们实现被限制和被剥夺最严重、未实现的那些功能性活动上，使这些难以实现的高阶功能在较小程度上得到改善，以此来换取更大程度上的福利改善。

首先，三江源牧户参与生态保护行动后，社会适应能力下降比较明显，表明由于文化技能的制约，牧户在安置区难以找到工作，并降低了生活水平。同时由于语言沟通不畅、宗教信仰和生活习俗差异较大，牧户难以融入新的社会圈子，而以前的各种社会关系被割裂，这更降低了他获得支持和帮助以增强社会生存能力的可能，最终影响到他对政策的满意度以及生活幸福感。其次，草地资源的不完全产权使牧户在环境管理和环境服务交易中完全丧失了话语权，他们失去了对草地资源的利用以及其他各种机会，同时也不能对补偿标准和保护区域、保护强度等内容讨价还价，这使牧户的自由功能受到了比较大的影响。再次，牧户被移民或被限制放牧直接导致生活水平下降，即最基本功能的下降和其他功能的实现。因此，保护牧户的草地产权、尊重牧户的环境参与权、重点增强牧户的生计能力和社会适应能力，并从宗教信仰、弱化歧视、加强文化交流和增强社会救助等多方面来补偿牧户的福利功能，才有可能使牧户的福利得到改善，并最终促进生态保护的可持续进行，实现社会福利最大化。

4.7 牧户参与生态保护的福利最大化

个体首先必须满足基本的收入、消费和安全的生活需求，才能谈及自我价值实现以及发展问题，否则个体的能力提高和福利改善将是一句空话。而导致牧户的能力不能提高、福利不能改善的环境政策就不能说是有效的，也不可能有效地促进个体的发展和区域的生态经济可持续发展。

三江源牧户的福利水平普遍不高，牧户普遍存在通过自己的文化、知识和技能而开展除了放牧或在草地获取经济作物而作为主要生计方式的困难或障碍，导致他们的社会生活非常简单，仅仅是通过草地资源获取日常生活消费品，社会交往也仅仅限于亲戚或同村村民，并将个体的最大追求寄托在宗教信仰上，而对于自身的价值乃至理想和发展很少考虑，对政治权利、自由甚至维权意识都相当淡薄，更无从谈及通过和政府及当地企业谈判、博弈而实现自身参与政策制定、环境管理等的权利，很难说实现了真正的平等和自由。因此，我们认为三江源牧户的福利水平和追求仅仅局限于维持基本的生活需要，可行性能力还处在低阶阶段，远未达到通过高阶能力的发挥而实现自身的全面能力，并实现最终的幸福和个人的发展。在这种情况下，牧户的福利能力更变得非常脆弱和敏感，只要外界环境发生微弱的变化，就将对他们的福利产生非常严重的影响，最终使自身的生活陷入贫困。

牧户在三江源草地生态环境退化的格局下，其收入必将遭受一定的损失，面临生活质量下降和福利降低的风险。在这种情形下，牧户的选择有二：第一，牧户对生态环境的退化有着明确的认知，并且也极为认同生态保护。他们通过所拥有的各种资源和能力，改变现有的生产和生活方式，但这种改变的成本和面临的风险依然很大，很多牧户在对自己的能力并不自信、政府的帮助和扶持以及各种经济、政策、金融、就业、保障制度都不完善的情况下，不愿意主动地选择这种方式。第二，牧户对生态环境的退化现状并无感知，在不愿意响应生态保护政策或者并无能力改变现状时，为了维持生活质量不下降，他们会继续扩大生产，通过扩大养殖规模来弥补因为草地生态退化引起的损失，这种"杀鸡取卵"的方式必将使草地生态进一步退化，使牧民福利陷入进一步降低的恶性循环中。面对这两种情形，牧户的能力是决定他们是否愿意主动地选择改变现状的决定性因素，而是否能充分考虑他们的福利问题，并改善福利水平和增强他们的风险规避能力则是牧户是否愿意响应保护或主动地选择保护模式的关键。也只有在牧户福利改善的基础上，尊重和维护他们的利益，并考虑提高他们的适应能力和风险抵御能力，鼓励他们参与环境政策制定、谈判和管理，在公平发展基础上制定的政策，才有可能得到他们的积极响应，减少他们的抵触心理和实施成本，也才是真正的以人为本，更是保障区域生态经济可持续发展的前提。

牧户个体的福利内涵及功能的重要性由于牧户生活的地理、风俗、文化和生活环境的不同而具有特殊性和差异性。三江源牧户长期生活在草地环境中，形成了特殊的娱乐文化、休闲方式、社会交往习俗和将宗教信仰等当作生活重要内容的生活习惯。因此当牧户被迫离开草地生态环境，而他们的娱乐文化融合、对城市文化的冲突适应、城市生活人群对他们的排斥和歧视、不能充分地保障宗教信仰，以及民族交往并不能成功突破，并将社会关系资源作为一种生活资本时，他们的幸福感和满意度必将下降，并且产生对政策的排斥和抵触心理，怀念旧有的生活方式就是必然的情绪，而这种情绪比较将进一步加剧牧户对现有生活的不满，使他们的福利受损程度增加，成为区域经济和社会不稳定的隐患。如果我们的政策能关注到牧户的福利偏好，将会大幅度改善他们的福利水平。

生态保护的初衷是维持草畜平衡，实现生态保护和改善牧民的福利，最终实现生态—社会的可持续发展。如果我们不能有效地改善为生态保护而禁止放牧的移民以及限制放牧的游牧民的福利，既不符合公平原则，也不符合社会福利最大化原则。要使社会福利达到最大化，必须同时实现高效的经济效率和资源的公平分配。生态保护和补偿能否顺利实施的关键在于牧民在其中损失的利益能否得到补偿及其为生态恢复所作的贡献能否得到承认（熊鹰，2004），生态补偿指通过对损害或保护资源环境的行为进行收费或补偿，从而激励保护行为，达到保护资源的目的，而补偿应该建立在对保护者或其他主体的福利损失的基础上，应该在准确的估算利益受损者的损失及对环境的贡献的基础上，结合意愿调查确定补偿的合理水平，调查牧户在生态保护行为中为恢复和保护草地生态环境的受偿意愿，从而定量确定环境状况变化带来的经济效益和福利的损失。只有实施生态保护的外部性补偿（贡献和损失）和福利补偿，才可能实现有效的生态补偿。因此提高生态补偿效益和促进生态保护，不应该仅仅是对机会成本的损失进行补偿，更应该建立在对受损的福利进行补偿的基础上，即实现福利均衡才是社会福利的最大化，是社会发展的动力，更是生态保护和可持续发展的终极目标。可见，生态补偿的关键是通过福利损失补偿和利益主体的福利均衡而实现生态保护和社会福利的增加，缺少了利益相关者的福利均衡、福利损失补偿，都不能真正地实现生态保护的激励。

综上所述，往往福利水平不高的牧户的可行性能力更具有脆弱性和敏感性，改变现状和适应新环境的能力也更弱，也更依赖于收入、消费和生活环境等基本需求，此时，环境和经济发展策略的制定需要更加小心，必须满足这些弱势人群的基本需求，并增强他们的可行性能力和风险防御能力，并充分补偿牧户损失才有可能使他们的福利不降低。

其次，关注三江源牧户福利功能中最为关键的如人际交往和宗教信仰及生活习惯等能力指标要素的提高，是尊重牧户的可行性能力和保障牧户福利不下降的必要前提。

再次，通过提高牧户的文化知识水平，把牧户纳入环境管理体系中，让牧户拥有话语权和谈判能力，强调和重视三江源区域牧户发展权和资源使用权利，实现牧户真正的自由和保障各种权利，才有可能在满足牧户的基本生活需求下提高他们的高阶能力，最终使他们的全面能力得到提高，实现真正的发展。这也是在个体自我实现（福利改善和发展）的基础上实现全人类的发展（生态环境得以保护和公平、公正的自然资源管理体现建立），实现社会福利最大化的唯一途径，更是可持续发展的政策制定需要考虑的关键。

最后，借鉴国外水权交易等的谈判方式，以福利损失为基础，充分补偿牧户参与生态保护的机会成本损失，尊重牧户的发展权，并让他们充分分享生态保护的效益，构建利益均衡和公平的生态补偿机制，帮助他们提高生计能力并增强他们的适应能力和抵御风险的能力，才是改善牧户的福利和区域可持续发展的长久之计。

4.8 小结

人类在自然生态系统的基础上为实现美好的生活、健康、体验、各种社会关系、归属感、尊重和实现自我价值等而选择各种生活的自由和能力即是人类福利，而获取更多的自由和选择是人类福利改善的终极目标，也是人类发展（能力提高）的最终追求。贫困也不仅仅是收入的下降，而且是人类发展或选择的受限和福利的下降或者被剥夺。我们研究的福利不是为了纯粹的追求自然资源或者自然资源的经济价值，真正的着眼点应该是在生态环境中人类能力的提高。

个体的福利是多维的，个体在实现能力的过程中，各维度的功能之间是递阶性的，低阶性的功能实现程度有可能影响高阶功能的实现，进而影响到个体能力的实现。三江源牧民在参与生态保护中的能力（福利）受到了一定程度的损失，而移民的福利下降程度比限制放牧牧户的要高。牧户的福利水平下降主要是由于收入和消费的低阶需求未能得到有效满足和实现，影响了生活实现和自我价值的实现、归属感等高阶的功能，进而导致福利下降。个体的福利受个体环境态度的影响，个体的幸福感是个体能力的体现，更是个体选择过自己想过的生活和生活实现程度的体现。

为了我们大多数人的利益，为了我们的地球及后代，国家在三江源地区实施了生态保护战略，使生态得以部分恢复，草原生态环境得到改善，生态蓄水能力得到提高。但在此过程中，牧民们不能选择继续生活在草原，其能力和发展权都受到了一定程度的限制。虽然实施了生态补偿，但参与生态保护的牧民的福利仍然受到了一定程度的剥夺。因此，今后一方面应该普及汉语教育，加强就业技能培训和相关的创业扶持政策，帮助牧民有效就业和着眼于如何促进牧民的收入和生活质量的改善；另一方面，我们在追求生态保护的过程中，不应该以牺牲牧民的福利为代价，更应该从公平角度出发，关注他们的福利损失，尊重他们的发展权，从公平角度对他们的福利损失进行科学有效的补偿，帮助他们获取更多的自由和选择权，实现其自身价值，以有效地激励牧民继续参与生态保护，这样才有可能实现共同的发展和可持续的生态保护。

贫困不仅指收入的下降，更指能力的受损，指获取自然资源的能力或机会的受限，以及不能自由选择和发展的受限；发展不单纯是经济增长，更是人类能力的提高，包括人类的自由、环境保护、文明、平等及人类和谐进步。在生态保护过程中，部分人的资源利用和开发权受到限制，甚至部分长期只能依赖当地的生态系统服务以维持生计的人（如牧民无其他技能，只能通过放牧来维持生活），利用自然资源的机会和自由以及实现一定的社会关系、娱乐休闲、自身价值、文化承载、环境保护等能力均受到了较为明显和重大的限制及改变，致使福利受到了损失。当然本研究仅仅属于定性研究，为进一步完善补偿机制，加强福利损失的货币化研究非常必要。

5　三江源生态保护的人类福利及其补偿

5.1　三江源草地生态补偿的理论框架

5.1.1　三江源草地生态补偿的缘由

在自然保护区建设过程中，对当地主要的利益相关者和生产主体——限制放牧的牧户和禁止放牧的牧户而言，必然伴随着自然资源所有权和使用权的被限制及被剥夺，这部分牧户也因自然资源使用权的丧失和受限而失去发展的机会；对当地政府而言，虽然面临着重要的发展经济和解决贫困、摆脱贫困的问题，但是首先要承担起优先保护生态环境的责任，不能充分利用具有天然优势的自然资源而寻求发展，并且还要面对更棘手和艰难的限制放牧的牧户和禁止放牧的牧户的补偿、地区的发展、各种冲突（牧户与地方政府、当地政府与中央政府、当地政府与流域下游的政府之间）、各种困难（补偿资金不足、地方经济发展动力不足及基础设施薄弱、吸引投资困难等）和矛盾。而在三江源区域建立科学的生态补偿机制有利于解决保护工作中出现的各种难题和矛盾，并调整各利益主体之间的生态保护成本负担和公平的利益分配及均衡关系，以促进三江源区域牧户的福利水平改善和生态经济的可持续发展，进而有利于保障生态保护的可持续及民族地区的社会和谐、稳定、发展。

5.1.2 三江源草地生态补偿标准

目前公认的生态补偿理论有福利经济学的"庇古税理论"和"科斯产权定理"、生态经济学的"生态服务价值理论"、公共物品理论和外部效益理论及可持续发展理论。在实践中，往往是基于外部性效益和成本的内在化来开展的，对于草地生态保护等外部性经济行为（如生态移民），按照保护者为改善生态环境质量或生态服务功能增加所付出的额外的保护与相关建设成本，以及为此而牺牲的发展机会的成本进行补偿。三江源草地生态系统本身具有重要的生态安全意义，提供了丰富而重要的生态系统服务，因此应该对提供了良好生态环境的三江源区域及当地人——牧户进行补偿，其补偿内容应按照保护的成本及效益综合予以考虑，应该包括：（1）对退化的草地生态系统进行恢复（如种草、灭鼠、加固围栏）及保护以对生态环境质量增加的成本（即实施成本）进行激励性的补偿；（2）对进行生态保护行为的牧户和区域进行补偿，以弥补他们的生产生活投入和发展机会（机会成本）的损失；（3）对由于实施生态保护行为，而产生的生态服务效益增加及外部性进行补偿。

Pearce（1993）进一步指出，生态系统服务的价值评估必须建立在边际分析的基础上，不仅应该重视生态系统服务的总量，更应重视生态系统服务的总量变化。因此，三江源草地生态保护中牧户得到的补偿，应该是牧户参与保护行为产生或创造的正外部性与牧户选择保护行为（被迫放弃发展）的净损失之和，同时应该参照牧户的 WTP/WTA 来确定补偿标准。

基于上述原则，本研究将 2005 年实施保护以后产生的草地生态系统服务增量与牧户在参与生态保护战略中的福利损失（机会成本、保护战略实施成本及发展权损失）之和作为牧户的补偿标准，并结合牧户的保护意愿（最小受偿意愿）和能力，通过构建公平的激励性生态补偿机制，在弥补牧户参与生态保护行为的部分福利损失的基础上，让牧户分享草地生态保护的正外部性以激励保护者的积极性，期望在改善牧户的福利及实现福利均衡的前提下，促进牧户积极地参与生态保护以获取更多的补偿，进而推进三江源草地生态恢复及保护目标的逐步实现，最终实现区域生态经济的可持续发展。

5.1.3 三江源草地生态补偿的关键

5.1.3.1 生计能力及经济、文化等福利损失的弥补

当三江源牧户为确保草地生态系统服务的供给和生态安全而放弃了（移民）或部分改变了（牧户）原来的生产和生活方式时，他们不仅要面对草畜产品和经济作物的收入丧失或大幅度下降的问题；同时，由于生活习惯和生活技能的制约，牧户在失去和减少了资源使用权后，也面临不能就业、剩余劳动力的闲置，以及生活成本的增加等困难。并且移民和牧户（限制放牧定居）均面临着文化冲突、生活不适应以及不能融入等困境，甚至有宗教活动进行的不方便和语言文字的流失等问题，即牧户在文化、社会情感方面遭受了很大的不可估算的损失。三江源草地生态保护原本属于公益事业，中央政府及下游区域是直接受益者，理应由受益者对三江源自然保护区的牧民因生态保护而蒙受的直接福利损失，以及永久性丧失的某些发展机会做出相应的补偿。而补偿的内容和形式是否符合利益受损牧户的要求，以及能否弥补他们的实际损失，是否能带来新的发展机遇和前景等，都会影响他们响应和参与生态保护战略的积极性。要持续推行生态保护计划，必须对产生的各种损失进行补偿，而不应该简单地局限于给牧户提供长期生活的房屋和经济资助，应该突出关注如何提高牧户的生计能力，并提供更多的培训及文化服务，针对牧户颇为重视的宗教文化、语言文字传承等加大投入，才有可能使牧户对生态补偿政策满意，减轻他们的抵触心理，降低执行成本，实现牧户的福利改善—积极参与保护—生态经济可持续发展局面。

5.1.3.2 公平及尊重

公众参与环境管理早已被公认为是解决环境问题的关键举措，民族地区经济发展、环境保护和社会稳定的核心是在深层次把握和理解牧户特有的宗教信仰和"理性经济人"的利益最大化等博弈下的行为选择机制，并通过提高牧户的生计能力和生态补偿机制来改善牧户的福利水平，以努力促进和发挥民族地区最基本的行为决策者和活动主体（即牧户）参与生态环境保护的主动性。基于理性经济人的"最大效用理论"，在补偿不能完全

弥补损失、补偿机制不健全的情形下，牧户就不会响应生态保护计划，也不会参与生态补偿。但事实上，在政府的倡议下，牧户主动或被动地大范围参与了生态移民或限制放牧计划，让自己的福利遭受了极大的损失，原因何在？三江源牧户，基本上为藏族，信仰藏传佛教，受"众生平等"、"天人合一"等思想的深刻影响，对草地有着极为深厚的感情，为了这片土地及子孙后代，他们愿意牺牲自己的部分利益，参与生态保护行为。但是牧户由于文化程度和知识水平的限制，缺乏对自身面临的风险的预见和应对能力，也不具备在选择参与移民或限制放牧后的生计方式转变、身份转变和改善处境及争取利益的能力，同时由于保障体系不完善、扶贫机制不健全以及信息不对称等制度弱化因素，三江源牧户的福利水平大幅度下降，福利能力遭受了严重的侵害，面临且已经陷入贫困化的风险之中。因此，在公平的原则和前提下，面对牧户由于生态保护而做出的牺牲，及他们的生存及发展权，政府应该帮助牧户争取属于他们的权益并让他们表达自己的利益诉求，让他们参与到环境政策的制定和管理模式中来，才有可能实现牧户、政府等相关利益方的福利和责任均衡，以促进三江源地区的生态保护和社会的和谐、稳定、发展。

5.1.3.3 产权的设置

以庇古为代表的福利经济学认为，利益受损者应该因遭受损失而得到补偿，这样才能实现帕累托最优；而科斯认为外部性问题的本质就是产权问题，在自然资源产权清晰的前提下，利益相关方完全可以通过利益博弈和市场谈判，在市场上对生态服务或环境物品公开进行交易，并实现资源的有效配置和社会福利的最大化。环境物品的产权设置对生态补偿机制至关重要，产权的设置决定了外部性补偿的方向和补偿的主客体，而利益相关者的谈判能力更是决定了他们能否获得更多的补偿以及实现程度。由此可见，产权及谈判能力决定了生态补偿的收入分配是否均衡及帕累托最优实现的可能性。而国内除了浙江金华水权交易的成功案例外，其余生态补偿模式，尤其是自然保护区的补偿中均未见到这种市场自由交易、交易主体自由竞价和谈判，并最终实现生态环境服务得以有价保护而利益相关方的福利均衡的多赢局面。三江源区域的草地产权属于国家，牧户拥有使用

权，实施生态保护后，牧户的使用权和承包权被取缔或被限制，也就无法
实现对草地生态服务的公开交易。并且牧户的谈判和博弈能力有限，尚需
更有能力的组织帮助他们改变这种资源物价补偿不力的局面。

因此，本研究在前文理论分析基础上，科学地核算了生态保护战略实
施后，草地生态系统服务功能增加的福利，并用三江源牧户参与生态保护
行为后失去的福利（机会成本）代表牧户参与保护战略的福利损失，通过
对牧户保护意愿的分析推导出了他们保护草地生态所产生的消费者剩余，
结合上述补偿标准，通过政策激励和政府补贴、产业转移减少对生态系统
服务的依赖，在保证这些贫困人群的福利不受损失或者尽量降低这种损失
的前提下，对放弃经济发展或者生活方式的改变导致的精神享受价值的减
小而进行合理公平的生态补偿，注重社会公平，构建科学有效的生态补偿
机制，调控和管理区域生态保护，以最终实现可持续的生态保护。

5.2 三江源草地生态保护后福利变化量核算

从生态经济学或纯粹经济学的角度来说，当边际成本等于边际收益时
即实现了环境效益的最大化，因此理论上最佳补偿额应该以提供的生态服
务的价值为补偿标准，应以保持生态系统健康、持续发挥服务功能为基础，
以保育生态系统所需的经营成本来确定提供多少经济补偿（冯凌，2010）。
草地生态系统服务功能是指草地生态系统及其生态过程所形成及所维持的
人类赖以生存的环境效用，即福利，包括直接为人类提供的各种经济作物
和畜牧产品等，以及提供的清洁空气、水土保持和水源涵养等间接服务。
在全球气候变化越来越明显的背景下，当人类不合理的生产和生活活动对
直接服务的追求过度时必然会损害生态系统的间接服务和支持功能，导致
生态系统服务功能退化并使生态系统的破坏程度加剧，对人类的生存和发
展造成极大的威胁，进而削弱和损害区域可持续发展能力。因此，以生态
监测为手段、生态系统服务为核心，对当前生态系统的状态及其变化趋势
进行评估，在生态学和经济学基础上进行自然资源管理是必要而紧迫的。
三江源玛多县由于过度放牧导致草地生态环境退化严重，故在三江源保护

规划中列为核心区域，在该区域进行全面禁牧和生态移民来恢复及保护早已退化的生态环境。本研究选取玛多县作为研究重点，通过核算保护前后的生态系统服务变化来考察生态环境的变化及其福利的变化，并为玛多县的生态环境质量管理以及生态补偿机制的构建提供科学支持。

国内外诸多生态系统服务功能的测算，大多是基于 Costanza 等（1997）提出的评价模型，以及对特殊区域的系数调整，如根据谢高地等（2003）对青藏高原的价值当量因子表，计算并加总不同生态系统类型提供的生态系统服务价值。这样的计算往往是将生态系统作为均质的整体进行研究，却忽视了生态因子的空间异质性对生态系统服务功能的影响，得到的计算结果往往不能反映同一类或者相同生态系统类型的生态服务功能差异。因此，本研究对在增加的草地生产力基础上产生的生态系统服务效益增加值进行了核算，并作为补偿的重要组成部分，以维护公平和激励原则。

5.2.1 研究方法

5.2.1.1 气象数据

本研究选择三江源流域各气象站点 2002 年、2005 年、2008 年和 2011 年的平均温度、降水量和太阳总辐射量，数据来源于中国气象科学数据共享服务网。考虑到三江源地区的植被生长季为 4—10 月，故本研究选取 4—10 月的气候数据平均值进行计算。

5.2.1.2 NPP 的计算

（1）NPP 与气候因子模型

运用王军邦等（2009）对 1988—2004 年三江源地区的遥感数据反演的 NPP 与气温和降水模拟得到的三江源草地 NPP 模型进行计算，即 $NPP_{草地} = 146.243 + 0.138 \times R + 14.536 \times T$（$R$ 为平均降水量，T 为平均气温）。

（2）Thamthwaite Memorial 模型

以气候变暖为主要特征的气候变化会进一步加重暖干化趋势，并引起草地生产力的下降（李镇清等，2003）。徐兴奎等（2008）的研究表明，气温的升高会使植被生长增加，但如果降水不足，则可能导致植被覆盖退化。因此，本研究选取了气温和降水这两个主要因素来考察气候环境。运用计算简便且可以明确表达气候变化对 NPP 影响的 Thamthwaite Memorial 模型来计算三江源地区的气候生产力。净第一生产力 NPP（E）由下述（5-1）至（5-3）模型计算得到：

$$NPP(E) = 3000 \left[1 - e^{-0.0009695(E-20)} \right] \qquad (5-1)$$

式中，NPP（E）是实际蒸发散量计算得到的植物净第一生产力（克/平方米·年）；e 为自然对数；3000 是 Lieth 经统计得到的地球自然植物在每年每平方米上的最高干物质产量（克）；E 是年平均实际蒸发散量（毫米），可用 Ture 公式计算，即：

$$E = 1.05R / (1 + 1.05 \times R/L)^2 \qquad (5-2)$$

其中，R 为平均降水量（毫米）；L 为平均最大蒸发散量，它是均温度（t, ℃）的函数，用下式计算：

$$L = 300 + 25t + 0.05t^2 \qquad (5-3)$$

当 $R/L > 0.316$ 时，（5-3）式适用；$R/L < 0.316$ 时，取 $E = R$。通过（5-1）至（5-3）式计算的植物生产力均为植物所有的干物质熏量，包括植物地上和地下部分的总和。本研究通过计算，$R/L < 0.316$，故用降水量代表了实际蒸发散量。同时笔者对三江源气候生产力的研究结果表明，三江源地区的气候生产力与海拔呈反比关系，海拔每上升 100 米，气候生产力会降低 1200—1425 千克/公顷，水分是三江源地区天然牧草气候生产力的重要制约因素之一。可见，本研究以降水量来计算三江源地区的 NPP 是科学合理的。

（3）NPP 的确定

通过遥感模拟的 NPP 一般指地上生产力，而通过 Thamthwaite Memorial 模型计算的生产力为净生产力，为地上生产力和地下生产力之和，因此换算为地上生产力以进行比较和计算。根据赵同谦等（2004）的研究结果，草地地下生产力和地上生产力之比为 2.31，将 Thamthwaite Memorial 模型计算的生产力换算为地上生产力，并以遥感模拟计算的生产力平均值作为本研究的 NPP。

5.2.1.3 生态系统服务功能评价

根据生态系统提供服务的机制、类型和效用，并参考千年生态系统报告的分类体系，本研究将三江源草地生态系统服务功能分为供给功能、调节功能、文化功能和支持功能四大类。支持功能主要指从生态系统及其过程中获得的各种对生态系统平衡和循环有重要意义的如土壤保持、营养循环、水分循环和生物多样性保护等功能，是其他所有生态系统服务的基础，其价值已通过其他三类服务得以体现，因此不作重复评估（Costanza，1997；陈春阳等，2012）。供给功能主要指从生态系统中获得的各种产品，如有机物质（食物、纤维、燃料）生产、药材及特殊经济作物的提供、水资源供给、遗传资源等功能；调节功能主要指从生态系统的调节中获得的各种益处，如气体调节、水源涵养、空气净化、控制侵蚀、授粉、水文调节和河流输沙、人类疾病控制等功能及其收益；文化功能主要指从生态系统及其过程中获得的各种非物质收益，如美学景观、生态旅游、休闲娱乐、精神与宗教、文化遗产、教学与科研等功能（Costanza，1997；陈春阳等，2012）。由于评价方法、机制研究和数据等原因，有些功能尚难利用遥感技术估算。以下选取了有机物生产（供给功能）和维持二氧化碳及氧气平衡、营养物质循环、对环境污染的净化作用、土壤侵蚀控制、涵养水源（调节功能）等6项主要功能来评估三江源草地生态系统的直接服务价值。

（1）供给功能价值评估——有机物生产

绿色植物利用空气中的二氧化碳和水生产出有机物，是生态系统最核心和最基本的功能，更是人类社会存在和发展的基础。因此，草地生态系统的供给功能价值可以通过其植物生物量（即净生物量）来衡量，有机物生产功能的价值可用能量替代法来估算，通过将草地生态系统固定的碳转化为相等能量的标煤重量，由标煤价格间接估算有机物质生产的 NPP（$gC \cdot m^{-2} \cdot a^{-1}$）价值来核算（姜立鹏等，2007；姜永华等，2009）。根据1991年不变价格，碳的热值为 0.036 MJ/g，标煤的热值为 0.02927MJ/g，标煤价格为 354 元·t^{-1}，因此有机物质生产功能的单位面积价值为：NPP × （0.036/0.02927）× 354 × 10^{-6} 元·$m^{-2}a^{-1}$ = 435.3946 × NPP 元 $km^{-2}a^{-1}$（姜立鹏等，2007；姜永华等，2009）。

（2）调节功能价值评估

①空气质量调节

生态系统可以吸收大气中的一些有害物质如二氧化硫、卤化物、氮化物等。草地生态系统的植物在其抗性范围内通过吸收二氧化硫、一氧化氮、二氧化氮对空气质量进行调节，对生态环境起到净化作用，从而减少了人类为治理二氧化硫等温室气体和工业废气的污染而增加的额外支付。对于草地生态系统的空气质量调节功能（V_r），本研究按照汪诗平等（2003）的方法来进行生态经济效益的评估。计算公式如下：

$$V_r = NPP \times S \times d \times P_{SO_2}$$

其中：NPP 为地上部分的净初级生产力，草地地上生物量约占总生物量的35%，而干物质中碳元素的含量为45%，故植物生长末期单位面积草叶干重为：（$NPP/45\%$）$\times 35\% = 0.7778 NPP \ g \cdot m^{-2} \cdot a^{-1}$；但植物的生长符合 Logistic 生长函数，因此从植物第 t 天返青时到生长期末的草干重应该为 $0.7778 NPP/[1 + EXP(\alpha - kt)]$，参照赵亮等（2004）在青藏高原的研究结果，$\alpha$ 取 2.194930，k 取 0.02926（姜立鹏等，2007）。

S 为草地单位重量单位时间吸收二氧化硫的量〔每千克干草叶1年吸收二氧化硫的量根据马新辉等（2002）的研究成果设定为 10^{-3}〕；

d 为牧草生长期，按照王静等（2006）在甘肃玛曲草地的研究成果按照180d 计算；

P_{SO_2} 为二氧化硫的治理成本，以每削减1千克的成本表示，按照欧阳志云等（1999）的研究成果计为 0.6 元/千克。

因此，草地一个生长期内（180天）生态系统的空气质量调节服务价值为（姜立鹏等，2007）：

$$V_r = \int_0^{180} 0.7778 NPP/[1 + EXP(2.194930 - 0.02926t)] \times 0.001 \times 0.6 \times 10^{-3} dt$$

$$= 48.2374 \ NPP \ 元 \ km^{-2} a^{-1}$$

②气候调节

草地生态系统通过光合作用和呼吸作用实现大气动态循环，并对局部气候产生一定的影响。因此，可以通过计算草地吸收二氧化碳的价值来衡量其调节气候的价值。根据光合作用和呼吸作用的方程式可推算：每形成1克干物质，可固定1.26克氧气，并释放1.2克氧气（姜立鹏等，2007）。而干物质量可根据植物干物质中碳元素的含量大约占45%，由NPP计算得出（陈润政等，1998）。按照造林成本法和1990年不变价格计算，固定二氧化碳和释放氧气的价值分别为71.15元·$t^{-1}CO_2$和352.93元·$t^{-1}O_2$。因此，草地生态系统的气候调节（维持二氧化碳和氧气的循环）价值为：（NPP/45%）×（1.26×71.15+1.20×352.93）×10^{-6}元 $m^{-2}a^{-1}$ = 1197.303NPP元 $km^{-2}a^{-1}$（姜立鹏等，2007）。

③涵养水源

根据Costanza等（1997）的研究，如果草原植被的净初级生产力（NPP）降低，会导致载畜量降低约10%，因此本研究用理论载畜量市场价值的10%来代替涵养水源价值，理论载畜量按照陈春阳等（2012）的方法计算，公式为：

$$V_s = Q_s \times P_s = \frac{\sum A \times Y \times R_s}{E_s \times 365} \times P_s$$

V_s为食物生产价值；Q_s为草地载畜量；P_s为当前市场牲畜价格，以平均1个羊单位的价值表示，本研究取1000元/羊单位；A为草地可利用面积；Y为鲜草单产量，根据叶茂等（2006）的研究结果高寒草原取767千克/公顷，高寒草甸取2915千克/公顷；R_s为牧草利用率（本研究取50%）；E_s为1个羊单位的鲜草日食量，本研究按照王诗平（2003）在三江源的研究成果取4kg/d，d为牧草生长期，取100（陈春阳等，2012）。

④营养物质循环

草地生态系统固定C所积累的主要营养元素如N、P、K的含量，来比照化肥的价格估算草地营养物质循环价值（姜立鹏等，2007）。1990年化肥的平均价格为2549元·t^{-1}，草地生态系统每固定1克碳分别积累N、P、K为0.035834g、0.002934g、0.010135g，故单位面积的草地生态系统营养物质循环的价值为：NPP×（0.035834+0.002934+0.010135）×2549×10^{-6}元

$m^{-2}a^{-1} = 124.6658NPP$ 元 $km^{-2}a^{-1}$ （姜立鹏等，2007）。

⑤土壤侵蚀控制

同样按照 Costanza 等的研究结果和陈春阳的方法，按照载畜量价值的50%计算（陈春阳等，2012）。

5.2.2 三江源草地生态服务价值变化分析

5.2.2.1 三江源草地保护过程中净生产力的时空变化

三江源地区由于受气候暖干化趋势的全球变化影响，草地生态退化严重。植被净生产力是衡量植被的覆盖度及生物量对气候变化响应的主要指标，而三江源高寒草地生产力受气候的制约更为明显，如李英年等（2000）对高寒草地生物量对气候变化的响应研究结果表明，在降水量无明显增加时气温升高往往使草地生物量减少，而气温和降水量同时增加有利于牧草的生长，进而使生物量增加，即气候变暖时降水是高寒草地生物量的限制因素。在生态保护过程中，如果草地的环境变好，即覆盖度增加和生物量增加，则往往会起到对局部气候的调节作用。因此，本研究以气温和降水因子来模拟三江源地区的净生产力状况，以检验气候变化下草地生态环境状况，同时探讨生态保护计划实施过程中，草地覆盖度（地上生物量）的变化和外部性效益增加情况。

（1）数据的修正处理

通过前文的方法，我们对问卷调查区域进行了净生产力的计算，对 Thamthwaite Memorial 模型计算的 NPP 进行地上生产力换算后与按照王军邦等（2009）遥感模拟模型计算的 NPP 求均值得到三江源地区的净生产力，平均值为326.63g/（平方米·年），如表5-1所示。

表5-1 三江源草地 NPP 及其修正结果

地区	Tham-NPP（克/平方米）	Wang-NPP（克/平方米）	NPP 均值（克/平方米）	退化格局	海拔高度（米）	修正率（%）	修正后 NPP（克/平方米）
泽库县	352.730	313.155	332.943	轻度退化	3660	50%	166.471
河南县	357.008	303.145	330.077	轻度退化	3510	50%	165.038

地区	Tham-NPP（克/平方米）	Wang-NPP（克/平方米）	NPP均值（克/平方米）	退化格局	海拔高度（米）	修正率（%）	修正后NPP（克/平方米）
同德县	368.978	335.955	352.466	轻度退化	2980	50%	176.233
兴海县	351.995	323.401	337.698	轻度退化	3306	50%	168.849
玛沁县	349.171	304.302	326.737	轻度退化	3730	50%	163.368
班玛县	370.499	321.707	346.103	轻度退化	3560	50%	173.051
甘德县	355.116	302.141	328.628	轻度退化	4020	50%	164.314
达日县	346.272	296.397	321.335	中度持续退化	3970	45%	144.601
久治县	359.380	310.208	334.794	轻度退化	3628	50%	167.397
玛多县	324.953	273.767	299.360	持续退化 + 沙化	4300	30%	89.808
玉树县	364.621	321.506	343.064	中度持续退化	3710	50%	171.532
杂多县	344.836	292.587	318.711	中轻度退化	4080	50%	159.356
称多县	335.663	284.682	310.173	中度退化 + 沙化	3825	40%	124.069
治多县	314.102	270.119	292.111	荒漠化 + 持续退化	4193	30%	87.633
囊谦县	373.891	330.322	352.107	中度持续退化	3660	45%	158.448
曲麻莱县	315.114	272.576	293.845	大范围退化 + 沙化	4223	30%	88.154
唐古拉山镇	323.438	333.751	328.595	持续荒漠化	4850	20%	65.719

表 5 – 1 中，Tham-NPP 指按照 Thamthwaite Memorial 模型计算并且修正后的地上 NPP，Wang-NPP 指根据王军邦等（2009）对三江源草地的遥感 NDVI 模拟 NPP 模型计算得到的 NPP，退化格局是指根据邵全琴等（2010）研究的三江源草地退化情况。

根据李惠梅（2010）对河南、甘德、同德、玉树、曲麻莱、五道梁和玛多等七个气象站 1971—2004 年的气象资料拟合的 NPP 研究结果，三江源草地全年天然草场气候生产力最大值是河南、玉树和甘德，在 135—225 克/平方米之间，平均值约 116.5 克/平方米，而三江源西北部的五道梁最小为 43.50 克/平方米，其余各地在 67.50—150 克/平方米之间；三江源草地的 NPP 与海拔高度成反比，海拔每上升 100 米气候生产力降低 12—14.25 克/平方米。计算的 NPP 为理想值，对高海拔的三江源区域的高寒草甸、草原而言，模拟值明显偏高，不符合三江源草地生产力实际。另一方面三江源区域常年平均气温低（累计平均值为 −1.12℃ 左右，牧草生长计算是按照 0℃ 以上的植物光合作用积温总和来计算的）、植物生长期短（约 100 天）、植株高度小、土层薄，这导致三江源草地生产能力不高，且本研究在运用 Thamthwaite Memorial 模型计算过程中并未考虑植物生长的 Logistic 趋势，使该模型计算的 NPP 偏高。按照王军邦等（2009）模拟计算的 NPP 虽然与 Thamthwaite Memorial 模型计算的 NPP 比较接近，但是王军邦等（2009）模拟计算 NPP 的数据是取自 1988—2004 年的草地数据，而三江源生态环境 2002 年后退化比较严重、退化面积比较大，沙化和荒漠化比较明显，这使得三江源草地 NPP 大幅度下降，考虑到科学性，本研究必须进行一定的修正以符合三江源草地的特点及其退化情况的实际。

根据《三江源保护规划》的数据，三江源区域 50%—60% 的草地生态退化，单位面积产草量平均下降了一半多，因此本研究对所计算得到的 NPP 乘以 50% 进行修正。由于各县海拔高度不同，且退化程度不同，因此进行了系数为 20%—50% 的修正。玛多县、治多县、曲麻莱县和唐古拉山镇海拔相对比较高、气候比较恶劣，且根据邵全琴等（2010）的研究，退化沙化程度高且范围广，属于持续退化和连续荒漠化、沙化区，因此这几个区域的修正系数比较低，以与实际的低草地覆盖度与低生物量相对应。因退化比较严重，因此对这四个区域的 NPP 分别乘以 30%、30%、30%、20% 进行修正，具体修正情况如表 5−1 所示。同时后文的生态系统服务价值及其参与成本的计算均以修正后的 NPP 计算。

从表 5−1 可以看出，未修正前三江源草地的 NPP 均值比较高，且区域之间差异性不明显，修正后三江源各县之间草地的 NPP 显示出一定的差异性，并且与海拔高度和退化程度相吻合，也比较符合三江源草地各区域的植被生产力状况。修正后三江源草地生产力平均值为 137.4408 克/平方米，比国内其他草地生物量（200—350 克/平方米）略低，符合高寒草地的实际植被净生产能力，比王军邦（2009）计算的三江源地区的平均值 160.90 克/平方米略低，比李惠梅（2010）计算的三江源草地 NPP 均值克/平方米略高，但整体上比较接近，比较符合三江源草地近几年生态环境质量及其生产力状况，说明本研究的修正是可靠的，且计算数据及其分析的结果可以用来解决一些科学问题。

（2）三江源草地 NPP 的时间变化差异

三江源草地由于海拔高度而导致降水和气温的分布不均衡，因此导致 NPP 的区域差异，同时各年份间的 NPP 也存在差异，故本研究选择样本调查区域进行了 NPP 的研究（如图 5 - 1 所示）。

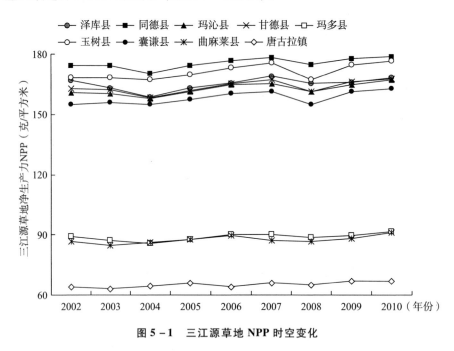

图 5 - 1　三江源草地 NPP 时空变化

从图 5 - 1 可以看出，2002—2010 年，三江源区域的草地 NPP 总体上呈现出略微增加的趋势，2010 年草地 NPP 平均值为 146.2767 克/（平方米·年），与 2002 年的草地 NPP 平均值 141.4456 克/（平方米·年）相比较，增加了 3.42%。但三江源草地 NPP 在 2002—2010 年间，分布极度不均衡，在 2004 年和 2008 年分别有两次明显的下降，下降幅度分别达 1.3174% 和 2.7639%；而在 2007 年有一次明显的升高，与 2004 年相比，增加幅度为 4.77%；2008—2010 年，三江源草地的 NPP 呈现出逐年增加的趋势，增加幅度达 3.7083%。总体上看，我们以三江源草地 NPP 的平均值进行了对数模型模拟，虽然显著性程度不高，但仍然能看出三江源草地的 NPP 呈现出对数增加的趋势（如图 5 - 2 所示）。这也在一定程度上表明，三江源草地的气候变化越来越适宜于牧草的生长，自 2005 年开始的生态保护行动收到了一定的效果，但草地 NPP

增加不显著，仍然需要长期的保护和恢复。

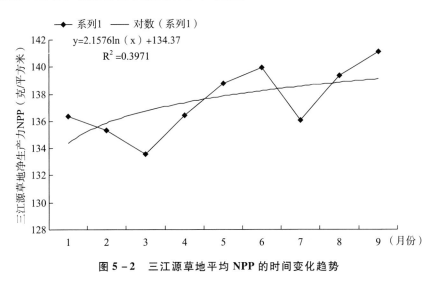

图 5-2　三江源草地平均 NPP 的时间变化趋势

（3）三江源草地 NPP 的空间变化差异性

　　三江源草地的 NPP 空间变化差异性较大，同德县和囊谦县的净生产力相对较高，平均值分别为 175.3445 克/（平方米·年）和 175.6883 克/（平方米·年）；唐古拉山镇的 NPP 最低，平均值为 65.0993 克/（平方米·年）；曲麻莱县和玛多县的净生产力相对较低，分别为 87.534 克/（平方米·年）和 118.5876 克/（平方米·年）。三江源区域草地的 NPP 与区域的海拔高度密切相关，海拔越高，气候越恶劣，草地的 NPP 越低［如图 5-3 所示（为了比较，将海拔高度除以 10）］。

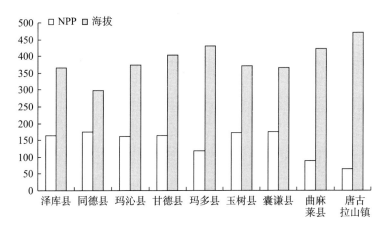

图 5-3　三江源草地 NPP 与海拔高度的关系

从图 5-3 可以看出，三江源区域，同德县的海拔最低，其 NPP 相对最高；而唐古拉山镇和玛多县的海拔相对较高，其 NPP 也相对比较低。玛沁县和玉树县的海拔高度虽然较接近，但玉树县的 NPP 要比玛沁县高；说明三江源草地的 NPP 虽然与海拔有关，但与该区域的生态保护力度、人为干扰强度和地形导致的降水等因素也相关。

5.2.2.2　三江源草地生态系统服务价值时空变化

通过计算，三江源草地单位面积生态系统服务均值为 26.1901 万元/平方公里，比程春阳等（2012）估算的 2000 年三江源高寒草地生态平均价值877.00 元/公顷高。但程春阳等（2012）估算的价值中包含了废物处理、授粉价值及生物控制价值，这三者总和高达 385.41 元/公顷，此计算估算的是三江源区域 2000 年的价值（此时退化尚不严重），且未考虑三江源草地退化状况及其区域和时间上的差异。我们估算的三江源草地平均值与朱文泉等（2011）运用遥感数据在西藏北部估算的 2006 年高寒草地单位面积生态系统服务均值 25.0 万元/平方公里比较接近。故本文估计的结果是可信的，在一定程度上可以反映三江源草地的生态系统服务价值现状。

（1）三江源草地生态系统服务价值构成

本研究的草地生态系统服务价值是供给价值、空气质量调节价值、气候调节价值、涵养水源价值、土壤侵蚀控制价值、营养物质循环价值等 6 类价值之和。对于三江源区域来说，草地植被所发挥的生态效益主要表现在气候调节、供给价值和涵养水源方面，分别占到草地生态系统服务价值的64%、24% 和 7%（如图 5-4 所示）。因此，我们可以看出，三江源草地生态环境不仅是全球气候变化的脆弱和敏感响应区，而且三江源草地生态保护对该区域的气候调节意义重大，进而影响到该区域的草地生态环境。三江源草地提供食物、纤维和燃料等供给功能的价值也非常重要，是当地人赖以生存的生产和生活资料，限制和剥夺当地牧户的草地利用权，必须对他们进行科学合理的补偿，以维持他们的福利水平不下降。此外，三江源草地对水源涵养意义也比较重大，源头的草地生态环境质量下降和草地退化，将显著地影响到长江、黄河和澜沧江流域的水源供给量，甚至长远来看对我国西部乃至亚洲地区的生态环境和经济发展产生不可估量的影响。

三江源实施生态保护，牧户为保护水源及水源地生态环境放弃了许多发展权利，应该由各受益群体支付必要的费用来补偿三江源牧户受损的福利，实现各利益群体和区域间的可持续发展。

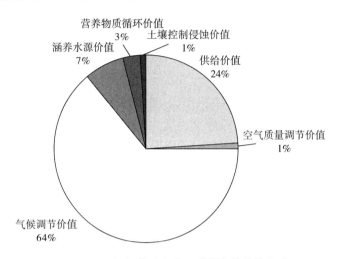

图 5 - 4 三江源草地生态系统服务价值的构成

（2）三江源草地生态系统服务价值的时间变化

2002—2010 年，三江源草地的地均生态系统服务价值由 25.9845 万元/平方公里变为 26.8919 万元/平方公里，呈现出略为增加的趋势，增加了 3.49%。三江源草地生态服务价值在时间和空间上均表现出明显的差异性（如图 5 - 5 所示）。

从图 5 - 5 可以看出，三江源草地的地均生态系统服务价值除了 2004 年和 2008 年有两次明显的下降外，基本上呈现出缓慢增加的趋势。通过对 2002—2010 年单位面积的草地生态系统服务价值平均值做的拟合曲线进行观察（如图 5 - 6），可以发现多项式的方程拟合度较好，虽然 R^2 为 0.567，但仍然可以比较好地展现 9 年内草地生态系统服务价值变化的趋势。我们的研究结果表明，基于气候生产力的草地生态系统服务价值变化与 NPP 基本一致，但 2010 年与 2002 年相比，仍然呈现出增加的趋势。自 2005 年实施生态保护行动后，草地的生态系统服务价值有略微增加，但增加较为缓慢。生态环境恢复是一个极其漫长的过程，保护效果不可能在短期内显现，尤其对于极其敏感和脆弱的三江源草地生态环境来说，其恢复难度更大，保护任务更加艰巨，只有持续进行保护才有可能逐渐恢复生态系统平衡，并起到水源保护和调节气候的作用。

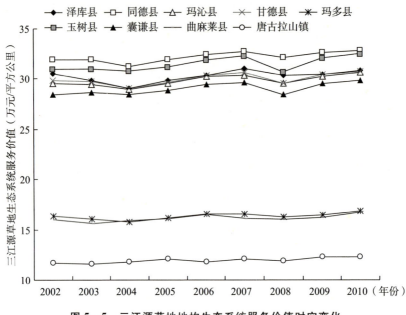

图 5 - 5　三江源草地地均生态系统服务价值时空变化

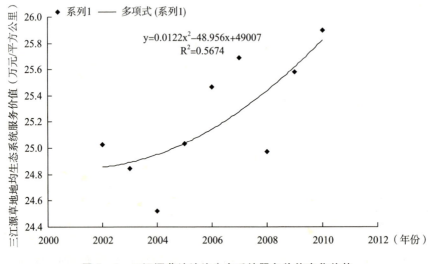

图 5 - 6　三江源草地地均生态系统服务价值变化趋势

（3）三江源草地生态系统服务价值空间变化

三江源草地地均生态系统服务价值，在空间分布上表现出明显的差异性。

从图 5 - 5 可以看出，同德县和玉树县的地均生态系统服务价值最高，分别为
32.2476 万元/平方公里和 32.1845 万元/平方公里；唐古拉山镇的地均生态系
统服务价值最低，为 11.94897 万元/平方公里。曲麻莱县和玛多县的草地地均
生态系统服务价值比较低，分别为 16.0669 万元/平方公里和 16.7667 万元/
平方公里；甘德县和玛沁县的草地地均生态系统服务价值则比较接近，分
别为 29.9996 万元/平方公里和 29.828 万元/平方公里。三江源草地生态系
统服务价值变化趋势与 NPP 的变化一致，即和海拔、气候、降水等因素有
关，随着海拔的升高，生态系统服务价值和 NPP 均会有所下降。这再次表
明，三江源生态保护行为虽然成效弱、见效慢，但如果多方面、持续地进
行保护，则退化的草地生态恢复将指日可待。当然，本研究的草地生态系
统服务价值是基于 NPP 的模拟得到的，可能存在一定的偏差，因此加强遥
感技术和野外生态恢复监测，并制定切实有效的生态恢复计划是必要的。

5.2.3　三江源草地人均生态系统服务价值及补偿标准

生态系统服务价值是生态系统为人类提供的效益，因此人类通过生态
保护行为产生的外部效益理应补偿给这部分人，以激励这部分人持续地提
供生态系统服务，并最终实现福利均衡和生态保护。本研究在前文基础上，
针对样本调查区域，用 2010 年的生态系统服务价值与 2005 年的地均生态系
统服务价值之差来衡量草地生态保护产生的边际效益（万元/平方公里），
并乘以人均拥有的草场面积（平方公里/人）作为该区域牧民的生态补偿标
准（万元/人）（如表 5 - 2 所示）。

表 5 - 2　基于保护效益的三江源牧户生态保护补偿标准

类别地区	泽库县	同德县	玛沁县	甘德县	玛多县	玉树县	囊谦县	曲麻莱县	唐古拉山镇
ESV（万元/平方公里）	1.044	0.812	1.065	1.086	0.6805	1.203	1.0294	0.637	0.221
人均草场（平方公里/人）	11.699	23.393	6.045	17.547	134.322	57.388	23.234	65.789	14.647
补偿标准（万元/人）	12.216	19.006	6.436	19.047	63.584	69.015	25.816	41.875	3.240

因此，在 2005—2010 年 6 年内，三江源牧户的保护行为产生的生态保

护效益比较大，可以考虑一次性补偿或分年补偿给牧户。而对于生态移民和限制放牧的牧户应该根据对草地利用权限的不同有所区别，生态移民的牧户可以考虑全额补偿，限制放牧的牧户可以根据被限制利用的比例换算得到保护的贡献度，按比例补偿。

5.3　三江源生态保护中牧户的福利损失及补偿标准

三江源自然保护区对长江、黄河、澜沧江的中下游地区具有重要的生态安全意义，但三江源保护区的牧户却为生态保护付出了巨大的代价，许多牧户因此陷入生活和发展的双重贫困，这不仅不利于生态保护补偿计划的可持续实施，而且不利于三江源地区的生态经济发展，甚至可能引起难以估量的社会发展问题。生态保护和补偿能否顺利实施的关键在于生产者（农牧民）在其中损失的利益能否得到补偿，及其为生态恢复所作的贡献能否得到承认（熊鹰等，2004）。MacMillan（2004）的研究结果表明，生态补偿的补偿标准是与生态系统服务的提供者的机会成本直接相关的，机会成本指供给方为提供生态系统产品或者服务而不得不放弃的利益（比如土地利用方式的改变）（Uchida et al.，2005）。因此，基于机会成本，对生产者在环境保护过程中的行为选择后所放弃的最大收益、其他福利损失（如发展权、情感损失等）及增加的生活成本进行精确核算的基础上，考虑风险因素和时间因子的影响，对生态环境保护者给予补偿，直接关系到生态保护补偿的效果和可行性，更是激励这一群体持续保护的关键。

三江源生态保护战略，根据草地生态退化的现状划分了核心区、缓冲区和实验区，对核心区的牧户进行全部生态移民以通过休养让草地生态环境得到恢复，对缓冲区的牧户进行限制放牧措施以逐渐提高草地生态的承载力。本研究以草地使用权限为核心，分别核算了限制放牧的牧户和生态移民在三江源生态保护过程中损失的福利，作为生态补偿的下限标准。

5.3.1　福利损失内容

三江源牧户和移民在生态保护过程中，主要的福利损失包括：（1）由于完全（移民）或部分（牧户限制放牧）不能利用草地资源而造成的经济收入损失，主要指不能大量繁殖和买卖牲畜、不能获取高价值的虫草等经济作物的损失，还包括由于被移民增加的生活成本。（2）不能出租草场而损失的经济收入，包括草场出租费。（3）由于生态保护损失的发展权和机会。对牧户而言主要指，不能发展高耗能、高产出的产业经济，同时基础设施建设等方面也有所限制，使该地区的经济发展水平较低、发展速度缓慢，影响了牧户的收入增加和高效高质就业的机会。对移民而言，迁至其他区域，他们损失的不仅仅是经济权、发展权，同时损失了文化权、社会权、预期收益权。首先，移民由于文化技能的制约不能在移民区通过就业来增加收入，并实现自己的价值，即经济权和发展权受限；其次，移至新的地区打破了移民可以依靠的血缘和地缘关系编织的互助互济社会网络，削弱了他们运用社会资源的能力及用社会资源和关系获得经济收入的机会，损害了移民通过参与生产生活来对抗福利损失的风险、贫困风险等其他未知风险的社会资本和发展机会，容易使他们陷入贫困；再次，移民需要适应当地的文化、风俗礼仪，且移民的宗教活动和娱乐活动受到一定的冲击和影响，这增加了他们的适应成本，容易产生情感和心理上的挫折、失落和孤独感；最后，移民由于失去了对草地的使用权，也损失了将来由于草地使用权交易时获取经济收益的权利。

5.3.2　基于调查数据的实际损失核算

5.3.2.1　方法

（1）牲畜机会成本损失

对于三江源牧户而言，参与草地生态保护过程中损失的经济收入主要指牲畜收入的减少；对于移民而言，主要指牲畜收入的失去和生活成本的增加，部分区域的移民失去的虫草收入也应该计算在内。三江源的牧户和移民，由于语言、文化技能的限制，打工和就业率几乎为零，因此因生态保护而增加的生活成本也应该考虑在内，即机会成本损失为牧户的牲畜收入损失、虫草收入损失和生活成本增加值之和。本研究运用李屹峰等（2013）提供的方法来计算牧户和移民的牲畜机会成本损失，牧户损失的牲畜机会成本应该等于每年损失的牲畜数量与牲畜的市场价格乘积，并且进行了母畜比例和繁殖成活率的修正，公式如下所示；牧户生活成本的增加和虫草收入以调查数据的平均值进行代替。

$$C = N_p \times A = \frac{N \times c \times e \times n_1}{1 + c \times e \times n_1} \times A$$

式中，C 为损失的牲畜收入，N_p 为每年宰杀或买卖的牲畜总数，A 为牲畜的单价，N 为每年减少的牲畜数量，c 为母畜比例，e 为繁殖成活率，n_1 为每年母畜繁殖数量。本研究中，为统一均按照羊单位来计算，1 头牛按照 8 只羊换算，A 按照 2012 年市场平均价格 1000 元/羊计算，参照李屹峰等（2013）的研究，$c = 0.5$，$e = 0.57$，$n_1 = 1$。

对于限制放牧的牧户仍然可以通过采集虫草来增加经济收入，故不计算虫草损失；同时这部分牧户虽然经济收入的增加受到了限制，但仍然可以获取生活必需品，如肉类、牛奶、酸奶、羊毛和牛粪等食物及燃料，因此同样不计算生活成本的增加。对移民而言，虫草的丰厚利润是他们失去的重要经济收入，按照牧户每年的平均产量和价格，每户 500 根，每根按照 50 元计算，则移民的虫草损失平均为 2.5 万元/年。移民的生活成本按照每月的最低生活需求费用 1500 元计算，则移民每年增加的生活成本为 1.8 万元。

（2）牧户的草场机会成本损失

三江源牧户可以通过出租自己拥有的草场使用权来获得一定的经济收入，牧户限制放牧后可供出租的草场面积非常有限，但对移民而言，则完全失去了草场的出租收入。本研究仅计算了移民的草场机会成本损失，用牧户拥有的草场面积与可出租比例及单位面积的租金乘积来计算。草场的租金按照每亩 1.35 元计算，可出租比例按照 35% 计算。

5.3.2.2 三江源牧户和移民的机会成本损失核算

（1）参与限制放牧的牧户

三江源牧户限制放牧，减少的牛羊数量比较明显。以 2012 年的调研数据看，三江源牧户拥有的牦牛数量，最大值为 80 头/户，最小值为 6 头/户，平均值为 32.117 头/户；调研区域中如玛沁县、甘德县等地区牧户拥有的羊数量非常少或者不养羊，在玛多县、泽库县和同德县等地区牧户拥有的羊的数量较多，每户平均有 126 只左右，整个三江源地区羊的平均值为 34.5 只/户。在调研过程中牧户多数回答不记得以前的牲畜数量，根据三江源保护规划数据，三江源牧户减少的羊单位约为 53.4%，故按照三江源牧户的牲畜平均值计算得到牧户损失的机会成本为 6.591 万元/户，按照 25% 的出售率计算，牧户每年的机会成本损失为 1.6478 万元/户。

（2）移民的机会成本损失

从调研的数据看，三江源移民在移民前拥有的牲畜数量差异较大，地区间的差异也比较明显。三江源移民拥有牦牛的最大数量为 180 头/户，最小值为 20 头/户，平均值约为 75.27 头/户；移民拥有羊的最大数量为 1000 只/户，最小值为 35 只/户，平均值为 245.84 只/户。移民拥有的牲畜数量比较多，许多移民对家庭拥有的牲畜数量记忆比较模糊，而且可能在回答时出于防范心理有所隐瞒，故在计算三江源移民的平均机会成本时，以平均值进行计算，则每户移民损失的牲畜收入为 17.1385 万元。若移民每年以出售牲畜的 25% 作为经济收入，则得到牧户每年的机会成本损失为 4.2846 万元。移民损失的机会成本总额应该是移民的牲畜损失与生活成本增加之和，为 6.0846 万元/户。由于虫草资源的分布不均衡，导致牧户的机会成本损失差异性较大，因此暂不予以计算。

（3）讨论

首先，该方法是基于理想状态下的牲畜价值核算，但是由于区域差异和牧户拥有的草场面积差异，牧户拥有的牲畜数量差异较大，本研究用平均值来计算可能存在一定的偏差。其次，三江源区域气候多变、恶劣，自然灾害比较频繁，本研究未考虑自然灾害等因素导致的牧户牲畜数量变化情况。再次，牛的繁殖率远低于羊，本研究将牛统一换算为羊单位计算时有一定的偏差，且此计算结果未充分考虑和精确计算牧户每年的牲畜自食数量及其比例，加上牧户对牲畜数量的回答不准确，导致该估计结果存在一定的偏差。但该方法由于充分和最大化地考虑了牧户的机会成本损失，因此具有很强的适用性。

研究结果表明，移民的牲畜机会成本损失远高于牧户。限制放牧的牧户每户每年至少应该得到不低于 1.6478 万元的补偿，而移民每户每年应该至少得到 6.0846 万元的补偿，现行的补偿标准每户 8000 元/年相对太低，不能合理地弥补牧户由于参与生态保护而导致的福利损失。虽然移民和牧户在参与生态保护后，其生活来源不应该完全依赖于补偿，但在三江源牧户和移民本身文化水平较低、就业能力较弱、收入来源单一的情况下，若不能有效地弥补牧户的损失，则他们极易陷入贫困，引致牧户和移民对草地生态保护政策的抵触心理，这样既不利于可持续的生态保护，也不利于牧区的社会经济和谐发展。因此，提高补偿标准，在补偿牧户福利损失的基础上，通过延伸产业链、引进畜牧业深加工等龙头企业，为牧户创造更多的就业机会，加强牧户和移民的就业能力，让牧户的生活得以改善，他们才有可能继续积极、主动地参与生态保护。否则，牧户的贫困化既违背了生态补偿的公平原则，也无法实现社会福利最大化，更不可能实现区域的可持续发展。

5.3.3 基于理论上的牧户福利损失

牧户参与生态保护的福利损失，应该包括他们参与生态保护建设等行为的实施成本、被限制或禁止放牧的机会成本，还应该包括参与生态补偿机制必需的交易成本，这三者之和为参与成本。当然在不同性质或不同目标的生态补偿中，所包含的福利损失成本或参与成本应该不同。

5.3.3.1 参与成本内容构成

（1）实施成本

三江源区域的牧户除同德、囊谦、玉树等少数地区为农牧业兼业发展外，其他地区均基本以畜牧业收入作为收入来源。在生态保护参与和实施过程中，牧户付出了大量的人力、物力、资金和时间的投入，故对牧户而言，生态恢复实施成本应主要考虑草场维护费用（包括围栏费用、补播费用），草原的修复与建设成本，草原鼠害的综合防治费用，黑土滩的综合治理成本（灭鼠、补播和施肥），退化、沙化和盐渍化治理，草地的综合治理成本等。其中禁牧围栏费用主要包括围栏材料费、运输费和人工费；补播费用主要包括草籽费和人工费；草原鼠害的综合防治费用包括材料费用和人工费用等

（贾卓等，2012；戴其文，2010；戴其文和赵雪雁，2010）。生态保护的实施成本，往往与区域草地生态系统的退化程度、海拔高度、气候恶劣状况和交通的通达度有着密切的关系，一般某区域的草地生态系统退化越严重，则生态系统恢复的成本就越高，需要投入的资金也越多；气候越恶劣，草地退化越严重，并且不容易恢复，则需要的恢复和保护成本也越高；交通越不便捷的地区，恢复和保护成本越高，保护难度越大。

（2）机会成本

三江源地区牧户的生计比较单一，基本是通过饲养牲畜利用草地初级生产力来获取生活必需品，即草地资源是牧户重要的、唯一的和直接的经济来源。在未实施生态保护计划前，草地资源的利用和获利都是自由的、无偿的；而在生态移民或限制放牧的状态下，通过草地放牧获取利益的权力被剥夺或被限制，而这部分被剥夺或被限制的权益即是牧户参与生态保护后失去的机会成本，也是生态补偿最小补偿额度的根据。

（3）交易成本

交易成本是为实施生态补偿政策和建立生态服务供需市场产生的成本，通过与三江源自然条件和保护区性质类似地区的交易成本修正得到。

5.3.3.2 参与成本计算方法

（1）实施成本和交易成本

由于统计数据有限，且资料获取难度较大，本研究的实施成本和交易成本选择与三江源区域的草地生态环境类似的、同样实施生态恢复及保护的甘南草地生态恢复区和黄河上游水源涵养区——甘肃玛曲县草地生态的实施成本和交易成本，以戴其文（2010）计算的玛曲县（海拔3650米）草地生态补偿实施成本1550.25元/（公顷·年）和交易成本55元/（公顷·年）为基准，按照邵全琴（2010）三江源区域的退化程度和格局研究结果，对比玛曲县和三江源各县的海拔高度、植被生物量和交通状况，按照如下公式进行修正，以此得到三江源区域的实施成本和交易成本。

（2）修正系数

根据经济学理论，商品的价格是由其使用价值决定的，即同一市场上具有相同使用价值和质量的商品，应具有相同的价格，即具备替代关系。

从另一方面来看，商品的使用价值是由其投入的无差异劳动来决定的，相同生产条件或平均社会劳动技术水平下，凝结的劳动是相同的，即其成本是相同的，可以通过类似的、等量的劳动来替代。因此，三江源区域牧户参与生态保护的成本，可以用与其条件类似、参与保护的难度和限制因素类似的区域（本文选择了甘肃玛曲县）的参与成本来替代。但由于玛曲县和三江源区域的自然条件和经济条件都存在着差异，因此必须通过修正才能得到真正代表三江源区域的参与成本。

三江源地区的实施成本和交易成本，等于玛曲县的实施成本和交易成本乘以修正系数，而存在多个修正因子时，对多个因子的修正系数加权平均得到总修正系数，即 $C_{Sanjiangyuan} = C_{Maqu} \times \sum_{i=1}^{n} d_{ij}\varepsilon_i$（式中，$d_{ij}$ 为三江源第 j 区域第 i 个因子的修正系数，ε_i 为对应的该因子的权重）。

第一，影响生态保护参与成本的最重要因素是区域植被的退化程度。一般情况下，某区域的退化程度越厉害，则植被的生产能力或覆盖度越低，则需要投入的生态恢复及保护的成本就越高，需要投入的力度也越大。因此，本研究选择了植被的净生产力来对参与成本进行修正，修正公式为：$n_j = \dfrac{N_{Maqu}}{N_j}$。其中，$N_{Maqu}$ 和 N_j 分别为玛曲县和三江源 j 县（乡）的净生产力 NPP，三江源区域的 NPP 以前文计算得到的 NPP 来计算，玛曲县的 NPP 参照赵雪艳（2007）的研究结果，取 160g/（平方米·年）。

第二，海拔因子是影响某区域气候和水文状况及其植物生长物候期、土壤的理化性质，甚至植被物种的组成和分布等各方面特征的重要因子，并最终影响植被覆盖度的差异，进而影响到生态保护及恢复的成本大小，同时影响了实施生态保护及恢复的难度。一般，海拔越高，生态环境越脆弱，植被越容易退化，恢复难度越大，因此保护的参与成本也越大。修正公式为：$h_j = \dfrac{H_{Maqu}}{H_j}$，其中 H_{Maqu} 和 H_j 分别为玛曲县和三江源 j 县（乡）的平均海拔高度，玛曲取值为 3650 米。

第三，交通的通达程度也在一定程度上反映了生态保护参与的难度和成本大小。一般，越偏远的区域，交通通达程度越差，同时路况越差，物资运输较困难，因此需要的参与成本就较高。修正公式为：$t_j = \dfrac{T_{Maqu}}{T_j}$，其中 T_{Maqu} 和 T_j 分别为玛曲县和三江源 j 县（乡）距离省会城市（分别为甘肃兰州和青海西宁）的平均公里数，玛曲取值为 440 千米。

第四，三江源草地退化的重要原因是过度放牧和全球气候变化，而气候因子的影响已经在 NPP 和海拔当中体现，因此为避免重复和相关性，此处只考虑过度放牧的影响。虽然暂时缺乏三江源草地生态环境受地区生产总值的影响结果，但我们根据李惠梅等（2012）在青藏高原青海湖的研究结果——青海湖的生态系统服务价值受当地地区生产总值发展的负影响，且受牧业生产总值的负影响最大，故类推认为，三江源草地生态环境同样受到地区生产总值的影响。玛曲县和三江源区域基本为牧区，人均 GDP 50% 以上来自畜牧业，人均 GDP 越低的区域，说明牧户在单位面积草地上获得的畜牧收入就越低，即草地退化程度越高，在保护过程中需要投入的保护成本也就越高。三江源区域在实施生态保护后，不核算地区生产总值，故此数据为保护前的数据，而玛曲县的修正公式为：$g_j = \dfrac{G_{Maqu}}{G_j}$，其中 G_{Maqu} 和 G_j 分别为玛曲县和三江源 j 县（乡）2005 年的人均 GDP，玛曲取值为 1.8533 万元。但由于人均储蓄额的数据难以得到，而人均 GDP 未通过基尼系数等的调整，且牧业所占的确切比重不能得知，因此保留了该修正系数。参照李惠梅（2012）的研究结果，青海湖地区的地区生产总值对生态环境的影响系数为 0.25，考虑到三江源环境的退化程度及目前的保护状况，权重值不应该高于 0.25。

本研究设置了植被的覆盖度、地区海拔高度和交通通达性、地区经济发展水平四个因子来修正，权重通过专家咨询、牧户问卷调查和当地环保人士及相关环保部门的打分确定。专家和环保部门及相关人士都认为三江源草地生态环境的参与成本主要是受退化程度的影响，因此权重最高；海拔越高的地区气候越恶劣，生态环境越容易退化，保护成本也越高，故给予的权重也较高；交通通达程度和人均 GDP 的权重相对较低。牧户则认为生态保护的参与成本主要是受海拔的影响，海拔越高参与成本越大，同时也认同生态环境退化程度越严重，应该投入的成本越大。综合以上的结果（权重打分结果暂略），赋予植被的覆盖度、地区海拔高度和交通通达性、地区经济发展水平的权重分别为 0.5、0.25、0.15、0.1。即退化程度最严重、海拔最高、交通最不便和人均 GDP 最低的区域，如玛多县、杂多县和唐古拉山镇等区域的生态保护及恢复难度最大，修正系数最高，生态保护的参与成本也最高。具体修正系数如表 5 - 3 所示。

（3）机会成本

三江源牧户参与生态恢复及保护的机会成本，指为保护草地生态系统而放弃（移民）或减少（限制）放牧所获得的收入，由保护前后某地区的草地生态系统服务提供的理论载畜量乘以羊单位的市场价格来确定。即 $V_s = Q_s \times$

$P_s = \dfrac{\sum A \times Y \times R_s}{E_s \times 365} \times P_s$（公式的各参数见前文）。因在前文计算 NPP 时已经修正了退化程度，故直接按照前文的公式计算机会成本。

5.3.3.3 三江源牧户参与生态保护的成本核算

牧户的生态保护参与成本是牧户的机会成本、实施成本和交易成本之和。根据上述方法我们计算了三江源牧户理论上的参与成本，三江源牧户参与生态保护补偿的单位草地面积的参与成本平均值为 3001.627 元/（公顷·年），比戴其文（2010）计算的玛曲县的总参与成本 2145.3 元/（公顷·年）略高。原因有二：其一，三江源区域草地生态环境恶化比较严重，加上交通通达性不高，理应有更高的参与成本；其二，三江源草地退化程度比较严重，导致三江源区域理论载畜量比较小，使机会成本变小。同时本研究计算的机会成本是按照气候因子模拟的生物量计算的，不是按照牧户实际拥有的牲畜量计算得到的，故可能存在偏差。但本研究的总参与成本比较符合三江源的实际，是比较可信的。具体计算结果如表 5 - 3 所示。

从表 5 - 3 可以看出，唐古拉山镇、治多县、囊谦县的参与成本最高，分别为 4422.07 元/（公顷·年）、3642.78 元/（公顷·年）和 3537.82 元/（公顷·年）；其次，杂多县、玉树县、曲麻莱县、称多县、玛多县等的参与成本也相对较高，均超过了 3000 元/（公顷·年）；再次，兴海县的参与成本最低为2241.71元/（公顷·年）；即退化程度越高、交通越不发达的区域参与成本也越高。

表5－3　牧户生态保护参与成本和修正系数

地区	NPP （克/平方米·年）	海拔 （米）	距离 （千米）	人均 GDP （万元）	修正 系数	实施成本 （元/公顷）	交易成本 （元/公顷）	机会成本 （元/公顷）
泽库县	166.471	3660	278	1.075	0.975	1512.06	53.65	830.86
河南县	165.038	3510	318	1.814	0.925	1434.32	50.89	823.26
同德县	176.233	2980	283	1.313	0.890	1379.35	48.94	868.36
兴海县	168.849	3306	269	1.798	0.878	1361.41	48.30	832.00
玛沁县	163.368	3730	441	2.516	0.981	1521.49	53.98	802.95
班玛县	173.051	3560	775	0.659	1.344	2082.99	79.90	849.97
甘德县	164.314	4020	524	0.556	1.298	2012.64	71.40	811.62
达日县	144.601	3970	332	0.500	1.291	2001.43	71.01	795.64
久治县	167.397	3628	880	0.761	1.384	2146.25	76.14	826.06
玛多县	89.808	4300	497	0.836	1.588	2461.79	87.34	594.20
玉树县	171.532	3710	826	0.502	1.472	2281.75	80.95	840.25
杂多县	159.356	4080	1084	1.087	1.472	2281.55	80.95	784.10
称多县	124.069	3825	742	0.568	1.564	2425.04	86.04	767.35
治多县	87.633	4193	923	0.949	1.821	2822.81	100.15	719.82
襄谦县	158.448	3660	1019	0.441	1.668	2586.13	91.75	859.94
曲麻莱县	88.154	4223	873	1.340	1.731	2684.21	95.23	433.40
唐古拉山镇	65.719	4850	1238	0.443	2.557	3963.45	140.62	318.00

　　区域间海拔和气候的差异，导致生态环境退化的程度也存在差异，这就导致了三江源区域之间生态保护参与成本有大小之分；另一方面，由于退化程度不同，对生态保护的机会成本、实施成本的影响方向也不一致。一般而言，草地生态环境退化越严重的区域，机会成本越小，而实施成本和恢复成本越高，故而导致各区域生态保护参与成本构成的差异性（如图5－7所示）。

　　从图5－7可以看出，三江源各区域的参与成本中，实施成本占的比例最大，其次为机会成本，而交易成本所占的比例最小。唐古拉山镇、治多县、玛多县、称多县和曲麻莱县几个地区的海拔较高，同时草地生态退化较严重，因此这些地区的实施成本相对比较高，而机会成本却比较小。但由于实施成本所占的比例大，影响程度大，故导致这几个区域的参与成本较高。但是高参与成本不一定会产生高的保护效益和良好的补偿效果，这几个区域海拔高、气候恶劣，草地土层薄、比较贫瘠，适应牧草生长的生长期短，草地生态系统比较脆弱，极易退化，且受其草地的气候和物理特征影响，草地生态系统恢复缓慢且需要的恢复期比较长，因此必须加大保护力度、持续地进行补偿，以促进这类区域的生态恢复和保护。

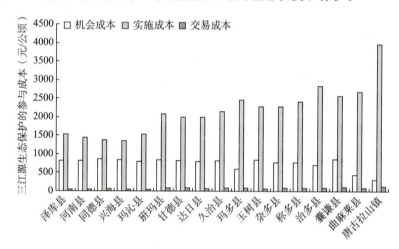

图 5-7　三江源区域生态保护参与成本差异及比较

5.4　基于三江源草地生态保护外部性的补偿标准测算

5.4.1　研究意义

　　长江、黄河是中华民族的母亲河，澜沧江流经中国、缅甸、老挝、泰国等国家，也被誉为东方的多瑙河。而近几十年，长江、黄河和澜沧江源头的生态环境持续退化和恶化，严重危及西部乃至全国的生态安全，其中最重要的原因之一是，该地区的人们长期提供生态服务和水源涵养服务的行为未能被有效补偿和激励，缺乏生态保护的积极性和动力，这不符合公平原则及福利最大化原则。可见，建立生态保护和养护的有效激励机制是解决三江源区域生态环境问题的有效途径，更是实现社会福利最大化和可持续发展的关键。而生态补偿是基于社会最大化原则，通过对污染、破坏和损害资源环境的行为进行惩罚性收费或对生态环境修复、维持和保护的行为进行激励性补偿，使环境外部性行为内化，并实现停止或减少破坏生态环境行为或自然资源环境得以保护的最重要手段和机制之一。

建立生态补偿机制的核心是解决"谁补偿谁"（补偿主体）、"补偿多少"（补偿标准）、"如何补偿"（补偿形式及制度安排）三个最基本问题。补偿主体按照保护者受益（被补偿者）和受益者补偿原则（付费者）确定即可，而补偿标准是生态补偿机制能否顺利实施的关键（熊鹰等，2004），也是最有争议、最难以确定的，并容易陷入"应该补偿多少"和"能够补偿多少"之争（张翼飞等，2007）。理论上，实际提供的生态服务价值就是应该被补偿的标准，而实际中，由于生态系统服务价值比较巨大，通过财政转移支付的能力有限，往往在财政能力范围内以"能够补偿多少"的标准来进行补偿。目前，国内多侧重于以生态系统服务价值和机会成本的损失来确定补偿标准，对于当地发展权的受限、当地人的保护意愿和行为、牧民的福利变化以及可持续发展考虑不够，而往往牧户等直接利益群体对环境质量和状况的变化产生的生态和经济福利效益最敏感，只有在参照他们的受偿意愿的基础上弥补他们的损失，才能减小生态保护计划的执行和实施成本，得到他们的响应和参与，并最终实现有效的生态补偿。受偿者的需求和补偿者的支付能力及支付意愿是生态补偿的决定性因素，故补偿标准还应考虑生态服务提供者的需求、受益者的补偿能力和支付意愿，通过博弈最终确定（俞海、任勇，2007）。国外则更倾向于参照个体行为的支付意愿和受偿意愿制定补偿标准，以激励相关群体进行生态环境保护、恢复和治理。如 Walter（2008）等从农户的支付意愿出发来制定提供水服务的补偿标准；Ebert（2008）从边际意愿角度分析了受偿意愿和支付意愿在生态环境物品评估中的精确度，认为 Heckman 方法在评估环境物品价值中精确度比较高；Saz-Salazar（2009）在欧盟水框架协定出台背景下，对比不同利益相关方的受偿意愿和支付意愿，计算出恢复流域水质的社会经济效益；Claassen 等（2008）介绍了美国耕地保护计划如何用条件价值法评估农场主的受偿意愿，据此制定合理的受偿标准，提高生态补偿的实施效益。了解牧户的生态保护行为并深入分析生态补偿意愿的影响因素，有针对性地提高牧户生态补偿积极性（曹世雄等，2009；李芬等，2010），引导他们实现主动参与式补偿和保护（戴其文等，2010），对实现可持续的生态保护至关重要。

因此，基于对公平性与可操作性的综合考虑，在实际制定生态补偿标准的过程中，应充分考虑保护者提供的生态服务价值、所遭受的福利损失和生态保护受偿意愿，以及享受者的生态支付意愿来确定补偿标准，只有这样才能实现对保护行为的有效补偿和激励，也才有可能实现可持续的生态恢复及保护。本研究运用条件价值评估法，通过对三江源牧户的问卷调查，探寻牧户对生态保护战略的受偿意愿及对生态补偿的认知和态度等，从生态服务提供者和保护者的角度估算生态补偿标准，以期对三江源区域生态补偿政策的制定与实施提供参考与借鉴，鼓励牧户逐渐转变过度放牧的生产方式，并激励他们持续地提供更好的生态环境服务。

5.4.2 三江源牧户生态保护补偿认知研究

5.4.2.1 牧户对草地生态保护的认知调查

认知行为理论指出，个体的行为往往是建立在对某一事物具有一定的偏好和认知的基础上。牧户对草地生态系统的保护行为，源于牧户对草地资源的生态效益和服务价值具有极强的认知和认同感，并且满足于草地生态系统提供的清洁空气、清洁的水、美观的环境及生产和生活资料，而这种认知和态度激励牧户去积极主动地保护和维护这种令人愉悦的生态环境。可见，牧户的认知是他们保护意愿和行为的动力，并且对保护行为及其结果有着深远的影响。因此，本研究在认知行为理论的基础上，结合问卷调查结果和统计分析法，分析了牧户对草地生态系统服务、生态保护效益和生态补偿政策的认知情况，以期为生态补偿的支付意愿和受偿意愿探寻原因，并为三江源草地生态保护的相关政策制定提供科学参考。

本研究试图对移民和限制放牧的牧户分别选择全面和部分放弃放牧生产活动以保护草地生态环境时应该得到的补偿和移民及牧户为返回或维持草地生态环境的支付意愿进行问卷调查。调查内容包括：（1）受访牧户的基本社会经济特征，包括受访者的年龄、性别、文化程度、移民或退牧前后的家庭收入状况、收入来源、打工情况等基本情况，以分析牧户的基本社会经济特征对他们偏好的影响，以及在需求曲线下对保护意愿、支付意愿和受偿意愿的影响；（2）牧户对草地生态系统功能的认知及参与生态补偿的意愿调查；（3）牧户对生态补偿的参与意愿、参与原因及对生态补偿的政策满意度等的调查；（4）牧户对生态保护的政策认知和受偿意愿。

5.4.2.2 三江源牧户对草地生态保护的认知情况

Costanza 等（1997）将生态系统服务功能划分为气候调节、水源涵养、水分调控、水土流失控制、营养物质循环、生物多样性、基因库、污染净化、休闲娱乐、文化价值等 17 种。谢高地等（2003）针对我国的情况，选择了气体调节、气候调节、水源涵养、土壤形成与保护、废物处理、生物多样性保护、食物生产和原材料提供、娱乐文化等十大生态服务类型，并制定了生态当量因子表。参考 Costanza 和谢高地的研究成果，结合三江源的特殊情况，我们将草地生态服务功能归纳为食物生产和原材料提供（即生活和收入来源）、养老保障、涵养水源、净化空气、调节气候、废物处理、水土流失保持、休闲娱乐、宗教文化、维护生物多样性、教育科研等 11 项。按照上述草地生态服务功能，设定问卷对三江源区域的牧户（限制放牧）和移民（禁止放牧）展开了调查，分析受访牧户对草地生态的外部效益的认知情况，以李克特 7 分量表来对认知情况进行评价：1 = 完全不重要，2 = 比较不重要，3 = 有点不重要，4 = 一般，5 = 有点重要，6 = 比较重要，7 = 非常重要。

（1）移民的认知情况

在 2012 年 6—8 月，我们对三江源区域果洛藏族自治州玛多县安置在玛沁县的河源新村和同德县移民村的牧户、玛沁县移民（安置于玛沁县果洛新村）、泽库县移民（安置在和日移民村）、玉树藏族自治州玉树县移民（包括安置在玉树县加吉娘移民村的上拉秀乡和隆宝乡移民）、玉树藏族自治州囊谦县移民（安置在囊谦县香达移民村）、玉树藏族自治州曲麻莱县移民（安置在格尔木市昆仑文化村）、唐古拉山镇移民（安置在格尔木市长江源村）的 394 户牧户展开了问卷调查。

受访移民基本上对草地的食物生产和原材料提供功能完全认同，但对其他生态功能的认知则有一定的差别，约94%的移民认为草地具有非常重要的养老和生活保障功能，约86%的移民认为草地生态系统在调节气候、涵养水源、水土流失保持等方面具有重要作用，约78%的移民认为草地生态系统提供的休闲娱乐、宗教文化、维护生物多样性功能也比较重要，而只有约33%的移民认为草地生态系统具有净化空气、废物处理、教育科研等功能。可见，移民对草地生态系统的生产功能和部分调节功能有着一定的认知，而对其他功能，由于文化程度和宣传不力等方面的局限，不具有认知度或认知度不高。以移民对草地生态服务功能的重要程度进行分析，移民对草地的生产功能持完全赞同的态度，并且认为重要程度非常高，平均值为7，对养老保障的重要程度认知平均值为6.8，对草地生态的调节气候、涵养水源和水土流失保持功能重要程度认知的平均值分别为6.3、5.8和6.6，对草地生态系统承载的宗教和娱乐价值、生物多样性维护功能的重要程度的认知平均值分别为4.8、5.2和5.6，对草地生态系统的净化空气、废物处理、教育科研功能的重要性认知平均值分别为4.3、3.5、2.6.

（2）牧户的认知情况

在2012年7—8月，我们对三江源区域的果洛藏族自治州玛沁县和甘德县、黄南藏族自治州泽库县和海南藏族自治州同德县、玉树藏族自治州玉树县和囊谦县的158户牧户进行了问卷调查。

三江源牧户对生态系统功能及效益的认知，直接反映和影响着他们参与生态保护及生态补偿的热情和积极性。调查结果表明，87.93%的受访牧户认为草地除了具有供给畜牧产品、重要经济作物、虫草等生产功能外，还具有调节气候、涵养水源、防止水土流失、维护生物多样性、为宗教活动和休闲娱乐活动等提供空间等功能，仅有7.46%的牧户表示不清楚草地具有什么功能。其中，他们认为草地的生活和生产资料供给功能非常重要，重要性平均值为7，对养老保障的功能认知平均值为6.57，而调节气候、涵养水源、水土保持等功能的重要性认知平均值分别为6.2、6.4、6.3，维护生物多样性、宗教文化、休闲娱乐功能的重要性认知平均值分别为5.2、5.6、4.8，对草地生态系统的净化空气、废物处理、教育科研等功能的重要性认

知平均值分别为4.5、3.7、3.2。牧户和移民对草地生态功能的认知重要性
比较如图5-8所示。

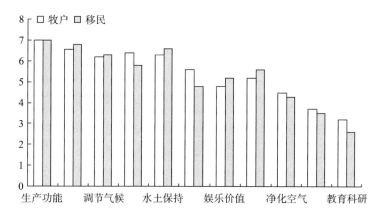

图5-8 三江源生态移民和限制放牧牧户对草地生态服务功能的认知差异

从图5-8可以看出，无论是移民还是限制放牧的牧户，在对草地生态
系统功能的认知中，对生活和生产功能都具有完全的认知度，对气候调节、
水源涵养和水土保持等比较直观和密切的功能也具有较高的认知度，但是
对其他一些服务功能，认知度不高。牧户和移民对草地生态功能的重要性
认知，并不具有明显的差异性。

（3）原因分析及政策启示

近几年由于全球气候变化的影响，草地生态环境退化严重，三江源区
域气候干旱，雪灾等自然灾害比较频繁，并且黑土滩随处可见，所以牧户
和移民均对草地生态的调节气候、涵养水源和水土保持等功能的重要性认
同度比较高。三江源牧户基本上以游牧生活为主，娱乐、宗教活动都在草
原上进行，因此认为草地生态系统承载的宗教和娱乐功能也比较重要，同
时他们受藏传佛教的影响，认为人与自然应该和谐相处，实际生活中牧户
对各种野生动物都比较爱护，包括对草地有害的老鼠等动物都比较保护而
不愿意灭鼠，因此对生物多样性的功能也有着较高的认同度。由此可见，
加强对草地生态环境相关知识的宣传，并适当地通过宗教来影响牧户生态
保护的参与性，是促进三江源草地生态得到主动性保护的关键。

三江源牧户和移民均认为草地生态系统的生产功能非常重要（均值为

7），是他们生产和生活的来源，也是他们赖以生存和发展的基础，因此丧失或部分限制草地使用权对移民和牧户的生产和生活将带来非常大的影响，他们急需得到公平有效的补偿。三江源移民对草地自然资源的依赖性非常大，实施生态补偿计划中如果补偿不力，或者单一的只考虑金钱补偿方式，未能迅速、有效地帮助他们重新改变生产方式，未能帮助他们实现就业以改善失去生活来源带来的福利下降，将非常容易使他们陷入贫困化的威胁；移民一旦对其生活不满意，又无力改变这种不能就业和生活质量下降的生活困境时，必将产生返回草原居住的想法和行为，或者产生对移民补偿政策的抗拒而增加实施成本，这既不利于巩固现有的保护成果，也不利于移民区的发展。而限制放牧的牧户，在货币补偿不能完全弥补其福利损失的状况下，无疑会采取增加在现有草地上的牲畜量或加大粗放式的生产等方式来弥补其收入下降的损失，使草地承载力遭受不可逆转和不可恢复的冲击，这种结果将对草地生态环境造成更为严重的破坏。此外，三江源区域属于民族地区，移民的生活状况是否得到改善、补偿是否有效等不仅仅影响移民的幸福感，更影响着民族地区的安定团结。因此，调整补偿方式，发现补偿中的问题并持续有效地补偿，同时进行其他方面的制度安排（如医疗保障、社会保障等），才有可能弥补移民的损失并帮助他们摆脱贫困，进而促进草地生态保护计划的继续推行和地区的生态、经济、社会和谐发展。

5.4.2.2　牧户对草地生态保护状况和必要性的认知

（1）牧户草地生态保护的政策认知

前文分析了牧户对草地生态退化状况的认知，结果表明三江源牧户的草地生态退化认知程度并不高，只有约 66.7% 的牧户有一定的认知。牧户普遍认为草地生态退化的主要原因是气候变化，此外，一些工矿企业、道路建设等污染是导致草地生态退化的重要原因，而牧户的放牧活动只对草地生态环境存在着有限的影响。因此许多牧户对生态保护行为的支持度并不高，或者不是自发和主动的参与。此外，牧户响应生态保护战略意味着草地资源使用权的放弃或者被限制，在牧户的生计方式转变问题未能有效解决、补偿机制不健全的前提下，牧户响应保护计划便意味着使其生活水平下降、福利遭受损失，牧户出于自身利益的考虑当然不愿意主动积极地响应保护战略。但是由于三江源区域生态安全的重要意义，政府自 2005 年起全面推行和实施生态保护战略，牧户对生态保护和补偿的政策认知程度比较高。经过这几年的大力推行，牧户也在一定程度上认识到了生态保护的必要性，也深知草地生态环境如果不加强保护，必将急速和严重退化，将给他们自身的生产和生活带来更大的损失，部分限制放牧区域的牧户也必须要移民。因此，大部分牧户出于对未来和长远利益的考虑，也比较支持草地生态环境保护的政策。事实上，这是牧户出于自身利益和长远利益的折中选择，更是在政府主导模式下的被动选择。

首先，三江源区域的牧户对草地生态的放牧生计依赖程度相对比较低，其收入来源主要有打工、运输、自营商店等多个方面，他们的生态退化感知程度相对比较高，并且对生态保护政策的支持度和认同度也较高，也更愿意参与生态保护计划。说明努力帮助牧户实现生计方式转变，创造就业机会，让他们能通过非放牧生计增加收入，才是提高他们生态保护积极性的关键。

其次，93% 以上的年轻人不愿意放牧，希望借助在学校所学的文化知识和技能，用打工来增加收入，满足生活需求。但由于三江源区域实施生态保护为主的发展战略，牧区经济发展缓慢，就业机会有限，严重制约了青年牧户和大量劳动力的创收能力，也导致闲散劳动力对家庭生活的压力增加，进而使草地生态生产功能的需求压力增加，极不利于三江源牧区的生态经济可持续发展。

再次，生态保护虽然取得了一定的效果，但是退化草地生态系统的恢复是一个极其漫长和复杂的过程，保护效果不可能马上显现，这也在一定程度上让牧户的保护信心受挫；更重要的是，草地生态保护的外部性效益，牧户并未分享，政府的补偿又不能完全弥补其福利损失，这使牧户缺乏生态保护的积极性和动力。

从以上分析可以看出，草地生态保护政策不能有效发挥作用的重要原因是，草地生态保护所产生的巨大外部性效益，牧户未能分享，导致他们参与草地生态保护的主动性不高。另一方面，三江源区域发展机会的受限使该区域经济发展缓慢，间接地使牧户的福利下降，使他们失去了不少脱贫致富的机会，选择机会也大大减少，部分发展权被剥夺，贫困风险不断增加，最终降低了牧户参与生态保护的勇气和积极性。而牧户主动参与生态保护的概率比较低的关键是，生态补偿不能弥补其福利损失，牧户由于文化水平和技能的制约不能改变单一的、低水平的放牧生计状况。

（2）移民对草地生态保护政策和必要性的认知

三江源生态移民都是从退化比较严重的区域移出的，因此移民对生态退化的感知度比较高，也比较认同生态保护的必要性和紧迫性。但是在生态补偿机制并不健全的情况下，大规模的移民带来的问题也比较多。首先，大部分移民对生态移民后的生活和福利损失风险并不确定，在对移民后有补偿的期望下，许多牧户选择了移民，做出了很大的牺牲；但是移民后每年的生活补偿完全不能弥补牧户失去生活来源以及高额的生活成本的损失，在移民前的一两年内依靠积蓄维持生活，积蓄用尽之后，又没有足够的技能去实现就业来改善生活，从而使移民的生活压力增加、生活水平下降、对生态补偿的满意度下降，89%以上的移民陷入了贫困，移民的心情非常低落和焦躁，都渴望返回草原居住和生活。为了子女受到更好的教育，68%左右的移民被迫选择生态移民；为了有个更好的养老和医疗环境，83%左右的老年牧户选择生态移民；而移民后的就业安置、养老安置等制度安排并不合理，使牧户觉得为国家的利益放弃了草原的生活机会，却未能得到应有的补偿和关注，从而对移民政策的满意度非常低，也影响了政策在其他区域的顺利推行。此外，移民区的管理、社会文化融合、移民的宗教信仰均受到了极大的挑战，使他们的自信心受挫，对移民生活的不适应感增强，移民的生活满意度普遍较低。

因此，应完善生态补偿机制，关注移民的发展权损失和移民为生态保护所做的贡献，持续有效地补偿移民在生态保护行为中的损失，并帮助他实现就业，提高生活适应能力，让移民区避免被隔离、被边缘化，使移民避免被歧视，带动移民逐渐改善生活水平、精神面貌，促进移民区经济发展，并实现移民区社会和谐稳定发展。

5.4.2.3 三江源牧户参与草地生态保护的原因和改进建议

为了进一步理解牧户参与草地生态保护和补偿的行为意愿模式，我们调查和研究了牧户参与生态保护的原因，并提出改进建议。

（1）限制放牧的牧户

超过95%的三江源牧户选择参与生态保护的原因是服从国家政策安排，约有48%以上的牧户认为草地退化严重，必须部分牺牲自己的利益。可见，牧户虽然文化程度不高，但是对国家利益和社会利益比较服从。三江源生态限制放牧的牧户可以分为两类：一类是，牧户习惯了草地放牧生活方式，对政策的响应完全出自服从，缺乏主动保护的动力和诱因，因此在生态保护行为中难免存在懈怠、放任行为，认为国家既然让牧户限制放牧，就应该全力补偿损失，他们缺乏主动性，属于被动式保护。另一类是，牧户（只有极少数的）在限制放牧后，将剩余劳动力解放出来，通过打工或跑运输等方式积极改变收入下降的现状。这部分牧户随着打工时间和经验的增加，逐渐减小了对草地放牧的依赖性，改变了生活方式，也开始积极响应生态保护战略，是渐进式的主动保护。

（2）生态移民

约有78%的移民选择参与保护的原因是国家让移民，并且有一定的补偿；约62%的移民选择参与生态保护的原因是家中无人放牧；约有52%的移民选择参与生态保护的原因是移民后的教育和医疗条件比较好，为了子女上学和老人治病。结果表明，牧户选择进行生态移民的保护方式，是在政府主导下，出于自身利益的考虑，在有限情形下采取的被动式行为。选择移民的牧户，基本上是由于国家政策安排。家中无人放牧、年老的牧户，与那些牲畜数量多、放牧劳动力多的牧户相比，将有更小的机会获得更高的收入以及发展机会，因此这部分牧户在生态补偿的诱因下选择了"趋利避害"，但同样对移民后的无生计来源、生活成本增加、补偿不能弥补损失等风险预见不足，导致移民后的生活再次陷入困境。此外，部分牧户为了子女和下一代的教育选择了生态移民，这部分牧户相对而言比较具有创新思维，比较容易适应环境并且努力改变处境。在调查中，有部分牧户拥有自营商店，或搞些副业，还有的外出打工，这部分牧户相对生活水平较高。说明只有主动积极地参与生态保护战略，才能主动积极地寻求发展思路和策略，才会通过打工等方式改善生活，并适应移民生活，最终成为新一代、有活力的牧民。

（3）对草地生态保护补偿的改进建议

限制放牧的牧户对草地生态补偿的政策相对满意度比较高，平均值为6.3，原因有二：一是，牧户被限制放牧，虽然收入有所下降，但相较于移民生活的困境及失去生活来源，他们的生活基本不受影响，并且有补偿可以弥补一定的损失，生活成本又没有增加，所以牧户的满意度比较高；二是，牧户因为没有移民，不用面对文化、语言交流、人际交往等各方面的冲突。此外，自2012年5月开始，限制放牧的牧户可以在县城定居，并且可以享受住房、医疗和养老等各种服务，因此他们的满意度比较高，也对政策改进基本无建议。

移民对草地生态补偿的满意度整体上比较低，对政策本身的满意度比较高，平均值为6.5，但对政策实施和执行的满意度比较低，约为4.7。究其原因主要是，移民虽然比较认同并且被动或主动地响应和参与了生态保护战略，但是在参与过程中，由于生活的不适应、生活成本的增加、生活水平的下降、无稳定的生计来源等原因，对生态补偿尤其是地方政府的信任度下降，认为是地方政府实施不公平、执行不力或者发展模式不当，导致他们的生活陷入困境。此外，移民要面临生活风险和文化冲突等压力，部分移民对移民安置和移民区的宗教活动不畅有着明显的不满。由此可见，移民的生态补偿问题更为突出和棘手，移民的各种问题和矛盾的有效解决，不仅对移民持续、积极响应生态保护战略有着重要的影响，同时也可以激励其他未移民的牧户响应和参与生态保护，使三江源区域的生态环境得到长远、有效、主动的保护。

生态补偿政策建议中，86%以上的牧户认为限制放牧是比较好的措施，既能起到保护草原生态环境的作用，又不至于影响牧户的生活来源和生活方式及习惯，免于让牧户陷入生活贫困化。98%以上的牧户认为生态补偿标准偏低，希望提高生态补偿标准，并且能在8年补偿期满后持续地补偿。72%以上的牧户认为，金钱补偿方式不能充分弥补他们的损失，希望有工作、养老等其他方式的补偿，解决他们的生活和生计困难。69%左右的移民希望在子女的教育中能增加藏语文字和语言的教育，使得语言文字得以传承。72%左右的移民希望在移民区有自己的宗教活动场所和设施，使宗教活动得以顺利进行。我们的调查结果表明，三江源移民区单一的、低标准的金钱补偿方式，远远不能满足移民因为参与生态保护计划后遭受的福利损失，亟待提高标准、延长补偿期限、多种补偿方式的补偿标准的出台。此外，关注牧户的文化、宗教需求和自由，给予他们应有的人文关怀和帮助，是提高移民生态补偿积极性、减小贫困的重要途径。此外，移民区如何利用现存的资源和大量闲散劳动力，实现经济发展和脱贫的突破，改善牧户的生活水平也是移民区应重点关注的议题。

5.4.3　三江源牧户参与生态保护的福利优化补偿标准——WTA

在前文的分析中我们指出，牧户在提供公共产品的外部性过程中，为使牧户持续地保护及恢复生态环境，并提供高质量的环境服务，必须给予他们一定的补偿以弥补他的损失，达到激励保护行为和实现生态保护的目标，这样才能实现福利的均衡，即补偿标准至少应该是 EV（Equivalent Variation），以保证牧户在参与保护计划后的福利水平不下降。

5.4.3.1　为什么选择 WTA？

首先，基于公平原则。个体的环境受偿意愿是指在假想市场环境中，个体为继续提供正外部性或正的生态效益的服务所能接受的最小货币量，或者指接受污染的环境服务、退化的环境服务等各种负外部性服务时被补偿的最小货币量。而三江源草地生态补偿的受偿意愿可以理解为，牧户及其他主体减少对草地生态环境的破坏（如开矿、沙石厂、修路等工程措施、垃圾污染等）、降低对草地资源的粗放和过度使用，减缓草地退化的趋势和草地的生态环境恶化现状，地区的经济方式以绿色的、生态旅游或延伸产业链等减少环境损害的方式为主，支持和鼓励牧户逐渐减少放牧，转变生计模式，向绿色畜牧业、生态畜牧业和有机畜牧业的方向发展，以实现草地生态环境的逐渐恢复及保护，而对牧户放弃的获取经济收入的权利、牧户因为减轻放牧强度等产生的损失给予最小货币量的补偿，便是受偿意愿。因此，本研究从草地生态的外部性内化的角度出发，构建科学的补偿机制，从牧户主动参与和协商的角度出发，测算出牧户生态移民和限制放牧以保护草地生态的受偿意愿，以补偿生态移民放弃利用草地所产生的损失，及牧户被限制草地利用而产生的损失。

草地资源能为人们提供巨大的外部性，牧户通过限制自己的使用权和让渡自己的权益使草地生态环境得到保护，牧户基于他的外部性行为应该得到补偿，而草地生态环境外部效益的享受者（包括当地市民、流域下游的人群）应该为自己享受的外部性付费。因此，更应该关注生态效益的供给者——牧户的受偿意愿，以激励他们的行为。

其次，通常情况下，WTA 往往远远高于 WTP，高出数倍甚至几十倍，因此在生态补偿中一般用 WTP 而非 WTA 来作为补偿标准。但本研究放弃WTP 的主要原因之一是，在 2005 年至今三江源牧户为生态保护做出了巨大的贡献的同时，因前期的生态保护补偿标准太低和牧户的生计能力不高，他们的福利水平遭受了相当严重的剥夺，对生态保护的积极性严重受挫，对相关政策的满意度有所下降，抵触心理急速增高。如果按照原来的补偿标准而不考虑牧户的受偿意愿，将不利于鼓励和要求牧户继续参与生态保护，可能导致牧户为改变生活贫困状态而大规模返回草原，从而破坏了前期产生的生态环境恢复成果，使环境面临进一步退化的威胁，三江源草地生态环境恢复及保护的希望将变得渺茫。因此为了鼓励牧户继续参与生态保护，参照牧户的受偿意愿以弥补他们的福利下降或使牧户的福利水平恢复到保护前的状态是值得尝试的。其二，牧户在福利受损并未被有效补偿的情形下，都不愿继续参与生态保护行为，更不愿意为生态保护再支付金钱或作出其他贡献。牧户在参与生态保护计划后，尤其是移民后生活陷入了困境，收入 90% 来自每年 8000 元的补偿，使牧户的整体支付意愿水平比较低。牧户认为自己已经为生态保护做出了牺牲，况且经济能力有限，都不愿意支付保护费用。本研究的调查结果显示仅仅有约 36% 的牧户有支付意愿。其三，本研究在调查时，牧户的生态补偿期已经满，许多牧户希望能够获得持续补偿以维持生活和补偿他们为生态保护做出的贡献，在最小受偿意愿的回答中，一方面牧户因担忧回答的受偿意愿过高可能会不再被补偿，出于保住哪怕是很低的补偿标准的意愿而在回答时过于小心翼翼，使受偿意愿额不是很高；另一方面，受前期补偿标准的影响回答的受偿意愿基本是围绕着前期的补偿标准在浮动，而不是漫天要价。

总之，基于本研究对象的特殊性和中后期鼓励牧户继续参与生态保护的目标，以及支付意愿的难以获得和受偿意愿的合理性，本研究选择了受偿意愿作为补偿标准。当然，由于牧户的文化程度比较低，加之语言沟通不便，本研究在调查过程中通过学生翻译进行调查，可能使支付意愿不完全被牧户所理解，进而造成本研究的不足和缺陷，期望今后能够通过 WTP 的研究来对比和深入探讨。

5.4.3.2 三江源牧户参与生态保护的受偿意愿分析

三江源草地生态退化严重，亟待各利益主体牺牲自己的部分福利和权益，让草地生态平衡得以恢复，草地生态环境质量变好。为了实现草地生态的恢复，必须使草地退化及严重的区域完全禁止放牧，让牧户参与生态移民；让草地中轻度退化的区域限制放牧，并实施轮牧政策，以减轻草地的放牧压力并使草地生态质量逐渐变好。因此，本研究调研了牧户参与限制放牧和生态移民以改善和保护草地生态环境的受偿意愿。为鼓励牧户通过转变生产方式完全放弃放牧的生产（生态移民）或部分的放弃和减少通过放牧而获取经济收入的权利，政府应该采取一定的经济补偿或激励措施让牧户参与生态保护计划，并使牧户和社会的福利得以均衡。

5.4.3.2.1 牧户的受偿意愿分析

针对牧户，我们假设为了使退化的三江源草地生态环境质量得到改善，他们同意参与减少牛羊畜养、轮牧等保护措施时最少应该得到的补偿额。调研结果表明，大约有 45 户牧户不愿意参与生态保护补偿，占总样本的28.6%；而71.4%的牧户比较认同生态保护战略，并选择参与限制放牧和轮牧，并接受补偿。不愿意参与生态保护补偿的牧户中，超过65%的人认为放牧并不是造成草地生态环境退化的最重要、最根本的原因，这部分牧户认为他们世代在草原放牧、居住，比较注意生态环境的保护，拥有的牲畜有限且很少用来买卖，而真正导致草地生态退化的原因是气候和某些工矿企业的行为，认为草地生态保护的责任不应该仅仅由他们来承担。大约有21%的牧户不愿意参与生态保护的原因是他们本身的牲畜数量较少，限制放牧的补偿有限，如果参与生态保护将使他们的生活陷入贫困；约14%

的牧户不愿意参与生态保护补偿是因为家庭劳动力较多,限制放牧及单一化的补偿使剩余劳动力无法安置,造成他们的损失和生活成本的增加。

可见,应让牧户深刻地理解放牧对草地生态的破坏程度及草地生态的承载能力大小,让他们从内心深处认识到超载和过度放牧的后果及生态保护的迫切性,同时加大补偿力度,并且进行多种方式的补偿,以激励牧户通过转变生计方式和在生活水平不下降的前提下,主动地承担长期不当利用草地资源而产生的严重后果,这样才有可能有更多的牧户主动参与到生态保护补偿计划中来,并最终实现生态环境的改善和恢复。

5.4.3.2.2 移民的受偿意愿分析

我们的调研结果表明,三江源牧户中,大约只有不到12%的牧户(失去劳动能力的老年牧户、家中拥有牲畜较少的牧户、为子女上学的牧户)愿意参与生态移民,大部分牧户更愿意通过草地限制放牧的方式参与生态保护。三江源生态移民已经为草地生态恢复做出了行动响应,因此我们针对移民,假设牧户尚未移民,至少应该提供多少的补偿额时牧户才愿意为生态保护而移民。这部分群体由于已经移民,因此受偿意愿为100%,但是愿意参与生态移民的原因却差别较大。约52%的牧户认为,草地生态退化严重,国家让牧户参与生态移民便拥护国家政策选择了生态移民;约26%的牧户是由于家中老人健康状况不好,同时家中上学子女较多,为了有更好的医疗和教育条件而选择移民;约22%的牧户是由于家中无人放牧,且牲畜数量较少,在草原生活水平较为一般,而移民后可以获得一定的补偿,因此选择了生态移民。可见,移民是在对自身的利益和政策权衡后,做出了无奈的对牧户来说福利损失最小的选择,是在政策主导下的被动选择。而牧户,通过比较移民和限制放牧后的福利损失,选择了使他们损失更小、更容易驾驭的限制放牧模式。因此,合理地补偿牧户和移民由于生态保护而做出的贡献及遭受的福利损失,不仅是基于公平原则,更是激励牧户转变生计方式并持续地进行生态保护的关键。

5.4.3.3 三江源牧户受偿意愿的影响因素

生态环境的保护从来都不是由某一主体的行为所主宰的,但是牧户作为三江源区域草地资源的利用者和最终的经济活动主体,他们对草地资源的利用方式、利用强度，甚至依赖程度和经济管理等行为，在很大程度上会影响和决定牧区生态环境的演变方向和牧区的可持续发展。如果三江源地区的牧户能基于环境保护和可持续发展目标，从粗放式、强依赖性、低效率、破坏环境型和不可持续的生产方式转变为集约型、深加工型、高生产效益和低损耗资源型、可持续型的生产方式，将会通过减轻草地资源的利用和草地生态的放牧压力，在使牧户的收入不改变甚至有所改善的前提下，使草地退化格局和趋势得以缓解、草地覆盖度增加、草地生态质量逐渐好转，逐渐突破和摆脱"贫困—过度放牧—生态退化—贫困"这一恶性循环，在保护环境的同时，降低贫困和促进区域的可持续发展，从而促进自然—社会系统的良性循环。

因此，基于草地生态环境恢复和保护战略，三江源区域的牧户是否愿意通过转变生产方式（生态移民）或减轻草地利用强度（限制放牧和轮牧）的行为，继续提供草地生态的正效益则关系到该区域的环境格局及其生态经济的可持续问题，而通过了解牧户为提供草地生态的外部性的受偿意愿及其影响因素，并在牧户意愿的基础上建立科学的生态补偿机制，是激励他们主动改变自己的草地利用行为并实现区域草地生态保护的关键。我们现行的生态恢复和保护效果并不理想的重要原因之一是，缺乏当地牧户的积极主动参与、响应，美国的耕地保护计划制定中通过农场主的受偿意愿制定受偿标准以提高生态补偿的实施效果的经验值得我们借鉴（Classen et al.，2008）。故本研究分别探讨了限制放牧的牧户和移民的受偿意愿，并用Logistic模型分析了影响牧户受偿意愿的影响因素，甄别出牧户不愿意参与生态恢复和保护计划的主要限制因素，有针对性地提出提高牧户参与生态保护补偿积极性的办法，并为生态补偿标准制定提供科学支撑，为政府建立激励型、牧户主动式的生态保护奠定科学基础和理论依据。

5.4.3.3.1　牧户的受偿意愿影响因素假设

首先，牧户的感知和认知是行为产生的基础和前提，牧户对草地生态环境的退化感知，会影响到牧户对草地生态保护必要性的判断，进而会产生是否响应生态保护计划并接受补偿的意愿。因此，区域的草地退化越明显，牧户对草地保护的认知越强，牧户的保护受偿意愿就越大，牧户参与生态保护的主动性就越高。

其次，牧户的年龄也是影响他们参与生态保护补偿的重要影响因素。一方面，牧户的年龄越大，则对草地的感情越深厚，也就越有可能产生草地生态保护意愿；另一方面，年老的牧户相比较而言，劳动能力不如青年人，因此在有补偿的情况下，可能愿意放弃或转变草地劳作方式而减小草地放牧的人口压力，从而达到生态保护的效果。但是，年老的牧户往往不具备其他生产和生活技能，对草地的依赖性较强，并且接受变化的可能性较小，有可能不愿意放弃或转变草地放牧生计。因此，对牧户的年龄和牧户的保护受偿意愿需要辩证分析，并需要通过计量分析来进行验证。

再次，牧户拥有的牲畜数量，是牧户经济收入和生活水平的保障，也是牧户家庭地位的象征。牧户拥有的牲畜数量越多，牧户家庭对草地生态的破坏和压力就越大，牧户生态保护产生的损失就越大，牧户抵触生态保护的可能性就越大，导致牧户的保护意愿就越低。但在三江源草地生态环境退化严重的背景下，必须实施限制放牧或移民的措施，牲畜数量越多的牧户参与生态保护行为时损失的机会成本就越大，牧户的受偿意愿额度相对就越高。

此外，牧户家庭所在地离县城距离越近，一方面对草地生态保护补偿的政策了解程度较高，可能较容易接受生态补偿政策并接受补偿；另一方面，牧户越有可能从事开零售商店、运输和打工等其他非牧型生计，对草地资源利用的依赖性较弱，因此对草地限制放牧或移民政策比较不敏感，相对而言更愿意接受生态保护补偿而放弃或减少草地资源的利用。

最后，牧户的就业机会，决定了牧户能否在参与生态保护的限制放牧或移民计划后可以通过打工来增加收入，是牧户生活水平不下降的重要保障，更是牧户是否愿意参与生态保护补偿的关键性因素。在牧户具备一定的文化知识水平和就业能力的前提下，他们拥有的就业机会是他们受偿意愿的充分条件，就业机会越多越丰富，有能力的牧户越愿意参与生态保护补偿。

基于以上分析，我们分别以限制放牧的牧户和生态移民的个人社会经济特征作为重要变量，用 Logistic 模型分析了影响牧户的受偿意愿及其额度的重要因素。牧户如果同意在接受一定的补偿下通过参与生态移民或限制放牧进行生态恢复及保护，则受偿意愿为 1，否则为 0。并且在牧户同意参与的情况下，询问牧户的最小受偿额度。牧户的受偿意愿及其额度是牧户的个体特征、家庭特征和外界影响因素共同作用的结果，本研究根据以上假设选择了变量进行分析，具体变量的赋值如表 5 - 4 所示。

表 5 - 4　变量解释与说明

		变量名及赋值说明
牧户特征	年龄	18—25 岁 = 1，26—30 岁 = 2，30—40 岁 = 3，40—50 岁 = 4，50—60 岁 = 5，60—70 岁 = 6，≥70 岁 = 7
	外界接触	依照接触程度由低到高赋值（1 为几乎不接触，7 为经常接触并打交道）
	健康	按照是否有重大疾病反向赋值（健康且无病为 7，有重大慢性病为 1）
家庭特征	与县城的距离	离县城距离 > 150 公里 = 1，100—150 公里 = 2，50—100 公里 = 3，30—50 公里 = 4，10—30 公里 = 5，5—10 公里 = 6，< 5 公里 = 7
	家庭收入	家庭年总收入 0—5000 = 1，5000—1 万 = 2，1 万—2 万 = 3，2 万—3 万 = 4，3 万—5 万 = 5，5 万—8 万 = 6，> 8 万 = 7
	人均牛羊数	家庭人均拥有牛及羊的数量，为统一只采用人均牛的数量
	非牧生计	非牧生计或有打工及其他 = 1，依赖草地资源生计 = 0
区域特征	工作机会	按牧户就业机会的回答由低到高赋值 1—7（1 = 非常不满意，7 = 非常满意）

5.4.3.3.2　限制放牧的牧户受偿意愿影响因素分析

根据前文的相关假设，限制放牧的牧户受偿意愿主要受牧户的年龄特征和家庭特征及工作机会的影响，因此运用 Stata 12.0 将牧户的受偿意愿和牧户的年龄、家庭收入、拥有的牲畜数量、家庭离县城的距离、与外界的接触程度、工作机会及受偿意愿额度进行回归，结果如表 5 - 5 所示。

表 5 - 5　三江源限制放牧牧户受偿意愿影响因素 Logistic 模型估计结果

受偿意愿 WTA	系数 Coef.	Std. Err.	z	P > |z|
$WTA_{牧户}$	0.0005	0.0000	6.51	0.000
年龄（age）	0.04622	0.2188	0.21	0.0083
收入（income）	- 0.1035	0.2728	- 0.38	0.0070

受偿意愿 WTA	系数 Coef.	Std. Err.	z	P > |z|
牲畜数量（flock）	0.0242	0.0195	1.24	0.0021
与县城的距离（distance）	1.0282	0.9960	1.03	0.0302
外界接触（contact）	1.3501	1.3153	1.03	0.0305
工作机会（job）	-0.0425	0.3331	-0.13	0.0008
_cons	-5.712	2.9114	-1.96	0.0050

Prob > chi^2 = 0.0000；Log likelihood = -51.737305；Pseudo R^2 = 0.5022

从模型回归结果可以看出，模型是可靠的，可以用来解释一定的科学问题。牧户的受偿意愿主要受到牧户拥有的牲畜数量与牧户拥有的工作机会的影响。由于本研究的样本量比较小，导致部分变量显著性不高，但模型整体的显著性良好，因此本研究仍然将一些变量留在了模型中，并用来分析和计算三江源限制放牧牧户的受偿意愿额。根据上述回归结果和假设，我们得到三江源移民的受偿意愿方程：

$$Willing_{牧户} = -5.712 + 0.0005 WTA_{牧户} + 0.04622\ age - 0.1035\ income + 0.0242 flock$$

$$+ 1.0282\ distance + 1.3501\ contact - 0.0425\ job$$

从模型结果可以看出，三江源牧户接受限制放牧的受偿意愿主要受牧户的外界接触程度、牧户家庭与城市的距离和牧户年龄的正影响，而受牧户的家庭收入和就业机会的负影响。牧户与外界的接触程度越高，对草地生态保护的意义和必要性理解越深刻，越容易产生保护的意愿和承担相关的保护责任；牧户家庭离县城越近，非放牧生产的机会和可能性就越大，也就越有可能在获得补偿的同时通过转产经营来获得家庭经济的收入；老年牧户对草地有着深厚的感情，一般因不能接受草地持续退化的现状而愿意保护草地生态环境，同时由于身体健康等限制因素使老年牧户继续放牧劳作的意愿下降，往往使他们愿意在接受补偿的情况下减少或放弃草地生态的利用而产生保护意愿和行为。但是，牧户的收入越高，说明牧户通过草地放牧获取的经济收入越大，对草地的依赖程度就越大，减少草地的利用就意味着将使牧户遭受的损失增加，并且由于草地放牧的依赖而使转产经营或非牧型生产的困难增加，故而牧户为避免限制放牧产生的损失减小而倾向于不愿意接受补偿（因为补偿数额不能弥补其损失）。其次，牧户从事非牧型就业机会越大，牧户也就越容易通过打工等方式获得收入，对草地资源的依赖变小，也意味着牧户对草地情感的缺失，往往导致牧户愿意接受补偿而保护草地；另外，这部分牧户本身拥有的牲畜较少，因此限制放牧和减畜对这部分人意义不大，也不容易获得支持。

因此，科学的补偿是能让牧户让渡自己的草地使用权益，以减轻草地生态的人畜压力，并实现草地生态逐渐恢复的关键；同时让牧户深刻认识到草地退化的趋势和保护形式的严峻性，是让牧户产生保护意愿的必由之路。此外，通过吸引投资、发展地方经济、实现产业变革和经济发展方式的转变，创造更多的就业机会，并让牧户成功实现非牧型就业和生产是牧户主动放弃草地生产以实现草地生态保护的核心。

5.4.3.3.3 移民受偿意愿影响因素分析

移民已经为生态保护做出了生态移民的行为选择，因此其受偿意愿为100%，但是移民选择该行为的原因却存在着差异，也导致了移民后产生的生态保护效果的差异。因为三江源生态移民的主要收入比较单一，95%以上的移民收入来源均是政府的补偿，因文化技能的限制和就业机会的影响致使移民能胜任的工作少、打工收入几乎不足家庭收入5%，调查样本中的移民几乎不打工，即移民的收入不具有差异性，故模型分析中没有分析收入变量。三江源移民多数是年老、身体有疾病，在牧区无力放牧者，他们一方面希望通过移民得到补偿，另一方面能够借助移民区比较好的医疗设施使自身恢复健康，故影响受偿移民的因素中年龄和健康因素非常重要，本研究保留和采纳了这两个关键个人特征因素，并与移民的外界接触程度和工作机会等因素结合来进行研究。此外，三江源牧户考虑和接受生态补偿的另一个重要因素是子女的教育，但在本调查中发现，移民家庭的孩子在3—5个，差异性不显著，在模型回归结果中对模型的贡献度较小，故本文所列的结果中忽略了该因素。根据以上假设和分析，用 Stata12.0 对移民的受偿意愿及移民的年龄、健康状况、外界接触程度和工作机会等个人经济特征进行了 Logistic 回归分析，结果如表5-6所示。

表 5-6　三江源生态移民受偿意愿影响因素 **Logistic** 回归分析结果

WTA（willing to accept）	Coef.	Std. Err.	z	P > |z|
WTA移民	0.0004	0.000	9.900	0.000
年龄（age）	-0.189	0.166	-1.140	0.0025
外界接触（contact）	0.422	0.198	2.140	0.0033
健康（health）	0.242	0.168	1.440	0.0015
工作机会（job）	-0.176	0.210	-0.840	0.0040
_cons	-6.416	1.317	-4.870	0.000
Prob > chi^2 = 0.000；Log likelihood = -94.649676；Pseudo R^2 = 0.6155				

从表 5-6 可以看出，模型的适配值良好，模型整体的显著性比较好，即模型结果是可靠的。从各变量的显著程度看，三江源生态移民的受偿意愿主要受移民的身体健康程度和年龄的影响；从各变量的影响程度看，移民的外界接触程度决定了移民对有关环境政策的了解和信息的把握程度，并影响了移民的受偿意愿。根据上述回归结果和假设，我们得到三江源移民的受偿意愿方程：

$$Willing_{移民} = -6.416 + 0.0004 WTA_{移民} - 0.189\, age + 0.242 health$$
$$+ 0.422 contact - 0.176 job$$

模型结果表明，移民的受偿意愿主要受移民的外界接触程度和移民的健康状况的正影响，而受移民的年龄和移民的工作机会的负影响。移民的外界接触程度越高，对各种政策和信息的把握就大，拥有的资源也相对比较丰富，使移民愿意接受补偿并离开草地开始新的生活；移民的健康状况越良好，越有可能实现生产方式的转变而响应生态保护计划，同时身体健康状况良好的年轻人，不愿意放牧而向往城市新生活，更倾向于通过打工等方式获取生活来源，愿意接受补偿并生态移民，年老的牧户习惯草地放牧生活，不愿意离开草原，因此年龄和牧户的移民受偿意愿呈负相关；在草原就业机会比较多的牧户，移民意味着失去就业机会和各种社会关系资源，因此他们往往不愿意移民，此外这部分牧户认为自己对草地生态的利用程度和压力较小，不应该由他们承担保护责任。

分析结果表明，只有正确引导移民，并通过移民区的就业机会、良好的生活和基础设施以及补偿来吸引牧户，使牧户的损失得到合理的补偿，才有可能让牧户主动放弃草地选择生态移民，从而实现草地生态环境的逐渐恢复。

5.4.3.4 基于 CVM 的三江源牧户受偿意愿额的计算

生态补偿通过对生态效益提供者给予补偿，以支持和鼓励生态脆弱地区更多地承担保护生态的责任，提高生态系统服务提供者的积极性，调节相关利益方的生态和经济利益及福利分配，促进供给者和享受者、群体间、代际的公平性和社会的协调发展，以实现生态和环境保护及生态系统可持续发展。可见，生态保护行为的补偿是有利于退化地区的生态环境恢复及改善的，其核心是通过建立生态系统服务使用者和服务供给者之间利益交易安排机制，实现外部性内化，并通过补偿和付费机制使生态服务的供给者免于陷入贫困化的风险。

生态补偿的目标之一，是降低生态保护区人群的贫困程度。可见，如果某一生态补偿机制虽然能使外部效益内化，但无益于当地贫困人群的福利改善或贫困减弱时，则该机制便不是一个成功有效的机制。首先，生态补偿机制要求必须通过生态效益享受者和政府等其他利益相关者共同形成新的融资机制和方案，以补偿生态服务提供者，否则高质量的生态环境不会被提供，也不会形成有效的生态恢复和保护机制。其次，生态补偿机制在大多数情况下是有效的，因为生态恢复和保护产生的外部效益、福利价值、区际效益、代际效益远远超过了提供生态服务的成本，也是符合成本效益理论的，否则人们宁愿选择去破坏环境或者放任各种资源过度使用或污染，而补偿各种生态服务的效益也是花最小的代价去实现社会公平和生态经济的可持续。再次，生态补偿机制通常是可持续的，原因是生态补偿机制的有效实现依靠的是使用者的利益和提供者的利益相互均衡，而不是单一的依赖于政府或各种 NGO 组织的捐助，即必须是使用者付费和提供者被补偿，才能有效地通过调节各利益主体的福利均衡，以激励相关群体进行生态环境保护、恢复和治理，最终实现各利益群体及社会福利的最大化，并且在此过程中实现外部性内化。

　　因此，生态系统服务提供者的参与是实现生态补偿、环境保护和福利改善的关键，而降低交易成本和机会成本，并且能科学地补偿损失和激励保护行为，是供给者参与生态保护补偿时要考虑的主要因素。毫无疑问，研究个体的生态补偿参与意愿，并在受偿意愿额度的基础上制定补偿标准，是成功激励牧户参与生态恢复和保护并持续提供生态服务效益的重要保障。而利益相关者间的付费与补偿的利益冲突的平衡和资源分配占有的矛盾的调和，亟须健全的生态补偿机制、融资方案和"讨价还价"的环境产品交易市场来调节，以实现各群体的利益最大化和资源的公平使用，最终实现区域的生态经济可持续发展。

5.4.3.4.1　基于 CVM 方法的 WTA 计算方法

　　本研究所指的 WTA（最小受偿意愿），是指为激励牧户通过转变非牧的生产经营方式（移民）或改变传统的牲畜饲养模式及放牧强度，以提供良好的生态环境服务，并逐渐使退化的草地生态恢复及得到保护，给予草地生态服务的生产者——牧户一定的收入和福利的净损失及放弃原有的生产和生活方式带来的情感失落和幸福感的下降的损失。对牧户进行补偿，一方面是为了让他们在补偿的基础上采取对草地生态破坏较小的生产行为，减少由于其不当的行为决策（如过度放牧、加大放牧强度、增加牲畜和粗放式的资源利用等）对草地生态环境造成的损害；另一方面是鼓励和激励牧户通过自身行为的调整来持续提供消费者所能接受的环境服务，通过环境供给和环境服务消费之间的有效供需平衡来建立环境付费机制，实现环境使用公平和生态保护。

　　根据生态补偿标准的测算，本研究选择鼓励牧户减轻草地人畜压力（限制放牧）和停止对草地生态的破坏及使用（生态移民）而得到补偿的思路，运用 CVM 构建假想市场，进行调查问卷的设计。在调研中，采用支付卡询价的方式，询问牧户和移民对草地生态保护而限制放牧或生态移民的受偿意愿及受偿额度，并通过牧户的社会经济特征与牧户的受偿额度的相互影响，计算牧户愿意提供良好的生态系统服务的最小受偿额度。区域牧户愿意提供良好的生态环境服务的受偿意愿，通过该区域牧户的受偿意愿总和来表示，本研究受偿意愿的诱导同样运用了参数法和非参数法。

（1）非参数法估计

被调查地区人们的总受偿意愿（WTA）用调查样本的平均受偿意愿与相关群体总人数的乘积来估算。

$$WTA = \sum_{i=1}^{k} AWA_i \frac{n_i}{N} \cdot M = \sum_{i=1}^{k} AWA_i \times V_i \cdot M \text{（各参数含义见 WTP 的计算）}$$

（2）参数法估计

通过样本的平均数或中位数与正支付意愿率的乘积来表示最终的平均支付意愿，然后再乘以居民总数便得到被调查地区人们的总支付意愿。

首先，最终平均支付意愿（MWTA）为：$MWTA = (Mean/Median) \cdot Rate_{wta+}$

其次，总支付意愿为：$WTA = MWTA \cdot M$

最后，中位值的计算：采用 Logisitic 模型估计牧户的受偿意愿与牧户的特征信息和环境物品属性的变量之间的关系，选择受偿意愿中点值的对数 Logisitic 分布作为被解释变量。

$$E(WTA) = (1/B_1) \times Ln(1 + Exp(C + \alpha_1 \overline{age} + \alpha_2 \overline{income} + \alpha_3 \overline{contact} + \alpha_4 \overline{distance}$$
$$+ \alpha_5 \overline{job} + \alpha_6 \overline{flock}))$$

根据以上的公式，我们对三江源的牧户和移民分别进行了调查研究，并计算了受偿意愿，结果和分析如下。

5.4.3.4.2　牧户的受偿意愿额

71.3%的三江源牧户愿意接受补偿并参与草地生态保护的限制放牧政策，而约有 28.7%的牧户则不愿意主动参与限制放牧并接受补偿。不愿意参与生态补偿保护的牧户中，约有 23%的牧户认为草地是牧户赖以生存的基础，为了牧户的长远利益在不必接受补偿的情况下愿意参与生态保护，主动响应政府的保护战略，愿意将牲畜减少到合理的水平，让牧户的基本生活不受太大的影响，同时使草地生态环境质量得以改善；约有 45%的牧户认为减畜使牧户遭受了巨大的损失，而补偿往往非常有限，牧户家庭子女较多无力参与生态保护补偿；约有 33%的牧户则认为草地生态保护的责任不应该全部由牧户承担，在其他利益群体都参与生态保护的前提下才愿意接受补偿并响应限制放牧政策。愿意参与生态保护补偿的牧户中，约12%的牧户认为国家实施限制放牧而进行生态恢复及保护，只能无奈的选择服从；超过62%的牧户认为草地生态环境退化严重，相比于生态移民，限制放牧的政策能使牧户的福利下降最小，为了避免收入损失的增加和被移民，宁愿选择折中方案以保障自己的生活水平，并使草地生态环境得到一定程度的恢复；超过26%的牧户认为草地生态退化局面已然存在，生态保护是对牧户及子孙后代有利的事情，他们愿意为了长远利益而接受生态保护补偿。

我们的调查结果表明，加大补偿力度以弥补牧户的损失是促进和鼓励牧户主动响应和参与生态保护计划的关键，而通过发展地方经济和产业结构调整等途径让牧户逐步实现多种经营，以减少对草地放牧生产方式的依赖是三江源区域实现生态保护的关键。

牧户的受偿额度中，最小值为5000元/年，最大值为15000元/年。其中，42户牧户选择了每年9000元的补偿标准，占总样本的26.75%；有34户牧户选择了每年10000元的补偿标准，占总样本的21.66%；16户牧户选择了12000元的补偿标准，占总样本的10.2%；有7户牧户选择了15000元/年的补偿标准，有8户牧户选择了8000元/年的补偿标准，分别占总样本的4.5%和5.1%。牧户的受偿意愿分布如表5-7所示。

表5-7 三江源限制放牧的牧户受偿意愿分布

受偿意愿额（元）	频数（个）	百分比（%）
0	45	28.66
5000	1	0.64
6000	2	1.27
7000	2	1.27
8000	8	5.1
9000	42	26.75
10000	34	21.66
12000	16	10.19
15000	7	4.46

三江源区域，自2012年开始对参与限制放牧的牧户实施每户每年9000元的补偿，以激励牧户继续减少牲畜来达到巩固保护效果的目的，因此大部分牧户选择了该标准为受偿意愿额，而10000元和12000元的额度均是该补偿标准的一定浮动。说明，牧户对草地生态保护补偿的政策了解不是非常透彻，大部分牧户对补偿和受偿的机理并不清楚，更说明在短期内难以形成生态系统服务交易的市场，更无从谈起通过利益博弈和讨价还价来争取牧户自身的权益；牧户在参与限制放牧的生态保护计划中，他们的损失未被有效补偿，做出的贡献未得到承认，生态保护行为未得到激励，他们的保护行为完全是政府主动实施下的被动服从，尚未形成良性的生态保护补偿机制。此外，牧户由于受文化程度的制约，难以维护自己的权益，即产权被部分限制和剥夺，导致他们的福利下降，而各种损失却被忽略，有违公平原则，从长远看不利于区域的可持续发展和社会生态经济稳定。

在不考虑牧户的社会经济特征的影响时，牧户的平均受偿意愿为牧户的受偿水平与该水平的概率乘积，即 WAT = 6733.14 元/年，但牧户的受偿意愿额往往与他们的社会经济特征有着密不可分的关系。运用前文牧户的受偿意愿与社会经济特征的回归方程，得到了三江源区域牧户平均的受偿意愿为：WTA = 11431.6 元/年。

在前文中我们讨论过，由于个别值的浮动往往会导致平均值存在一定的偏差，而 WTP/WTA 的中位值往往比较可靠。此外，三江源区域自2005年开始在中轻度退化的区域实施限制放牧和减少牲畜的政策以保护草地生态环境，但其间并未对牧户有补偿措施，使牧户在很长一段时间内遭受着巨大的福利损失，同时使牧户已经在未补偿的情形下逐渐认同了这种措施，使相当一部分牧户不具有维护权益和应该接受补偿的意识，牧户中许多零WTA 的出现便是最好的证明，因此也使得牧户的 WTA 回答数额偏低，并且远远低于他们由于减少牲畜所产生的损失。承认牧户为草地生态环境做出的牺牲和贡献，并且补偿他们是生态补偿的核心要求，也是公平原则和可持续发展的基本前提，因此对限制放牧的牧户，同样应该在其精确衡量福利损失的基础上给予合理的补偿，尊重牧户为生态环境保护做出的贡献，在其他政策和就业安排等方面给予特殊照顾以鼓励他们的生态保护积极性，才有可能调动他们持续地提供良好的生态系统服务的积极性。同时，加大生态补偿的宣传力度，让牧户具有维权意识，并且在政府提供的平台和帮助下，和生态系统服务享受者进行生态环境服务的交易，讨价还价，让生态效益的享受者支付一定的环境费用，使牧户能因为提供生态服务在不使福利受损的基础上得到一定的收益，才能形成有效的激励机制，让牧户持续积极的保护生态环境，也使社会福利和个体福利得以均衡，实现区域生态经济的可持续发展。

目前这种单一的让牧户遭受损失并提供生态服务，而使其他群体免费享受生态效益的做法，等同于"杀鸡取卵"，牧户在意识到自己的权益被无限的损害和剥夺后，势必不会再继续提供生态服务，有可能会更加疯狂地利用草地生态环境，导致草地生态环境的进一步退化。另一方面，牧户的福利被剥夺和限制，将挫伤牧户草地生态保护的积极性和对政策的支持力度，将加大后续政策的实施成本和使牧户面临贫困化的风险，既不利于区域的经济发展，更不利于民族地区社会稳定和谐发展。而贫困、不公平和草地退化都是违背可持续发展的原则，也是不符合生态补偿的基本原则的，因此，积极、公平地补偿牧户的福利损失，让其他利益群体也承担相应的环境保护责任并付费给生态服务的提供者，使牧户充分享受到提供良好的生态服务的利益，激励牧户主动地保护草地生态环境，才有可能在福利均衡、利益公平的基础上形成牧户的福利改善—生态环境保护的双赢局面。

5.4.3.4.3 移民的受偿意愿额

三江源草地生态退化比较严重的区域，牧户大规模地实施了生态移民，并给予每年8000元的补助，补助期6年。故对三江源生态移民而言，参与意愿为100%，但是受偿额度的水平及其分布存在一定的差异。三江源移民中，最高的受偿额为50000元/年，只有1户牧户选了该受偿水平，占调查样本总数的0.25%；有6户牧户选择了48000元/年的受偿水平，占调查总数的1.52%；最小受偿水平为9000元/年，有126户牧户选择了该受偿标准，占样本总数的比例最高，为31.98%,；有101户牧户选择了20000元/年的受偿水平，占样本总数的25.63%；有35户选择了28000元/年的受偿水平，占调查总数的8.88%。移民的受偿意愿额度分布如表5-8所示。

表 5 – 8　三江源生态移民受偿意愿分布

受偿意愿额（元）	频数（个）	百分比（%）
9000	126	31.98
10000	9	2.28
18000	6	1.52
19000	20	5.08
20000	101	25.63
21000	4	1.02
22000	8	2.03
25000	17	4.31
26000	19	4.82
28000	35	8.88
30000	14	3.55
35000	4	1.02
36000	2	0.51
38000	3	0.76
40000	12	3.05
45000	6	1.52
46000	1	0.25
48000	6	1.52
50000	1	0.25

　　选择 9000 元/年的补偿标准的牧户比例最大，与原来的补偿标准 8000 元/年非常接近，说明牧户在移民后的 6 年中，尚未成功转变生产生活方式，对生态补偿费仍然比较依赖，如果失去该补偿，牧户的贫困风险将可能明显增加。另外，牧户虽然认为 8000 元/年的补偿标准比较低，但是由于其本身知识水平的限制和维权意识的淡薄，使牧户在比较认同低标准上只略微提高了受偿额度，反映出牧户的弱势地位及其非理性思维方式。基于理性经济人的假设，牧户的受偿水平应该至少与其福利的损失相当，按照牧户移民前的平均年收入水平 50000 元/年计算的话，牧户为生态保护做出了巨大的贡献和牺牲，他们所要求的受偿额度不应该低于年平均收入，但事实

上只有 1 户选择了该水平。其次，选择 20000 元/年的受偿水平的牧户比例相对比较高，可能是基于牧户按照家庭每月的最低消费和生活成本 1700 元/月来计算的，说明牧户在移民后，由于失去了从草地上获取生活来源的机会，生活成本增加，这部分人认为应该补偿生活成本增加的最小值作为最低生活保障。再次，牧户的受偿水平也说明，牧户在移民后，并未突破以前的放牧生计和生活来源，未能通过生计方式的转变和转产经营等生产方式的革新来改变生活贫困的现状，导致牧户的生活收入来源比较单一，仅停留在依赖补偿和各种政策接济上，使他们的生活水平逐渐下降，甚至陷入贫困。因此，帮助移民多就业、多打工和多面经营，才能使他们改善生活，并逐渐减小对补偿的依赖，使他们在工作中实现自身价值，最终促进移民区的经济发展和草地生态的恢复及保护。以上分析揭示出，移民对生态补偿的政策理解仍然停留在对国家政策的简单服从和被动式的响应上，牧户处于比较权益上较弱势的一方，对受偿的愿望虽然较强烈，但是对补偿水平的要求不是很高，基于福利损失和牧户提供的生态效益，制定合理的补偿标准，并进行多种类、多途径的补偿，科学地对牧户让渡的草地使用权益进行补偿，既符合公平原则，也有利于移民生活水平的改善，更有利于防止移民返迁回草原，以避免对草地生态带来更大的灾难，最终促进区域的生态经济可持续发展，维持民族地区的社会稳定、团结与和谐发展。

同样按照平均值和中位值，本研究计算了移民的受偿意愿额。在不考虑移民的社会经济特征时，三江源移民的平均受偿意愿应该是牧户的受偿意愿水平与其概率乘积的总和，即 WTA = 12886.86 元/年。在考虑移民的年龄、收入、牲畜拥有量、就业机会等各种社会经济因素的影响时，移民的受偿意愿是移民的社会经济特征的受偿意愿的数学期望值，三江源移民的平均受偿意愿 WTA = 20566.84 元/年。

5.4.3.5 小结

在三江源牧户参与限制放牧和生态移民的保护模式中，牧户所遭受的福利损失和权益使用限制不同，因此导致牧户的支付意愿和受偿意愿存在较大的差别。表 5-9 是牧户和移民的年受偿意愿的比较。

表5-9 三江源牧户受偿意愿比较

受偿意愿	基于平均值（元）	基于中位值（元）
限制放牧的牧户	6733.14	11431.6
移民	12886.86	20566.84

从表5-9的数据可以看出，无论是对于牧户还是对于移民，基于平均值和中位值计算的受偿意愿存在着明显的差异，考虑了牧户社会经济特征的中位值远比平均值高；而且，移民的受偿意愿值远远高于牧户的受偿意愿值。无论是主动还是被动，三江源牧户都有超过50%选择了参与生态保护补偿，因此基于公平原则，本研究运用中位值作为补偿标准，并进行如下分析。

首先，移民的受偿意愿远高于牧户。受偿意愿与牧户遭受的福利损失密切相关，相对于限制放牧，移民所受的经济损失、情感损失和发展机会的损失都是牧户的数倍，因此移民的受偿意愿额度比牧户高是合理的。

其次，受偿意愿高于其他区域研究值。本研究中，三江源牧户由于本身文化就业技能比较欠缺，对草地生态依赖比较严重，因此被限制发展对牧户福利的损失比其他区域要大，受偿意愿高是符合实际的。此外，三江源草地生态安全的重要性，决定了三江源草地生态保护产生的效益和外部性极为巨大，基于"谁保护，谁受益"的原则，三江源牧户和移民应该得到更高的补偿，因此高受偿意愿是鼓励牧户持续提供高质量的生态服务的保障，也是外部性内化和福利均衡的结果体现。

再次，按照受偿意愿进行补偿。在调研中发现，牧户对生态补偿政策的认同度比较高，但是对地方政府的执行却往往持怀疑态度，说明补偿过程中牧户与基层政府的利益未能均衡，政府的管理服务水平及公信力有待加强。国家只有在充分补偿地方政府的发展权和牧户的福利损失情况下，地方基层政府才有可能在经济发展的前提下有动力去实施生态补偿，牧户在经济收入不下降的基础上才可能产生保护的积极性，因此重视牧户受偿意愿的影响因素分析，并按照牧户的受偿意愿进行补偿，对提高牧户参与生态保护的主动性具有重要意义。

5.5 基于生态保护效益的补偿区域优先度
划分及补偿标准确定

生态补偿是通过相关利益者的制度安排，来调整各相关主体的环境利益及其经济利益的分配关系，实现各利益主体间环境服务的供需及福利均衡，以促进环境保护与经济的可持续发展和区域之间生态经济的协调发展。可见，生态补偿不仅仅是谁付费谁受益的问题（即补偿主体），更是应该得到多少补偿（补偿标准）以及补偿效率和公平的问题。补偿标准是生态补偿的关键，目前国内一般根据生态保护参与者的投入和机会成本、退化或被污染或被破坏的生态环境的恢复成本、享受的生态服务效益、环境服务供给者的受偿意愿和享受者的支付意愿等确定生态补偿标准，但补偿标准一般比较单一和死板，很少考虑当地消费水平及经济发展水平的影响，同时对生态补偿实施区域实施同一个补偿标准。

这种补偿方式和补偿标准会产生一些问题。一方面，低补偿标准可能对生态服务提供者的生活造成重大影响，甚至使他们陷入贫困，难以促使这部分人有能力、有需求继续参与生态补偿计划，最终会影响到生态保护的可持续性；另一方面，由于使用同一补偿标准，因此难以激励那些保护效果比较突出的人，长期下去将影响、延长生态环境的恢复期。此外，不同区域的生态环境并非是同质的，导致提供的生态服务质量和数量将存在极大的差异，且生态环境退化的风险和恢复的难度也将会不同，导致保护成本的大小也会不同，同时区域生态系统所承担的功能和生态安全的重要性和意义也有所差异，进而需求的保护优先度和紧迫性也将不同。此外区域的经济发展、基础设施和交通甚至就业机会的不同，将导致各地区参与生态保护的实施成本和机会成本存在难以忽视的差异，而各地区的贫困人群参与生态保护的贫困风险也将是不同的，如果实施同一个补偿标准，将加大贫困地区人群的贫困风险，加重地区经济发展的不平衡，难以收到良好的保护效果和促进保护区域的发展，也不符合福利的公平和效益原则，最终可能会引起社会福利的损失和地区生态经济发展的不和谐。

可见，"一刀切"的补偿标准和补偿方式会影响到生态保护的效果和生态补偿的效率。在实践中，必须结合保护效果和参与者的机会成本损失，有区分、有重点和有次序地补偿，才有可能花费最小的成本获得最大的效益，且在补偿效率提高的基础上促进生态服务供给者积极主动地提供环境服务并得到补偿和激励，在公平的基础上实现各利益主体之间和社会福利的均衡，实现生态效益和社会经济效益的最大化。

三江源保护区对我国乃至世界都有着重要而深远的生态安全意义，国家自2005年开始大规模实施生态移民、限制放牧、退牧还草等保护计划，并对移民进行为期6年每户每年8000元的补偿。近年来，三江源生态环境有了一定的改善，但是"一刀切"的补偿标准显然难以弥补牧户的福利损失，更难以实现高效率的补偿以促进保护效果，亟待构建公平、高效、运转良好的生态补偿机制。因此，本研究以三江源区域的草地生态补偿为例，以三江源的各县为基本单元，基于保护效益的核算和补偿效率最大化考虑，对补偿区域的优先度进行了划分，并对补偿标准进行了核算和修正，以激励牧户积极主动地参与生态保护和恢复计划，为建立高效、合理的三江源生态恢复及保护的补偿机制提供科学的依据和参考，同时对解决现行的生态补偿机制中出现的牧户贫困化、地区经济发展缓慢落后和保护效果低微等现实问题有着重要的指导意义和现实意义。

5.5.1 研究方法

结合三江源草地2002—2010年的生态服务价值，来对比分析在9年内草地生态保护产生的效益，并结合牧户的生态保护参与成本确定各县的效益成本比 R。R 表示该地区的保护效果比较显著，同时说明该地区的保护效率比较高，也表示该地区的补偿优先度；R 越大，即代表该地区补偿资金的利用效率越高，应该优先获得补偿，同时应该获得较高的补偿额。

5.5.2 区域补偿优先级划分

以三江源的各县和唐古拉山镇为研究单元，计算保护效益成本比 R，并按照 R 大小对补偿优先度进行排序和分级，在补偿预算约束下确定补偿区域（贾卓等，2012；戴其文，2010；戴其文等，2010）。j 县（乡）的效益成本比（R）等于 j 县（乡）生态保护效益的贡献（e_j）与其生态保护参与成本（c_j）之比；而生态保护效益的贡献是 j 县（乡）保护 10 年的生态服务增加量（$\triangle e_j$）与保护效益（r_{10j}）的乘积，生态保护的参与成本是实施成本（c_{pj}）、交易成本（c_{tj}）和机会成本（c_{oppj}）之和；限制条件是参与成本必须不能高于生态补偿预算（贾卓等，2012；戴其文，2010；戴其文等，2010）。计算公式如下：

$$R = \frac{e_j}{c_j} = \frac{\overline{\Delta ESV_j} \times r_{10j}}{c_{oppj} + c_{pj} + c_{tj}}$$

1. 草地的生态保护（r_{10j}）效益的计算：因三江源生态保护的规划实施期为 10 年，因此本研究计算 10 年内的生态保护效益。j 县（乡）保护效益等于该地区年均生态保护效益增加率的幂函数。计算公式为：$r_{10j} = 1 + (1 + r_j)^{10}$。

2. 草地生态系统服务价值：见前文，以某地区的单位面积生态系统服务价值乘以该地区的草地面积得到。

3. 生态保护的参与成本：见前文，以三江源区域理论上的参与成本为准。

4. 区域补偿优先度的划分。

通过以上计算，得到各县的保护效益成本比即优先度，将优先度按照大小和级别进行分类，优先度越高的县，越应该优先受到补偿，以奖励该区域牧户提供的良好保护成果，并激励这部分区域牧户持续地参与保护行为；优先度低的区域，应该适当调整保护模式，并积极探寻原因，建立适合该区域的生态保护模式，并构建补偿机制。

5.5.3 补偿标准的确定

优先度越大的地区，说明该区域实施生态保护后增加的生态服务效益越大，而这部分外溢效益是通过牧户损失自己的福利和获利权益换来的，是牧户参与生态保护行为后产生的福利增加，理论上应该将增加的生态效益价值适当地补偿给牧户，以起到激励的作用和实现福利的公平，即补偿性质为激励牧户参与生态保护，以获取更多的补偿，因此补偿标准为生态保护服务功能增加值与参与成本之和。而针对不同限制草地资源利用程度的牧户，被补偿的比例应该不同，且补偿比例与其权益受限程度一致，因此对移民应该全额补偿，而对限制放牧的牧户，应该将生产的外部性效益乘以被限制程度来补偿。

而对优先度比较小的地区，说明保护效果比较不明显或者需要更长期的恢复和保护，因此产生的生态系统服务增加值本身比较小，基于公平原则，同样应该以生态保护产生的生态服务价值增值来补偿牧户，由于增值本身比较小，牧户会加大保护力度以产生更多的生态服务和提供更好的环境质量以追求更高额的补偿。即该补偿的性质为对牧户参与生态保护行为而损失的福利进行补偿，补偿标准为牧户参与生态保护的机会成本与保护后生态服务增加值之和。同样，移民应该以全额的损失和保护效益被补偿，而限制放牧的牧户应该按照被限制程度进行补偿，以体现公平性。

对优先度最小的地区，必须给予高度的关注，因为被破坏的生态系统的恢复和重建是一个漫长而缓慢的过程，这部分区域的生态系统极难恢复，还需进一步、高强度的生态保护工作才能促进这些区域的生态保护效果不至于半途而废。因此，对这些区域应该重点补偿。该区域的补偿性质为鼓励补偿，即鼓励牧户持续地参与生态保护，使生态系统逐渐恢复和得到保护，并对牧户的参与保护成本进行适当的补偿，故补偿标准应该为牧户参与生态保护的实施成本与增加的生态服务价值之和。

总之，在补偿标准确定的过程中，首先应该考虑牧户参与生态保护的意愿，因三江源牧户均已参与不同模式或不同限制程度的保护模式，故参照牧户的受偿意愿，并将最小受偿意愿作为参考补偿标准，以承认牧户在生态保护中做出的贡献，并尊重牧户的意愿，按照牧户的受偿意愿进行调整并补偿，是鼓励牧户在三江源生态保护中后期主动积极地参与保护行为的关键，也是对三江源生态保护行为中补偿标准较低对牧户保护经济性受挫的弥补性补偿。其次，应该考虑到三江源前期保护行为补偿标准带给牧户的负面影响，防止"一刀切"的补偿标准和较低的补偿标准继续损害牧户的福利、限制牧户的发展，因此，牧户在参与生态保护行为中的福利损失和参与成本至少应该考虑全额补偿给牧户，以使牧户的福利水平不因保护行为而下降，即福利损失成本的补偿是避免牧户陷入贫困化的保障。再次，针对移民较高的返回草原生活的意愿和生态保护积极性下降、对生态补偿公平性不满意等矛盾，将牧户在生态保护行为过程中产生的生态服务价值增加部分补偿给牧户，是基于公平原则和外部性内化的体现，更是激励牧户继续参与生态保护行为以获得更多补偿的有效途径，否则在前期生态保护效率低下、牧户生活水平下降等情况下，很难再让牧户继续让渡自己的草地使用权益来实现草地生态的恢复。因此，在三江源草地生态保护中后期规划中，必须考虑到前期计划执行造成的各种影响和后果，正视各种矛盾和冲突，在牧户福利优化的基础上，制定不同性质的补偿标准，并激励牧户积极参与生态保护行为，才有可能使三江源草地生态得到恢复及保护。

但巨额资金的筹措和保障是实施该方案的基础，因此必须加快生态系统服务的交易机制建立，让生态服务享受者付费，减轻国家负担，并让生态服务提供者得到补偿，在利益均衡的基础上，实现生态保护—区域生态经济可持续发展的双赢。

5.5.4　三江源草地生态保护激励性补偿机制

三江源草地生态保护收到了一定的效果，使部分区域的生态环境质量得到了一定的恢复，但为了巩固前期的保护成效，并实现长期的、持续的生态恢复，还需长期的、坚持不懈的保护工作。因此，在三江源中期和后期的保护工作中，如何解决前期保护计划中牧户的保护积极性下降和福利受损等突出问题，多渠道获取补偿资金以充分补偿他们的福利损失，制定科学的补偿标准和完善补偿机制，并能给予牧户一定的保护激励，以刺激牧户主动、积极地参与生态保护行为才是三江源草地生态恢复及保护的关键。因此，结合前文的研究结果，本部分通过划分补偿区域，并针对不同区域制定了差异化补偿标准和保护发展模式，以构建牧户福利最优为基础的激励性补偿机制，以针对性解决三江源草地生态保护的突出矛盾，并为实现三江源区域的可持续性生态经济发展提供科学支撑。

5.5.4.1　三江源牧户参与生态保护的生态效益

受气候影响、生态保护计划的实施力度、牧户的响应程度及恢复难度的影响，三江源区域在参与保护计划以来的恢复效果各不相同，产生的生态服务效益也存在差异。图 5 - 9 是三江源区域 2005—2010 年产生的生态系统服务增值情况。

从图 5 - 9 可以看出，生态保护实施 6 年内，玉树县和杂多县单位面积草地增加的生态服务效益最多，分别为 1.202593 万元/平方公里和 1.19239万元/平方公里，而唐古拉山镇产生的生态保护效益最小，为 0.22119 万元/平方公里；其次，曲麻莱、同德和玛多保护计划实施后产生的生态保护效益比较小，分别为 0.6365、0.8124 和 0.9651。由于气候相对比较好，降水较多，以及生态限制放牧和生态移民的实施，玉树县和杂多县这两个区域的生态保护效果相对较好；值得重视的是，玉树和杂多的虫草产量比较高、品质比较好，使牧户在这几年内生计发生了很大的转变，由主要依赖放牧转而依赖虫草，因此在很大程度上减少了草地生态的放牧压力，造就了这两个区域的良好保护效益。唐古拉山镇海拔最高，气候最为恶劣，草地覆盖度低、裸地多、沙化和退化严重，使唐古拉山镇的生态恢复难度最大。虽然近几年积极努力地推进生态移民和生态恢复等保护工作，使唐古拉山镇的草地生态系统得到了一定程度的恢复，但恢复过程比较缓慢、恢复效果较差。曲麻莱和玛多的海拔也相对较高，通过生态移民和禁止放牧等措施，使这两个区域的草地生态逐渐得以恢复，但恢复效果在短期内比较小，需要长期、不懈地加以保护和恢复；同德地区草地覆盖度比较高，属于限制放牧区域，该区域的牲畜数量目前仍然比较大，加上人为干扰大，因此使同德地区的生态保护效益增加比较小，亟须重视这些轻度退化的区域，持之以恒地实施减畜和限制放牧计划，使草地生态环境质量得以改善。

5.5.4.2　生态补偿的区域划分及差异化补偿

三江源地区从 2005 年实施生态保护计划，对移民按照统一标准进行安置和补偿，对限制放牧的牧户暂时未考虑补偿，但对移民移出地的生态恢复效益和移民的福利损失未充分考虑，致使许多移民生活贫困。对移民一刀切式的补偿，使得生态保护补偿的资金效率不高，一方面使牧户的福利损失未得到补偿，严重限制了牧户的发展；另一方面也难以起到激励和促进保护效果的目标，难以实现可持续保护。因此，本研究通过对三江源各

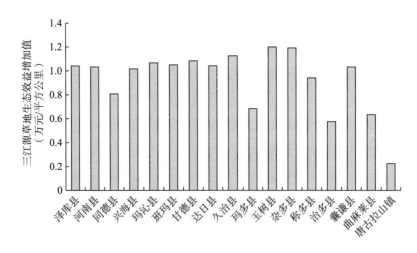

图 5 - 9   2005—2010 年三江源区域的生态系统服务增加值

县补偿优先度的确定，拟实施有差异和优先次序的补偿，按照行政区域的优先度和恢复难度划分补偿区域，既利于实际中的操作和降低执行成本，又能有效提高生态补偿政策的执行力度和生态补偿资金的针对性，以极大地提高补偿资金的效率和最大限度地通过激励牧户主动积极地参与生态保护行为，获得最大的保护效益和良好的保护效果。

5.5.4.2.1   三江源草地生态补偿区域划分

生态补偿的优先度由生态保护产生的效益和参与成本共同确定。按照前文的公式，计算了三江源区域的生态补偿优先度（如表 5 - 10 所示）。依据补偿的优先度，对三江源各县的补偿进行分类、排序，让保护效益最高和最低的区域优先和重点得到补偿。

根据三江源区域 2010 年和 2005 年的草地生态系统服务价值，计算得到三江源区域 10 年内的生态保护效益，并根据各区域的参与成本得到保护优先度，结合退化恢复难度将补偿区域划分为 4 个等级。

（1）优先补偿区

R 最高的区域，即 $14 < R < 24$ 的区域优先得到补偿，并按照最高标准进行补偿。三江源的杂多县、达日县、玛多县的优先度最高，说明这几个区域产生的生态保护效益最为明显，因此应该最先得到补偿，并实施最高的补偿标准以激励牧户继续、主动参与中后期的草地生态保护行为。根据邵

全琴（2010）的研究成果，玉树县的草地退化程度比较轻微，海拔和地形、气候等使草地恢复相对比较容易，因此将玉树县从该区域划出，列入潜在补偿区。

（2）重点补偿区

R 最小的区域，即 $R < 3$ 的区域重点得到补偿。按照计算结果为唐古拉山镇、玛沁县、称多县、治多县、兴海县的补偿优先度比较低，考虑到玛沁县和兴海县的退化程度并不高、海拔较低等因素，可以暂时考虑划入潜在补偿区，在补偿资金比较充足的情况下进行补偿；同时结合退化程度，将优先度比较低而退化程度比较高的唐古拉山镇、称多县和治多县划入重点补偿区，说明这些区域由于草地生态退化和破坏严重，在短期内难以达到良好的恢复效果和产生更大的保护效益，但是如果不加强保护的话将会引起进一步的退化，给当地的生态环境和牧户的生活带来毁灭性的打击，因此这三个县应该在原有的保护和补偿基础上，进一步坚持不懈地、加大保护力度进行保护与补偿。

表 5 – 10　三江源中后期生态补偿优先度

地区	△ESV（万元/平方公里）	增值率（%）	保护效益	退化修正系数	参与成本（元/公顷）	优先度
泽库县	1.0442	3.50	2.4108	0.975	2396.57	3.63
河南县	1.0335	3.49	2.4093	0.925	2308.48	4.60
同德县	0.8124	2.54	2.2853	0.890	2296.65	7.63
兴海县	1.0142	3.33	2.3875	0.878	2241.71	2.95
玛沁县	1.0647	3.60	2.4243	0.981	2378.42	1.89
班玛县	1.0504	3.35	2.3898	1.344	3006.86	7.46
甘德县	1.0855	3.66	2.4324	1.298	2895.66	4.53
达日县	1.0441	4.00	2.4800	1.291	2868.07	22.94
久治县	1.1230	3.71	2.4398	1.384	3048.46	10.32
玛多县	0.6805	4.22	2.5118	1.588	3143.33	12.55
玉树县	1.2026	3.86	2.4601	1.472	3202.95	14.27
杂多县	1.1924	4.11	2.4965	1.472	3146.59	19.55
称多县	0.9395	4.19	2.5070	1.564	3278.43	2.68

地区	△ESV （万元/平方公里）	增值率 （%）	保护效益	退化修正 系数	参与成本 （元/公顷）	优先度
治多县	0.5791	3.60	2.4237	1.821	3642.78	1.61
囊谦县	1.0293	3.57	2.4200	1.668	3537.82	4.61
曲麻莱县	0.6365	3.96	2.4743	1.731	3212.84	8.47
唐古拉山镇	0.2212	1.83	2.1990	2.557	4422.07	0.90

（3）次优补偿区

R 相对比较高的区域，即 $7 < R < 14$ 的区域为第三补偿区域。三江源的久治县、班玛县、曲麻莱县、玉树县为次优补偿区，可以考虑按照牧户的机会成本和生态保护效益溢出价值之和为补偿标准，以鼓励牧户提供更多、更大的生态环境服务，同时可以获得更高的补偿并改善牧户自身的福利，实现牧户福利与社会福利的均衡。曲麻莱县虽然退化比较严重，但在实施保护后生态效益增加比较迅速，说明生态补偿起到了很好的效果，因此仍然划入次优补偿区。

（4）潜在补偿区

R 比较低的区域，即 $3 < R < 7$，为低效补偿区，在资金不充足的情况下可以考虑暂不补偿。

本研究将优先补偿区、重点补偿区和次优补偿区作为补偿的主体，而在资金有限的情况下，可以暂对潜在补偿区不补偿。本研究中次优补偿区除曲麻莱县外，均是海拔比较低、退化程度轻微和生态保护效果不显著的区域，这些区域可以利用本身比较良好的气候和生态优势逐渐让草地生态环境质量得以恢复。本研究不仅考虑了生态保护后生态效益的增加情况与成本问题，还结合了三江源草地的退化程度和草地生态的恢复难度及恢复期问题，划分了补偿区域，即对优先度比较高的区域给予激励性补偿，同时对治理和恢复难度大的区域给予足够的重视，有针对性地解决补偿效率不高的问题，以有效促进三江源区域草地生态系统的全面和可持续恢复，对现行的生态补偿机制的调整起到了较强的应用支持和科学支撑。

5.5.4.2.2　三江源草地生态保护——经济发展功能分区

草地生态保护及补偿，不仅仅是要恢复草地生态系统的健康运行，也是人类在草地生态系统功能的利用和保护、培育过程中理性的消耗自然资源，使人地系统能够和谐、可持续发展；同时也包括草地生态保护不能使牧户的生产、生活陷入困境，不能使地区经济长期处于发展不平衡和有效需求不足的情况，不利于自然保护区的可持续发展；对于民族地区而言，正确而恰当的生态保护和经济发展模式，还有利于民族团结和社会和谐稳定。

因此，三江源草地生态保护既要重视三江源区域乃至国家的生态安全和社会稳定，也必须充分考虑三江源地区由于海拔高、气候恶劣和当地牧户因文化技能和生计单一导致的对草地资源的依赖而产生的草地生态环境严重退化，草地生态难以恢复及其恢复周期长等特点，结合草地保护成本和效益设计生态补偿机制，将生态保护区域进行划分，并制定不同的补偿或发展方式，起到提高草地生态保护效益、改善牧户收入和福利水平以及生计能力、促进资金使用的效益和公平、实现地区生态经济发展和社会的可持续发展等多重目标。

首先，将重点保护区域和优先保护区域列为生态保护区，进行禁止放牧和封育等措施，暂不考虑该区域的经济发展问题，牧户和地区的损失则全部由补偿资金进行弥补。这种做法的意义有三：其一，退化比较严重的区域，停止保护行为或者补偿的懈怠只能使这些地区的草地恢复更难，甚至可能引起更严重的退化和更大的保护成本，而恢复工作需要突破一个阈值才能实现保护效益的快速和显著增加，因此高强度、持续地保护工作是必需的；其二，通过高效率的补偿，在鼓励牧户保护行为的前提下能更尽快地促进保护效益明显的区域在短时期内恢复草地生态系统平衡，加大地区的生态效益的同时可以考虑在将来若干年后投入绿色的、可持续的生产和生活，带来更大的生态和经济效益；其三，使退化严重和保护效益高的草地优先和高额得到保护补偿，使草地生态能够逐渐恢复的同时使牧户的机会成本损失得到补偿，且能享受到由于生态保护带来的好处和利益，激励牧户持续地参与生态保护，实现生态保护和牧户福利的双赢。

其次，将退化轻微、保护效果疲软的区域即潜在补偿区列为绿色经济发展区。在区内限制放牧，在资金有限的情况下不补偿该区域，由政府通过一系列措施逐渐改变地区经济增长方式和牧户的生计方式，使该区域在维持草地生态平衡和减少草地人畜压力的基础上得以保护草地生态环境，并能改善牧户的收入和地区的经济发展状况。这样做的原因是：一方面，这些区域本身海拔不高、草地土壤养分高、草地生产力水平比较高，只要适度控制对草地资源的破坏和利用便能使草地生态功能和草地生产力维持在一个比较高的水平，故改变生产强度和生产方式才是最重要的，不仅可以使草地生态得到恢复及保护，还可以通过经济发展和生计机会增多与生计多样化来改变牧户的经济收入能力，使牧户的收入增加、地区的经济得以适当的发展。另一方面，这些区域虽然适宜牧草生长，但牧草生产力提高的空间有限，即便花费很大的成本来进行生态补偿，生态保护的效益增加也不显著，降低了资金的使用效率，同时补偿标准不能弥补牧户的损失，更无利于牧户的经济收入增加和地区的经济增加。因此，只有在这些区域通过适当发展绿色牧业经济，如人工草地养殖和畜牧业深加工及生态旅游等方式提高草地生产力的同时保护草地生态环境，通过牧户文化技能培训和产业结构调整改善牧户的生计方式，同时提高牧户的经济收入水平，才能促进该区域的生态经济可持续发展。

再次，将次级补偿区列为缓冲区，对该区域应该通过限制放牧的方式继续保护草地生态环境，牧户可以适度利用草地放牧，但必须严格控制牲畜数量和虫草的采集强度，即只能允许生活放牧而不能允许生产，减少的损失由政府的补偿金支付。这个区域与经济发展区的区别是对牧户仍然进行一定的生态补偿，与保护区的区别是可以在一定程度上利用草地资源。当然，这个区的重要任务仍然是在努力提高生态保护效果的基础上，借助区域的生态服务功能发展绿色的如生态旅游和文化旅游等经济，且逐渐改变牧户的生活习惯和生产方式，如牧户减少对草地资源的依赖进而在实现该区域的草地—牧户—地区利益的福利均衡基础上，使生态经济可持续发展。

5.5.5　牧户参与草地生态保护的福利变化及其差异化补偿

草地生态补偿是在保证各利益主体的福利均衡基础上，调动和促进生态建设者的积极性，主动地实现生态保护的一种机制。也就是，牧户只有在草地生态保护过程中，福利的损失能被补偿，且能因生态保护行为得到好处的前提下，他们才有可能主动地去参与和实施生态保护行为以获取更大的经济收入，也唯有如此，才能在公平和激励的基础上实现生态保护补偿的最终意义。而能从根本上改变牧户参与生态保护行为的福利，同时达到生态保护目标的关键是牧户的非牧生计水平能否得到提高。

本研究结合前文的牧户和移民参与草地生态保护的福利和生计状况，按照区域进行对比，并按照牧户所在区域的优先度和退化状况确定补偿标准。补偿标准的确定依据是，产生的草地生态保护效益增值与成本之和。成本的确定，按照优先度和补偿区域进行区分。

重点保护区和优先保护区，最好的保护方式应该是生态移民，对移民而言损失的福利效益比较高，因此补偿标准也应该最高；对重点保护区和优先保护区，需要投入的资金比较大，且需要以充分弥补牧户的损失和激励牧户参与生态恢复保护工程为原则，故前者的补偿标准以总参与成本为基础，后者以实施成本为补偿基础来维持福利的不下降，并同时加上生态保护的溢出效益价值，作为对这些区域的补偿标准。

次级补偿区，可以考虑产业结构调整和绿色经济的发展来促进当地经济的发展，并且让牧户逐渐投入到打工行列中，即实现非牧生计的改变以起到保护草地生态环境的目的；该区域由于前期的保护行为，使草地生态环境有了一定程度的恢复，此时的资金投入目的是防止草地生态系统进一步退化或保持及促进生态保护效果，故该区域牧户的福利损失指的是由于不能在草地上大规模的放牧而产生的损失，即以牧户的机会成本为主，总的补偿标准为机会成本与草地保护外部性之和。

潜在补偿区，主要考虑以限制放牧的方式来保护草地生态环境，牧户的机会损失较小，而且生活成本增加比较少，在资金不足的情况下可以考虑不补偿或少量的补偿；同时由于该区域草地生态退化不严重、草地生态保护效益较难以提高，可以考虑通过生态环境服务交易市场和机制的建立来刺激有限的、高质量的生态服务供给，故在资金充足的情况下，以交易成本作为福利损失的成本补偿标准。这部分区域的补偿标准为交易成本与溢出效益的价值之和。本研究以前文调查区域为例，分析了三江源区域牧户参与保护计划后的福利水平、生计水平与补偿标准，如表5-11所示。

表5-11 三江源中后期差异化生态补偿标准

地区	ESV (元/公顷)	参与成本 (元/公顷)	补偿区	补偿性质	保护措施	功能区	补偿标准 (元/公顷)	WTA (万元/户)	福利损失 (万元/户)
泽库县	104.421	53.65	潜在	补偿	限制放牧	绿色经济	158.071	1.143	1.648
河南县	103.348	50.89	潜在	补偿	限制放牧	绿色经济	154.238	1.143	1.648
同德县	81.243	48.94	潜在	补偿	限制放牧	绿色经济	130.183	1.143	1.648
兴海县	101.422	48.30	潜在	补偿	限制放牧	绿色经济	149.722	1.143	1.648
玛沁县	106.472	53.98	潜在	补偿	限制放牧	绿色经济	160.452	1.143	1.648
班玛县	105.043	73.90	潜在	补偿	限制放牧	绿色经济	178.943	1.143	1.648
甘德县	108.552	71.40	潜在	补偿	限制放牧	绿色经济	179.952	1.143	1.648
达日县	104.408	2868.07	优先	激励	禁止放牧	生态保护	2972.478	2.057	6.085
久治县	112.298	826.062	次级	补偿	生计调整	缓冲区	938.360	1.289	1.648
玛多县	68.050	3143.33	优先	激励	禁止放牧	生态保护	3211.380	2.057	6.085
玉树县	120.259	840.251	次级	补偿	生计调整	缓冲区	960.510	1.289	1.648
杂多县	119.239	3146.59	优先	激励	禁止放牧	生态保护	3265.829	2.057	6.085
称多县	93.953	2425.039	重点	鼓励	禁止放牧	生态保护	2518.992	2.057	6.085
治多县	57.907	2822.81	重点	鼓励	禁止放牧	生态保护	2880.717	2.057	6.085
囊谦县	102.934	91.7509	潜在	补偿	限制放牧	绿色经济	194.685	1.143	1.648
曲麻莱县	63.651	433.403	次级	补偿	生计调整	缓冲区	497.054	1.289	6.085
唐古拉山镇	22.119	4422.07	重点	鼓励	禁止放牧	生态保护	4444.189	2.057	6.085

表5-11所示，三江源前期生态保护规划中对该区域的部分牧户进行了禁止放牧和移民的策略，福利水平均不高，甚至有些区域牧户的福利水平非常低。其次，牧户的生计水平未能有所突破，仍然依靠补助维持生活，即生计水平的制约使得牧户不能施展自己的能力，难以获取更多的资源利用机会和不能改善自身的收入水平，使他们的福利水平较低。因此必须承

认和让渡牧户的保护效益，并补偿牧户的福利损失，才有可能促进该地区的生态经济可持续发展。再次，三江源草地生态保护应该以前几年的保护成果为基础，来核算牧户的草地保护行为产生的保护效益，并且针对补偿效果和退化程度来制定后期的保护策略与补偿标准，一方面可以实现草地生态保护与牧户福利损失的补偿；另一方面，以不同的补偿标准来激励牧户积极主动地参与生态保护，形成良性循环的、高效率的保护补偿机制。当然本研究的补偿标准是以单位面积草地的补偿价值来作为计量单位的，在实际操作过程中，可以通过牧户实际参与草地生态保护的草场面积来进行换算。

优先和重点发展区域的牧户应该生态移民，故补偿意愿参照值为移民是受偿意愿（中位数）；次优发展区的牧户应该通过生计调整大规模限制放牧，因此补偿标准以移民受偿意愿的平均值为基础；潜在补偿区域的牧户可以通过限制放牧并适当发展经济的方式来实现牧户的福利和生态保护的双效益，因此参照的标准为牧户的受偿意愿（中位值）。三江源各县牧户的实际机会成本损失（福利损失）同样与该区域的发展模式相对应，优先和重点发展区域的移民按照移民的机会成本损失 6.0846 万元/户进行补偿，其他区域的以牧户的机会成本损失补偿。

本研究中，草地生态保护效益是通过气候和降水为基础的 NPP 来计算的，并且经过了一定的修正，因此得到的草地生态保护效益增值都比较小；同时我们用模拟的 NPP 计算了牧户的机会成本，并且未考虑虫草的巨额产出效益，可能使部分区域牧户的参与成本偏小。在实际应用中，可以借助遥感数据核算增加的生态服务效益，并以牧户的实际损失来计算机会成本，结合牧户的保护意愿价值确定补偿标准。

本研究期望通过对草地生态补偿区域优先级别的划分和差异化的补偿标准，一方面能让牧户在草地生态保护过程中的福利损失得到补偿，同时能分享草地生态保护的效益，使牧户愿意为获得更多的效益补偿而积极主动地参与生态恢复及保护行为；另一方面，这种差异化补偿下，牧户会为追求比较利益而自发、主动地投入生态保护行为中，实现了主动诱导和激励式的生态补偿模式。这种补偿模式既可以避免被动式的生态保护响应带来的保护行为不力和效率低下等各种弊端，又可以不断地调整补偿标准和保护措施及保护力度，比较灵活和有效，但是需要在每年监测草地生产力的基础上进行，初期花费的执行成本比较高。

5.6 小结

三江源自然保护区由于经济发展水平和牧户的文化水平相对比较低，使牧户的生计能力及各种参与环境政策制定和参与的能力受到严重的制约，且受牧户长期以来的生活习惯的制约以及生态环境知识缺乏的影响，导致对生态保护的行为响应基本上是在政府主导下的被动式服从。因此，在三江源生态保护计划实施过程中，牧户不仅在生计和能力的制约下难以实现生态保护的主动响应和参与，使得三江源自然保护的效果受到影响；更在生态保护过程中牧户的权益受限和福利受损，严重制约了牧户的个体发展和区域的可持续发展，并成为阻碍三江源区域生态、经济、社会和谐稳定发展的瓶颈，建立高效、合理、有效的生态补偿机制已成为该区域的环境管理和社会经济管理政策及现实的迫切需要，也是通过调整受益者、保护者和区域及政府等相关利益主体的环境利益及经济分配关系，确保当地牧户的福利水平得到改善，并激励他们自发、主动地参与生态保护计划，确保三江源区域自然生态环境得到恢复—牧户的福利得到改善—区域可持续发展良性循环的关键途径。

"谁保护，谁受偿"和公平原则是生态补偿的两个基本原则，也是区分补偿主体和实现利益均衡的根据，更是生态补偿的核心目标，即如果因环境保护行为而使部分人群的利益受损则往往意味着该政策或机制的低效率或并非是帕累托最优的，这种情况下必须通过补偿机制使任何人的福利在没有减小的情况下使社会福利增加，实现帕累托的改进，才能实现资源配置和分配的有效性。也就是说，如果三江源生态环境保护政策，即便使当地生态环境得到了恢复，但如果是通过牺牲当地牧户和区域的福利及发展权而实现的，则该政策的实施效果并不是建立在公平原则和福利最大化基础上的，该政策的有效性便值得怀疑，也存在改进的余地。从理论上讲，生态环境保护行为往往会产生正的外部性，将引起部分人群的福利改善或增加，而区域生态保护外部性行为得不到补偿或补偿不到位、区域保护收益分配不均衡往往导致帕累托最优的难以实现，不仅抑制了保护区的保护积极性，更难以实现区域生态保护的可持续性。因此，必须由生态保护的受益群体来对保护者和保护区进行生态补偿，才有可能激励这部分人持续参与生态保护行为，使生态环境质量得以改善，最终实现社会福利最大化与个体福利的均衡，实现帕累托最优。

现行的三江源移民区统一的"一刀切"式的补偿标准和单一的货币补偿方式，由于忽略了牧户参与生态保护计划后因文化就业技能缺失导致的生计能力不足的情况，往往使参与生态保护的牧户福利受损严重，生活陷入贫困，而且这种补偿不到位和无差异化也不利于激励牧户主动积极地保护生态环境，既损害了生态环境的恢复和保护效果，又导致生态补偿的低效率。因此，本研究考虑以产生的外部性效益增值和牧户的机会成本损失以及牧户的受偿意愿为基础确定生态补偿标准，并依照保护效益、退化程度和成本资金效率共同确定生态补偿区域的优先度，按照不同优先度来实施差异化的补偿次序、补偿标准及不同的保护发展模式，以期改善牧户生态保护中的福利和保护积极性，促进三江源区域生态恢复和保护效果，实现社会福利最大化和帕累托最优，最终使保护措施成为实现区域经济、社会可持续发展的有效举措。

"补多少"一直是生态补偿研究的核心，直接关系到补偿的效果和有效性。虽然生态系统的服务由于被认为价值额庞大、不被人们认同以及不能在市场上公开交易等原因，一直被作为生态系统的潜在价值和生态补偿的参考标准，很少在实际中补偿。但是，基于公平原则和外部性理论，自然保护区的保护者、建设者和生产者因对自然资源和生态环境进行保护，产生了巨大的生态系统服务效益和价值，所以应当受到补偿。就福利经济学的角度而言，生态保护的福利便是因为生态保护而产生的环境服务或效用的增加、人类福利的改善以及资源的有效配置，从福利均衡和帕累托最优的原则出发，生态保护后产生的效益应该至少引起保护者的福利改善或保证不降低，保护者至少不应该为生态保护行为再次付出福利减损的代价和风险，以正向影响生态环境的恢复及保护，增加整个社会的福利。可见，无论是基于哪一个理论和原则，生态保护效益和福利损失都应该是生态补偿的标准。此外，生态保护者的受偿意愿，往往代表了生产者愿意通过环境保护行为而提供外部性服务和效益的最小阈值，如果低于这个值和机会成本，生产者和保护者将基于效益最大化原则和利益损失比较而不愿意继续提供环境服务（除非是被强迫或个体由于文化程度和宗教信仰差异等原因不符合理性经济人的要求），也就不会形成激励性的生态保护供给机制。因此，当地牧户的受偿意愿应该被作为最基本的补偿标准被参考，并应该努力满足这一补偿标准。

理论上，应该首先将自然保护区产生的净边际效应都补偿给保护者，但净边际效应的估计目前尚难以实现，本研究以三江源区为例，将产生的净生态服务效益增值作为补偿标准，借助草地 NPP 核算了自 2005 年实施保护以来三江源保护区各县草地所产生的生态系统服务效益变化情况：三江源草地单位面积生态系统服务价值平均值为 26.1901 万元/平方公里，在 2002—2010 年近十年中三江源草地生态服务价值呈现出缓慢的增加趋势，2010 年与 2002 年相比增加了 3.45%；在空间上，三江源草地生态服务价值呈现出明显的差异性，海拔比较低的同德县、囊谦县的草地生态服务价值相对最高，而海拔最高的唐古拉山镇草地生态服务价值最低。本研究拟将草地生态保护计划实施以来产生的生态服务价值增值（即 2010 年与 2005 年的草地生态服务价值差值）作为三江源各县的补偿标准，并结合后文的机会成本和优先度进行了修正，重新得到各县的补偿优先次序、补偿重要性和补偿标准，以体现公平原则、效率原则和激励性。

三江源牧户由于长期依赖于草地放牧的生活习惯、汉语言文化和非牧生计技能的欠缺，使牧户在参与生态保护行为后产生的福利损失明显比其他保护计划中的农牧民福利损失严重，更使参与草地生态保护行为成为牧户生活贫困化的直接原因。因此，能否将牧户在草地生态保护计划参与中的福利损失即机会成本补偿给牧户，便成为三江源草地生态保护计划能否持续下去、生态保护效果能否得到巩固、福利均衡和资源使用权益平等是否能够实现、公平和可持续发展原则能否成立和遵从的关键，也是三江源地区社会稳定和谐的保障。对三江源牧户而言，草地生态保护行为导致的机会成本损失指不能放牧带来的牲畜收益减损和不能出租草场带来的租金收益较少，本研究首先基于牧户的调查数据，按照市场价值法估算了牧户参与生态保护过程中实际损失的牲畜机会成本和草场机会成本，限制放牧的牧户每年的机会成本损失为 1.6478 万元/户，移民每年的机会成本损失为 6.0846 万元/户。其次，基于草地生物量的理论载畜量和生物生产能力计算了牧户在参与生态保护行为中的理论参与成本和机会成本，移民的机会成本为计算值的全额，而限制放牧牧户的参与成本为限制放牧面积上的机会成本损失；三江源牧户单位草地面积的参与成本平均值为 3001.627 元/（公顷·年），一方面因牧户的草场拥有面积不同而使参与成本存在差异性，另一方面因各县的海拔高度和草地退化状况及交通便捷程度不同而存在明显的区域差异性，治多县、称多县、玛多县的参与成本最高，河南县的参与成本最低。在实际的补偿过程中，可以综合考虑理论机会成本和实际机会成本损失，确定补偿标准。

个体的保护行为往往是一定环境认知的结果。（1）三江源牧户普遍对草地的生产功能和养老保障有着较高的认知，对水源涵养、水土保持和气候调节等功能也有着较高的认知，说明三江源草地生态保护政策的执行和宣传增强了牧户的环境认知，但继续加强环境知识宣传和教育是必要的。（2）只有约 66.7% 的牧户对三江源草地生态退化有一定的感知，大部分牧户认为草地生态退化是由于气候变化所致，他们选择参与生态保护行为是基于对国家政策的服从、对老人治病和子女教育及自身福利损失最小化的综合考虑结果，是一种被动的、无奈的保护补偿响应；参与生态移民计划后生活成本的增加、因就业技能不足难以通过打工等方式获得经济收入和补偿标准偏低使移民的生活陷入贫困，是目前三江源移民在生态保护响应中遇到的最突出、最困难的问题，因此提高补偿标准、加强工作安置和就业补偿等多种途径和方式的补偿来改善牧户的福利水平，是生态补偿公平原则和可持续发展目标的基本要求。（3）个体的受偿意愿代表了牧户愿意参与生态补偿的最小成本，是对现行补偿标准和补偿机制满意度与有效性的直观判断标准，更与个体的社会经济特征密切相关。本研究分别计算了基于平均值与中位数的三江源牧户和移民参与生态保护行为的受偿意愿，三江源牧户受偿意愿的数学期望为 6733.14 元/（年·户）和 11431.6 元/（年·户）；移民的受偿意愿额分别为 12886.86 元/（年·户）和 20566.84 元/年·户；移民在生态保护中损失的福利相比限制放牧的牧户而言要大，因此移民受偿意愿比较高，也是比较符合情理的，三江源牧户作为生态保护者和生态服务的提供者，应该以三江源牧户的受偿意愿来作为生态补偿标准，并根据生态补偿的优先度与草地利用限制发展模式不同而有所差异。

"补多少"不应是一劳永逸的、统一化的、静态的补偿标准，而应该是与保护者提供的生态系统服务数量和质量挂钩，当然也应该酌情衡量草地退化程度及其恢复难度来进行调整，最终确定补偿优先度和差异化的补偿标准，以实现最优先补偿的区域与保护效益增加最大的区域相一致、保护次序优先的区域与草地生态退化严重程度与恢复难度相对应、保护区域的优先度与补偿标准相统一，即保护优先度最大的和退化程度最严重、恢复难度最大的区域应该优先得到补偿，并且应该按照最高额度的标准来补偿。移民的生态补偿标准以受偿意愿为参考，为生态系统保护增加值与机会成本损失之和，限制放牧的牧户的补偿标准参照移民的补偿标准，并按照被限制发展的比率进行换算。在划分补偿区域的同时，应该按照不同的生态功能区域制定后期的保护与发展管理规划，才能在牧户福利不降低的前提下，促进区域的经济发展并带动牧户的生活改善和福利增加，实现三江源区域的生态经济可持续发展。

6 研究结论与讨论

本研究结合福利经济学理论和生态学理论，在千年生态系统报告的研究基础上，尝试建立了生态系统服务与福利的概念框架，界定了生态系统服务功能对人类福利的影响，并指出在生态保护过程中生态补偿是减少贫困和改善人类福利、实现生态经济可持续发展的根本手段。在上述相关理论分析的基础上，采用实证研究方法，以三江源自然保护区为研究单位，探讨了三江源牧户在生态保护行为中的福利内涵，分析了牧户在不同保护程度（或自然资源使用权益限制）中的福利变化情况；基于福利均衡、"谁保护、谁受偿"和激励原则，确定牧户参与生态保护产生的环境服务增值应该是补偿标准之一，立足于生态系统保护的效益理论和生态服务价值理论，分别以三江源各县为例，核算了牧户的保护行为产生的生态系统服务增值情况，并将增值作为生态补偿标准的一部分；基于成本理论和公平原则，牧户生态保护中损失的福利或机会成本应该是生态补偿的补偿下限，本研究分别核算了牧户理论上和实际上的生态保护机会成本，作为补偿标准之二；基于生态保护外部性理论和希克斯剩余理论，通过对三江源牧户对生态保护补偿的参与意愿，推导出了牧户和移民为提供生态服务的最小受偿意愿，作为生态补偿标准的参考标准；依据生态保护效益、成本效益和生态恢复难度，计算了三江源区域的生态补偿优先度，并对补偿次序、补偿标准和保护模式进行了探讨；通过构建以牧户福利损失、保护效益分享和保护意愿为基础的补偿标准，实施差异化的补偿标准和方式，期望形成激励的、高效的三江源生态恢复及保护补偿机制，最终实现牧户福利改善—生态保护—区域生态经济可持续发展。

6.1 研究基本结论

6.1.1 生态系统保护的福利内涵

人类对生态系统服务产生的供给服务、调节服务、文化服务等功能性活动的自由选择和组合能力构成了人类福利，即人类在自然生态系统的基础上为实现美好的生活、健康、体验、各种社会关系、归属感、尊重和实现自我价值等而选择各种生活的自由和能力即是人类福利，而获取更多的自由和选择是人类福利改善的终极目标，也是人类发展（能力提高）的最终追求。幸福感和生活质量满意是人类能力的一部分，却不是完全的福利。贫困也不仅是收入的下降，而且是人类发展或选择的受限和福利的下降或者被剥夺。

生态系统的退化和破坏将严重威胁人类福利（尤其是穷人的福利），在评价生态系统带来的人类福利时尤其应该注意区分生态系统服务和功能及其能力（即福利）的区别，我们研究福利不是为了纯粹地追求自然资源或者自然资源的经济价值，而真正的着眼点应该是在生态环境中人类能力的提高。在可持续发展的概念、综合保护和发展理念下，应设定环境和人类发展之间特定的制度安排，将人类活动和生态系统服务之间的社会—生态相互依存关系作为生态系统管理的基本导向，把生态系统服务纳入资源利用、生态系统管理、生物多样性保护、区域可持续发展以及减少贫困等议题，重视生物多样性和生态系统服务的政策和管理战略上的互补性，实现生态系统服务—福利的链接，通过生态保护实现人类福利的提高；探讨生态保护对人类福利的意义以及如何在资源利用和贫困减少的情况下实现生态保护的权衡，探究保护和生态系统服务流量的变化会如何影响福利，尤其是对穷人的实际影响，加强贫困地区自然资源的管理和关注贫困家庭的参与能力及替代生计，并设计政策工具和机构来公平和有效地管理生态系统，构建以福利损失为基础的生态补偿机制，有助于实现生态系统的有效保护和人类福利的改善的双赢局面。

6.1.2　生态补偿—福利

生态补偿通过外部效应内部化的激励机制，对福利损失进行补偿以激励生态保护的行为，进而增加人类福利。生态补偿是贫困减缓的重要机制，但目前生态补偿研究对于发展权的受限、农牧民的福利变化和贫困以及可持续发展考虑不够，应该更关注从个体行为的参与角度进行生态补偿的研究。贫困不仅指收入的下降，更指能力的受损，指享受自然资源过程中获取资源的能力或机会的受限，以及不能自由选择和发展的受限。发展不单纯是经济增长，更是人类能力的提高和扩展，包括人类的自由、环境保护、文明、平等及人类的和谐进步。在生态保护过程中，部分人的资源利用和开发权利受到限制，甚至部分长期只能依赖当地的生态系统服务以维持生计的人利用自然资源的机会和自由以及实现一定的社会关系、娱乐休闲、自身价值、文化承载、环境保护等能力受到重大的限制和改变，即福利受到损失。因此应实现生态系统服务—福利的链接，探讨生态保护对人类福利的意义，通过对生态保护中的福利损失和为生态恢复所作的贡献以及经济增长中所消耗的生态资源进行补偿，以激励和促进生态保护和对破坏的生态环境进行治理，实现生态保护，进而增加人类福利或者减少贫困。因此，生态补偿是人类福利增加和生态保护的关键。

我们应了解农牧民的生态保护行为并深入分析生态补偿意愿的影响因素，关注利益相关者的保护和响应行为，结合利益相关者的意愿调查确定补偿的合理水平，明确利益相关方的责任界定及区域资源发展和保护责任，协调利益相关方的利益冲突，通过平衡利益关系和调节保护、利用与破坏相关者利益的协调机制及制度安排，构建生态补偿机制，实现生态保护和社会福利的均衡。同时促进贫困家庭参与能力和促进农牧民生计多样化，引导实现主动参与式补偿和保护，以提高人类能力，在可持续发展的综合理念下制定自然资源保护和管理规划，最终促使有效的生态系统保护—提高人类福利—发展的多赢局面的实现。

6.1.3 三江源草地生态保护中牧户的福利

判断某一项政策是否是帕累托最优的、高效的，虽然可以通过评价政策实施产生的绩效和成本效益来进行，但由于缺乏各种利益转移和均衡的分析，社会经济学家们更偏好于以个体和社会福利的变化及其均衡来衡量某项政策产生的资源配置和福利改善的效果，进而判断该政策的实施是否是最优的或者还存在改进的余地。传统的福利经济学中一般选择收入或效用来表达福利，注重主观福利的幸福经济学中以幸福感和生活满意度来表示个体的福利状态，但均存在一定的局限性。在三江源牧户的福利研究中，由于该区域牧户的语言、文化水平、收入来源、宗教信仰、生活习惯等的特殊性，如果仍用效用、收入或幸福感等单一指标来评价牧户的福利，既无法全面准确地反映出牧户的福利内涵和变化，更可能因无法揭示更细微、更特殊的福利内容而得出片面的、不符合实际的研究结论，甚至对相关政策的制定产生误导。森用以评估福利的可行能力框架，不仅仅包括了收入和幸福感等生活功能内容，还揭示了个体的资源和环境利用权限、自由以及社会关系、工作等各种福利功能的差异，以刻画环境政策带给个体的福利影响。

结合学者们的各种能力功能维度的研究成果和千年生态系统中福利的重要内涵，本研究将牧户在三江源草地生态系统保护中的福利界定为以下 9 个功能维度的集合：生活、健康、安全、社会关系、环境、社会适应、自由、生活实现和幸福感；马斯洛需要层次理论认为，个体的需求和价值的实现是有层次的，低层次需求的满足是高层次需求实现的必要条件，因此本研究认为福利功能的维度之间是有层次的、递进的，并给予了不同的权重来体现这种福利功能的阶梯性。通过计算发现，三江源移民和限制放牧的牧户的福利水平均不高，并存在区域间和不同保护模式下的差异性。移民的福利水平从 5.05 下降为 4.64，限制放牧牧户的福利水平从 4.83 增加到 4.97；当牧户整体的福利水平不高时，说明牧户高阶福利功能并未实现，牧户的福利仍停留在低阶的、基本福利能力等需求的满足上，此时收入的下降、收入来源的单一化和温饱需求的满足便成为福利水平提高的关键，即收入虽然不直接决定福利和幸福，但当收入水平不足以满足个体的低阶需求时，收入的下降一定伴随着其他功能的受限并一同导致福利的大幅度下降。三江源牧户在参与生态保护行为中，草地资源使用的自由和机会受限直接影响了自由功能的实现和牧户的就业机会及收入，而牧户文化技能的缺失和文化交流等功能的受限直接影响了他们的社会适应、社会关系和工作等福利功能的实现，进而影响了他们整体福利水平的提高，甚至使许多移民的生活陷入贫困。移民和牧户的福利区域间差异也是由于各区域生计水平高低不同和就业机会多少而产生的，可见牧户如果不能通过就业来改善生活，他们的福利必然会受损且维持在一个相对较低的水平。

6.1.3.1　增加牧户可行性能力和生计能力是改善牧户福利的根本

三江源生态保护是一项对生态环境和自然资源安全、区域经济发展乃至民族团结和社会稳定都有着深远意义的战略决策，在环境政策制定的过程中，首先应该考虑和顾及各方利益主体的权益变化及均衡，而不应该仅仅为了国家和后代的长远利益而牺牲当地群众和区域的各项权益，更应该重点关注那些长期依赖于当地生态服务而生活的牧户和贫困人群在该环境政策中的得失与发展，在以不损害这部分人的福利基础上获得积极响应和参与，才有可能保障生态保护行为的顺利进行和社会福利的最大化。按照森的相关理论，社会各群体的最基本的能力便是能自由选择过什么样的生活或者有能力选择参与对他们有利的政策和环境以实现追求的生活质量，或者不参与对其福利有损失或者有危害的各种制度、政策，即个体的选择能力、选择自由和选择的机会以及对将来可能发生的各种风险的估计都是个体的可行性能力的体现，是个体福利的重要内容。而三江源牧户只能被动地接受被生态移民或被限制放牧以最大可能地避免福利损失，只能被动地接受补偿标准而不能通过讨价还价或参与环境政策制定等方式获得更高的补偿以减小福利损失和贫困化的发生概率，只能接受单一的、比较微薄的现金补偿却要独自承受不能放牧后的难以就业和生活无法保障及生活难以适应的各种困境，即牧户的选择机会和自由受到了极大的限制，进而使他们的各种福利遭受了严重的损失，甚至面临或已经陷入贫困的境地。理论上，牧户应该是参与各种环境政策制定的主体，牧户失去或被限制草地资源的利用权，不仅意味着牧户原来拥有的获得经济收入的机会的丧失或被限制，而且意味着牧户的发展权的受限和将来获得更多收益或发展的机会的被剥夺，更意味着牧户生活成本的增加和重新就业、择业的困难加大，还意味着牧户面临各种贫困化和福利下降风险的增加，这些冲突和矛盾是牧户可行性能力和创新及适应各种改变的能力不足的反映，更是牧户政治权利的缺失中被动服从的结果。因此，降低牧户的福利损失程度和贫困化程度的根本途径，是在科学补偿基础上提高牧户的可行性能力，培育牧户的非牧生计能力，让牧户减少或逐渐放弃对草地生态系统的依赖，通过其他途径就业和获得收入来改善福利并实现草地生态环境的恢复及保护。

牧户对草地功能的依赖，一方面是基于草地的生产功能和保障功能的依赖，由于长期的生活习惯和语言文化的限制，牧户很难也极少通过非放牧途径（草地经济作物如虫草等也被算入放牧生计）来获得收入，更无法谈及致富，在这种情况下牧户只能依赖易于操作、比较熟悉和基本能保障生活所需的草地服务功能；另一方面牧户的畜牧生产相对而言有着较小的风险和不确定性，牧户的生活和收入几乎不会受到太大的影响，即便在比较不频繁和不严重的自然灾害、草地生态环境轻度退化的情况下，牧户的收入和生活依然可以维持在一个相对稳定的水平，其他福利功能也受影响较小。但在草地严重退化的情况下，牧户虽然也在逐步减少牲畜数量和轮牧，但由于受根深蒂固的靠地吃饭和靠天生活的传统思想影响，以及众生平等和不杀生等宗教思想的影响，草地生态环境的牲畜压力依然很大，甚至在草地退化和藏族牧户不杀生的影响下导致鼠害猖獗，进一步加重了草地生态退化程度，使国家必须出台环境保护政策，从而使牧户的福利水平受到严重的影响，这是长期对草地生态环境粗放式利用和气候变化等多重因素影响下产生的后果。因此，要牧户逐渐减少对草地功能的依赖，既要从牧户的宗教思想入手，通过正确的环境知识宣传和相关的宗教思想指导牧户提高草地生态保护的意愿，又要着眼于牧户生计能力的提高以改善他们参与生态保护行为后的经济收入情况，避免牧户因生活贫困化而拒绝参与生态保护行为，从而使草地生态环境质量更糟。更应该重视的是如何构建科学的生态补偿机制，以补偿牧户的福利损失，并增加就业或生计补偿，让牧户在工作中提高可行性能力并改善福利,以激励牧户逐渐减少和放弃草地放牧生活,实现草地生态保护和牧户福利改善的双赢局面。

发展不仅仅是经济总量的增加或资源的合理利用和有效配置,更指的是人类的可行性能力和自由的提高,并且实现生态环境的保护,这才是最大程度的社会福利最大化。

6.1.3.2 以福利损失为基础的生态补偿是减小福利下降的有效举措

按照帕累托原则,如果某些改变不能使一个人的福利减少或者变得更糟,那么改变的结果是帕累托最优的,此时社会福利是最大的。三江源生态保护行为使当地牧户的福利遭受了极为严重的损失,而此时因牧户的生态保护行为社会福利却可能增加,但由于草地生态保护行为存在着极大的外部性,而使牧户的边际收益与社会边际收益不相等,既不是帕累托最优,也不可能实现社会福利效益的最大化。而如果牧户在生态保护行为中的机会成本要远远低于他们得到的补偿时,则牧户的福利仍然受到了侵害,他们将不会产生生态系统的恢复及保护的意愿,而且不可能产生积极的保护行为以提供更多、更好的草地生态服务效益。这种情况下既使牧户的福利受损失,也使草地生态保护的效益无法持久或效率降低,无法实现社会福利的最大化。因此,要使牧户愿意和积极、持续地参与生态保护行为,必须使生态补偿标准高于或至少等于牧户的参与成本(包括机会成本),即至少要补偿牧户的福利损失,才能维持生态保护补偿机制的有效运转,也才能在牧户福利水平不下降的前提下使草地生态系统逐渐得以恢复,并为当地或下游乃至全国产生更大的生态服务效益,维持三江源牧区的社会稳定和发展,实现社会福利的最大化。

三江源自然保护区生态补偿更多地是指对牧户和区域对生态系统保护所做的贡献的补偿,即由于牧户和区域为三江源生态保护和水源保护而使自身福利受损,并丧失了一定的发展机会和权利,因此牧户和区域有权也理应获得补偿。基于公平原则和福利经济学理论,应该由下游等其他生态保护受益区对保护区的付出进行补偿,以实现保护区的福利最大化和社会福利的均衡。

6.1.3.3 牧户福利改善与生态保护的福利优化

三江源草地生态环境的恢复及保护，不仅对三江源区域及其中下游区域，更对全国来说有着重要的意义，即三江源草地生态保护的实现便是社会福利最大化。以此为目标，我们的福利优化模型揭示出，中下游应该为自身所享受的水源服务付费，并用来补偿给参与生态保护行为而使自身福利下降的三江源牧户，以弥补牧户因失去或部分失去草地资源使用权后损失的经济收入、社会保障和社会关系支持，以及宗教文化服务等，从而支持和鼓励牧户继续参与保护行为并提供水源涵养服务。当且仅当补偿标准能够完全弥补牧户的各种福利损失、被保护草地上产生的效益与草地畜牧经营该部分草地产生的边际效用相等时，草地生态保护的资源配置才是帕累托最优的，才可能实现社会福利的最大化目标。

基于边际效用递减原理，必须提高补偿标准以改善补偿边际效用的下降，并应该采用动态的、考虑了时间贴现的较高补偿标准以鼓励牧户参与生态保护行为，使草地边际效用增加，并使草地保护面积越来越大，增加三江源草地的生态保护效益，最终在牧户福利最优的基础上实现社会福利最大化。基于黄有光先生的"一元就是一元"的理论，一定的补偿标准看似其边际效用不高，但对贫困人群的意义要远大于富人，因此，提高补偿标准，且增加补偿标准的贴现率将对改善牧户的福利更有效，也更有利于社会总福利的最大化。

牧户在三江源生态保护行为中的福利下降，不仅是由于补偿标准太低而使牧户生活水平单一导致的，而且是在生活水平等基本需求未满足的情况下影响了高阶功能的实现，且在生态保护行为过程中，牧户更高阶的功能、难以实现的如自由选择的权利、社会适应能力等的被限制，使牧户的发展受限，导致他们的福利功能受到了极大的影响。即三江源牧户的福利水平下降是不完全产权、低标准补偿、静态补偿标准和倚重货币化补偿的综合影响结果。因此，提高补偿标准、基于牧户的福利功能的损失进行补偿、尊重牧户的发展权，并让牧户参与补偿标准的讨价还价行为和环境服务交易等环境管理，才有可能使牧户的福利优化，进而形成有效的、主动式的生态保护补偿机制，最终实现社会福利最大化。

6.1.4　三江源牧户福利最优的生态补偿

草地资源配置并不能自发地实现资源集约式利用、资源的合理利用与草地生态承载力的平衡等各种帕累托最优，而草地资源的公共产品性质决定了草地资源能产生巨大的正外部性，必须通过生态补偿机制来平衡各相关利益方的福利，最终实现社会福利最大化。三江源草地生态保护行为给三江源区域和中下游地区乃至全国带来了大量的福利的同时，牧户的福利却受到了很大的损失，因此，该状态不是帕累托最优的，需要提高补偿标准和采取多种途径补偿来弥补牧户的福利损失，激励牧户持续地参与生态保护，而中下游等福利受益方应该为牧户的损失和三江源区域的保护成本付费，以实现社会福利的最大化。因此，三江源草地生态保护的补偿标准，首先应该是牧户的最小受偿意愿额度，以使牧户的福利水平至少与他们参与生态保护行为前的福利水平一致；其次，牧户的福利损失价值（机会成本、发展权损失、各种福利功能和生计能力）补偿标准是牧户继续参与生态保护行为和福利不降低的保障；再次，牧户因生态保护行为产生的各种生态服务溢出效应，基于公平原则和激励原则，也应该补偿给牧户，以促进他们生态保护行为的积极性。即牧户的福利损失和牧户的保护效益价值补偿之和是三江源牧户应该获得的全部补偿，同时，牧户的受偿意愿是牧户最基本的补偿参考标准。

基于保护效益和激励机制而形成的生态保护补偿模式，结合保护优先度和区域草地生态恢复难度确定的差异化补偿标准是必要的，并且按照区域进行不同保护方式和不同经济发展模式的环境管理政策也显得尤为重要。

6.1.4.1　三江源牧户生态保护行为产生的保护效益价值

只有当牧户的保护边际成本与草地保护产生的边际收益相等，而按照大于等于该保护成本即生态服务边际效益价值进行补偿时，牧户才有可能愿意保护生态环境，从而带来草地生态环境的恢复及改善，即实现牧户福利的改善和社会福利最大化。

植被覆盖度和植被的生物生产力是检验草地生态环境质量的重要指标，而草地的生态服务功能是由一定的草地的植被生产力产生的，本研究以三江源植被生产力为基础核算了生态保护行为产生的生态服务功能增加量。2002—2010 年，三江源草地地均生态服务价值呈现出缓慢增加的趋势，且增加趋势呈现出先下降后迅速增加的变化规律，2010 年与 2002 年相比，三江源草地的生态服务价值增加了 3.45%，揭示出三江源草地由于海拔高、气候恶劣和交通不便等原因，恢复难度较大、恢复周期长，需要持续的生态恢复保护行为才能收到良好的保护效果。三江源单位面积草地生态服务均值为 26.1901 万元/平方公里，空间上表现出极大的差异性，海拔比较低、气候比较适宜的区域草地生态服务价值也比较大，如同德县的服务价值最大；海拔高、气候比较恶劣和降水少的唐古拉山镇的生态服务价值最小。

2010 年三江源草地的生态服务价值比 2005 年（开始实施保护）增加幅度最大的是甘德县，单位面积草地生态服务价值增加了 1.086 万元/平方公里，其次为玛沁县和玉树县，分别增加了 1.065 万元/平方公里和 1.203 万元/平方公里；而海拔较高、气候比较恶劣、退化比较严重的唐古拉山镇和曲麻莱县的草地生态服务价值增加最小，分别只有 0.221 万元/平方公里和 0.637 万元/平方公里。

6.1.4.2 三江源牧户生态保护行为中的福利损失

牧户在三江源草地生态保护行为中的福利损失能否被全额补偿，是牧户是否愿意继续参与生态保护行为的关键，同时也是牧户福利最优的根本性保障。牧户参与生态保护行为的福利损失，不仅仅是草地资源被禁止或限制使用后的经济收入的损失，还包括牧户的迁移自由、适应能力、生计能力及自我价值的实现等各种福利功能损失。本研究仅仅计算了牧户的经济收入损失，对其他福利功能的损失采用其他途径和价值标准来确定。

由于区域不同，牧户拥有的户均草场面积的差异性很大，使牧户参与生态保护的牲畜机会成本和草场机会成本的数值在空间上可能相差很大，但该单位面积草地或户均的数据依然可以作为重要的补偿标准之一。本研究分别基于牧户的调查数据和草地植被生产力数据，计算了牧户实际的机会成本损失和理论上的生态保护参与成本。三江源移民的机会成本损失要高于限制放牧的牧户，平均值为 4.2846 万元/户，而牧户的机会成本损失为

1.6478 万元/户。作为移民，福利损失不仅是失去了一次性的收入来源，更失去了将来获得收入的机会和资产价值，同时移民的生活成本也会增加，三江源移民的机会成本损失应该加上生活成本补偿，即共计 5.9326 万元/户。此外，牧户和移民的福利经济损失均应该考虑动态的时间效益和通货膨胀及物价水平升高带来的影响，即应该制定动态的补偿标准，以计算得到的补偿标准进行体现，还原率为同期银行存款利息率与物价水平之商，并在保护期内计算出每年的福利损失作为补偿标准。

6.1.4.3 三江源牧户参与生态保护补偿的受偿意愿

三江源牧户在参与生态保护行为中，牧户的效用水平大幅度下降或福利受损。按照希克斯剩余理论，此时的补偿变化是指为使消费者的福利不变所必须补偿的最小价值（WTA）（蔡银莺，2007），即为使牧户的效用水平恢复到参与保护行为前的初始无差异曲线上所需的收入变化，便是牧户的最小受偿意愿，也是保证牧户福利不下降的最低补偿标准。而牧户的受偿意愿往往与其自身特征、保护意愿、对生态环境退化程度的认知有关。

牧户是生态保护行为的实施者，更是生态系统服务和效益的生产者和提供者，因此对于牧户而言，生态补偿标准应该以他们的受偿意愿为主。移民在参与生态保护行为中，受到的福利损失比限制放牧的牧户要大，同时产生的草地生态保护效益要比限制放牧的牧户高，因此理论上移民的受偿意愿要更高，移民也应该获得更高额的补偿。牧户的受偿意愿与牧户对草地生态退化的感知、保护外部性的认知、牧户的年龄、拥有的牲畜数量、离县城的距离和就业机会有关，同时与三江源区域的消费水平和收入水平有关，因此我们分别基于平均值和中位数计算了牧户和移民的最小受偿意愿。三江源生态移民基于平均值得到的最小受偿意愿额为 1.2886 万元/（年·户），基于中位值计算得到的移民最小受偿额度是 2.0566 万元/（年·户）；限制放牧的牧户基于平均值得到的最小受偿意愿为 0.6733 万元/（年·户），基于中位值计算得到的牧户的最小受偿意愿为 1.1431 万元/（年·户）。牧户的最小受偿意愿额度应该是牧户的参照补偿标准，是避免和防止牧户福利下降，或至少维持保护前的福利水平的补偿标准；而牧户的福利损失和生态保护效益增值价值可以作为牧户福利改善的补偿标准。

6.1.4.4 三江源补偿区域优先度划分和区域补偿标准确定

静态的、"一刀切"的、无差异的补偿标准往往使补偿的边际效益较小，也使牧户参与生态保护的动力不足，进而影响草地生态恢复的速度和效果，也是帕累托存在改进的原因。因此，应提高补偿效率、在原有的补偿标准基础上提高补偿标准，使牧户的福利得到改善并激励他们更多地、更积极地、更主动地参与生态保护行为，促进生态恢复及保护的效果，使社会福利最大化。基于三江源区域海拔高度、气候和草地退化程度的差异性，三江源草地生态服务并非是均质的，三江源草地保护效益增加的效率和生态环境恢复的难度必然也存在差异；同时三江源不同区域牧户参与生态保护行为过程中的福利损失也并不相同，因此，在考虑草地保护效益、草地恢复难度和保护补偿资金效率的情况下，制定有次序的、有差异的、不同补偿期的差异化补偿机制是必要而紧迫的。

本研究以三江源保护区各县的行政界线为生态补偿差异性的空间选择界线，基于生态保护行为的直接参与者——牧户的福利优化目标，以提高生态资金的利用效率和牧户参与草地生态恢复、保护工程的积极性为目的，以生态补偿效益和生态保护行为参与成本计算的区域补偿优先度为依据，结合区域草地生态的恢复难度，建立了差异化的补偿次序和各区性质迥异的补偿标准。（1）本研究将三江源杂多县、达日县和玛多县列为优先补偿区，该区域应该最先受到补偿；补偿标准应该是最高的，按照生态服务功能溢出效益与总参与成本之和补偿；该区域生态补偿的性质是在对草地生态恢复做出的贡献承认基础上，激励牧户继续加大保护和参与力度，以产生更大的保护效益；该区域通过生态移民工程和禁止放牧来实现生态保护目标，可被列为生态恢复保护示范区，以起到生态恢复及保护的效果呈现和带头作用，且可以产生生态服务效益的产权交易等模式来实现补偿资金的充盈；该区域补偿标准最高，能激励牧户放弃草地畜牧经营生产，可以彻底使该区域成为生态服务优质、高效供给区，同时该区域牧户的福利是最优的。（2）本研究将唐古拉山镇、称多县和治多县等列为重点补偿区，该区域应该重点得到补偿；补偿标准与生态保护效益直接挂钩，生态保护效益越高则得到的补偿标准越高，但由于该区域恢复难度比较大、补偿效益在短期内较小，故以实施成本与保护效益溢出价值之和为补偿标准；该区域生态补偿的性质是鼓励兼补偿，通过补偿标准来使牧户提供更多的生态服务功能，同时对福利损失进行补偿以让牧户没有后顾之忧，愿意参与生态保护行为；该区域为生态保护功能区，不适于任何对草地生态环境恢复有损害的经济发展方式，同时应该禁止放牧；该区域的目标是使草地生态尽可能地恢复及得到保护，同时使牧户的福利至少保持和保护前一样的水平，因此该区域牧户的福利水平不下降便是帕累托最优的，同时可以鼓励牧户为获得更多的补偿而加大生态保护参与力度，以实现社会福利最大化基础上牧户的福利改善。（3）本研究将久治县、班玛县、曲麻莱县和玉树县列为次优补偿区，在考虑前两个区的补偿标准之后，将该区域的补偿标准定为生态效益溢出价值与参与生态保护的福利损失（即机会成本）之和；该区域生态补偿的性质是对牧户在参与生态保护行为中的福利损失进行补偿。该区域为生态保护与经济发展的缓冲区，应该继续限制放牧以恢复草地生态，同时禁止经营性质的畜牧业发展方式；在被补偿的情况下，该区域的牧户福利是可以保持不下降的，在生态恢复效果良好状态下福利将得到改善。（4）三江源的其他区域为潜在补偿区，是补偿效率最低的区域，在资金有限的情况下暂不补偿，在资金充足时，以牧户参与生态保护的交易成本与保护效益溢出价值之和为补偿标准；该区域可以考虑在保持生态环境质量的基础上，推广饲养、圈养等方式适度发展绿色畜牧经济，延伸产业链，提高畜牧产品的附加值，并积极发展二、三产业以促进牧户的转产经营，促进就业，使牧户能通过集约的、绿色的畜牧经营和就业来改善生活水平，进而降低草地的粗放利用和人畜压力，使人地生态系统和谐，并促进该区域的生态经济可持续发展。同时上述各补偿区的标准均可以参考受偿意愿进行调整和修正，并以还原率进行贴现，实现动态的补偿。通过对三江源区域差异化的补偿、保护和发展模式的调整，以构建激励式的、引导牧户积极主动参与式的生态补偿机制，建立高效的生态保护管理模式，以实现牧户福利改善和区域生态经济的可持续发展。

6.2 政策建议

6.2.1 建立以牧户福利能力内涵为基础的补偿

发展不仅仅是经济水平和速度的提高，更是人类福利能力的提高和生态环境保护的实现，而一个区域的和谐发展离不开当地牧户的福利贡献和福利改善。因此，三江源自然保护区的发展是草地生态环境恢复及保护过程中牧户的福利水平改善及能力提高，三江源草地生态保护过程中牧户的福利公平及优化是区域社会经济制度安排和政策实施的立足点，也是促进该地区和谐、稳定发展的重要保障。

首先，三江源生态保护中，牧户的草地产权及其经济收入能力首先受到了侵害，因此要提高目前牧户的福利水平和幸福感，首要工作是合理补偿牧户在生态保护行为中的福利损失，以保障牧户的生活水平不下降；同时考虑构建完善的社会养老保障机制和健全各种救助体系以解决牧户生活的后顾之忧，才能避免让牧户陷入贫困化，即"补偿与保障并举"。三江源区域目前对移民的补偿标准明显不足以补偿他们的福利损失，使他们难以维持目前的生活和提高生态补偿效率，故提高补偿标准是牧户福利改善的需要，更是区域巩固保护效果、增加保护效益和提高补偿效率的前提；同时，随着物价水平的不断提高，牧户的生活成本呈现出持续增加的趋势，一成不变的补偿标准已经难以弥补牧户的福利损失，因此在提高补偿标准的基础上，计算动态的补偿标准并补偿牧户也是改善他们福利水平的重要保障。三江源区域目前推行的医疗保险、最低生活补助金等保障体系在一定程度上产生了积极的意义，但在调查过程中发现许多牧户虽然享受到医疗保险，但不知道如何使用和享受各种医疗保险带来的福利，甚至有许多牧户由于对各种社会保障制度规定不了解或觉得没用而不愿意交纳保险费用，不仅导致了资源的浪费，更无法从根本上改变他们的福利状态；而养老保障遵循了国家规定的 60 岁以上的老人才能享受养老福利，明显不适合于三江源区域高海拔、气候苦寒、终年放牧而多病的老年牧户；因此加强各种宣传,制定一系列的配套措施和救助体系,将三江源社会保障实施效果和满意度列入相关部门的绩效考核中,因地制宜地制定适合三江源牧户的社会保障体系,才有可能大幅度改善牧户的福利水平,并提高他们对生态补偿政策以及各种制度的满意度,促进社会和谐发展。

其次,牧户在三江源生态保护中各种社会关系的支持和资源自由使用的机会及其他福利高阶功能也受到很大的影响,直接使牧户的福利维持在一个不高的水平。因此,一方面,应尊重牧户的宗教信仰自由和文化习俗等,在移民区和定居区设立宗教活动场所,支持和引导牧户参与正常的、合法的宗教活动,通过宗教活动中对牧户的价值观和环境保护等各方面有关的思想的宣传,使他们提高生态保护行为的参与意愿和支持度,并树立正确的人生观和价值观,以积极的态度面对生活中的各种困难,并在努力为幸福生活而奋斗的过程中使牧户的能力得到全面提高;另一方面,应强调牧户的相关环境参与权,使他们不仅参与环境政策和环境补偿的标准及机制的制定/确立,并且在整个实施过程中都应该得到牧户的监督和全程参与,并针对生态保护补偿过程中不断出现的各种矛盾与政府共同商讨并制定对策,以避免政府政策失灵和扭曲,更能使牧户的各种权益得到保障,并促进生态保护的可持续实施。

再次,应该正视三江源区域的区位特征和重要的生态安全意义,探索适合该区域的补偿标准及方式。三江源区域交通不便,与全国中部和东部地区相比,经济发展水平相对较低,甚至比西部大部分地区都要落后,因此在这种经济能力有限、区域经济发展方式和资源开发被限制、被定位为生态保护功能区的条件下,单靠三江源区域和青海省的力量难以确保三江源生态保护工作的持续推进,而且也不应该由他们独自承担如此重大的环境责任,这有违公平原则和可持续平衡发展原则,亟须国家各方面协调,并让三江源中下游地区提供大量的资金支持和环境使用费,建立"输血式"的生态补偿机制,这样才有可能解决三江源地区生态补偿资金不足和牧户的福利损失不能补偿引发的各种问题和矛盾,实现社会福利最大化。

最后,三江源牧户汉语水平不高,更缺乏各种就业技能,只能依赖于草地的生产功能和保障维持生活。而三江源生态保护行为使他们瞬间失去和减少了生活来源，甚至生活陷入贫困，究其原因是他们的生计方式单一、生计脆弱性高，因此必须重视生计能力和就业补偿。三江源部分区域对移民进行了工作安置，但牧户的文化水平和技能有限，被安置的都是文化和科技附加值不高、教育水平要求极低的环卫工和保安等岗位，这些工作的收入比较低，难以承担起养家糊口的重担。此外三江源区域各行政事业单位的接收能力有限，可安排的工作岗位非常少，这会使牧户认为在工作岗位的安置过程中存在着不公平，进而降低了他对政策的满意度。可见，单纯的就业安置还不能改变三江源以"过剩劳动力、就业岗位严重不足和难就业"为特征的劳动力市场，更对生计能力的提高和牧户福利的改善无益；而如何帮助牧户提高自身文化素质和教育水平，并创造大量的就业机会和岗位，是我们需要进一步思考的问题。因此，一方面，应该通过调整产业结构、探寻有利于生态保护和适当促进经济发展的如生态旅游、文化旅游、绿色能源开发等绿色经济发展模式，促进地区的经济发展并创造更多的就业机会和提供更多的工作岗位，鼓励和吸引牧户就业；另一方面，应加强文化教育和职业技能培训，设法培养和提高牧户的文化素质水平，从而提升其就业能力，开展各种人才交流和提供就业信息的服务，以及通过和各类企业签订各种接收牧户就业来获得减免税收等政策手段帮助牧户就业，并降低各种贷款和金融帮助的门槛，鼓励牧户实施多种经营，使他们通过生计多样化途径和就业来增加收入，改变生活状况，并在此过程中充分实现其个人价值，从而使其福利能力得到提高。

6.2.2 构建持续的、差异化的、激励性的补偿机制

牧户的参与和支持在很大程度上影响了生态补偿的效果，牧户愿意参与生态保护补偿的前提是他们的福利损失能够得到有效的补偿，而确保贫困家庭参与生态补偿更是减少贫困的关键（Pagiola et al.，2010）。因此，建立以牧户福利损失为基础、考虑牧户的受偿意愿的生态补偿机制是牧户愿意继续参与生态移民或限制放牧，促进三江源草地生态恢复的保障。

三江源草地生态补偿机制自 2005 年开始实施，规划中确定补偿移民 6 年，期满后他们可自愿决定是否返迁。至今已经补偿期满，在补偿期内草

地生态环境质量得到了一定的改善，但也面临着补偿资金不足、移民继续参与生态保护动力不足和返迁愿望迫切、福利受损和生活贫困化等诸多问题。今后如不继续补偿，牧户返迁后前期的生态保护效果难以巩固，更可能使草地生态受到进一步的破坏和产生难以估量的损失、灾难，因此，通过多方筹措资金继续补偿，并且提高补偿标准，在牧户福利水平得到改善的基础上，让他们继续参与生态保护移民工程，以避免让保护成果流失，并使草地生态环境继续得以恢复和改善是必要的。三江源自然保护区的生态补偿还应该重视地区差异和特殊性，以及经济发展结构单一、牧户整体文化水平偏低、长期放牧为生等具体情况，修改和制定符合实际的补偿机制。

收入与幸福感虽然不具有完全的关联关系，但是当收入不足以支撑日常生活，尤其是因为参与生态保护行为而使收入被大幅剥夺时，牧户的幸福感就会下降得非常快，并影响到他们是否愿意继续参与生态保护工作，因此，只有当提高补偿标准，并考虑到牧户之前的放牧生活和生活习惯等因子而适当地进行补偿，并通过让牧户分享生态保护效益价值或生态保护行为带来的巨大好处时，他们才会被不断增加的生态恢复效益补偿价值所吸引，而愿意放弃对草场的畜牧经营或主动地不再破坏草场，生态环境才会得到彻底的恢复或好转。而各区域之间差异化的补偿标准会产生一种正向的激励，让牧户互相攀比保护效益而获得更多的补偿，进而形成被生态保护效果驱动的生态补偿机制。当然，在草地生态系统恢复的过程中建立动态的监测体系，根据每年各县草地生态系统的恢复情况和物价水平适时调整草地利用方案和补偿标准，是科学有效的实现差异化、激励式补偿机制的有效途径。

这种机制的好处是，不仅可以通过将牧户补偿标准和草地生态保护效果直接挂钩，有效、及时地对补偿效果好的区域提高补偿标准进行奖励，对补偿效果不好的区域降低标准给予惩罚，实现草地恢复—牧户福利优化的动态良性循环，并提高生态补偿资金效率；而且可以通过区域补偿效率和补偿效果的评价，重新调整补偿区域的功能性质，让生态恢复效果好的区域，草地生态退化严重、难恢复的区域，草地生态质量现状好但保护效果小的区域分别采取不同的保护和发展模式，实现各功能区的相关作用，集中补偿资金对保护功能区进行补偿以维持牧户的福利和获得更大的生态服务功能，并让经济发展区通过自身的发展实现牧户福利的改善和区域经济增长，最终实现区域生态经济可持续发展。

6.3　讨论与展望

本研究结合能力理论和千年生态系统报告对牧户生态保护行为中的福利进行了界定，并结合马斯洛需要层次理论和可行性能力框架对三江源草地生态保护中的牧户福利变化进行了评价，同时基于牧户的福利最优计算了生态补偿标准，为三江源草地生态进一步恢复和后续补偿机制的调整提供了一定的科学支持，但仍然存在诸多不足和未探讨的关键问题，有待于今后进一步的研究与探讨。

6.3.1　本研究的不足

6.3.1.1　福利指标和评价体系

森建立了福利的能力框架理论，但对指标的选取并未明确规定，认为针对不同的研究对象应选取不同的指标体系。Nussbaum（2000）也提出了一份能力清单，但很多指标对三江源区域并不适用，因此本研究在结合其他学者的研究成果和三江源的地域特点基础上，设立了9个功能维度来表达牧户的福利。但是，评价指标的选择准确性、全面性、有效性直接影响了研究结果的准确性，而本研究选择的指标是否就能涵盖牧户的福利内涵、选取的指标是否能真正有效地代表牧户的生活状况等问题还有待商榷；由于选择的功能性活动不同、指标不同，反映的牧户福利内容可能就会存在极大的差异，故本研究结果可能存在着地区的局限性，而且有些指标如宗教活动满意度等的量化比较困难，可能直接影响了评价结果的准确性，并与其他学者的研究成果无法建立比较；此外，本研究以马斯洛的需要层次理论为依据建立了模糊评价和层次分析相结合的指标权重确定方法，可能对有些指标的权重设置存在着主观性，影响了评价结果的客观性；如何进一步筛选合适的福利功能指标，并选用更客观的评价体系仍值得探讨。

本研究的目的是通过观察牧户在生态保护行为参与中的福利变化，来评价生态保护政策的有效性和建立补偿机制问题，但可能本研究选择的有效指标的变化并非完全是由于参与生态保护行为所致，而有些指标可能对牧户的福利内容更有意义而本研究却未观测到，这些均可能影响到生态保护行为中牧户福利变化的情况，或者有些指标可能前后变化虽然较大但由于权重比较低使本研究评价的结果是使牧户的福利变化不明显。

福利转换因素是观察福利变化及其差异性的重要手段，但是由于三江源区域的移民补偿标准完全一致，而且集中安置，使移民区之间存在着较小的差异；且数据获取困难，难以获取各安置区安置后的经济发展水平差异，因此本研究并未通过转换因素来分析牧户的福利变化差异情况，只是通过移民区的行政分区简单地考察了移民的福利变化差异，致使本研究的分析不够完善，可能影响评价结果。

6.3.1.2　生态保护补偿标准核算

本研究期望通过外部性理论，将牧户参与生态保护后产生的效益核算后补偿给牧户，让牧户因生态保护行为而真正受益，让他们的福利得到改善，即实现"谁保护、谁受益"的美好愿望，并激发牧户产生草地生态保护行为的积极性，实现生态环境的恢复及保护。但生态保护效益增量值的核算，必须结合实地观测和遥感数据来进行，是一件非常耗费人力、物力、财力的事情，可能给本身的生态保护行为增加实施成本；基于数据获取有限和难度大等原因，本研究用气候因子模拟了三江源草地的生态服务功能变化情况，并作为补偿区域划分和补偿标准的依据，但模拟的结果往往与现实存在着极大的不符，使本研究的研究结果只能提供一定的借鉴性，因此结合实地观测数据进一步验证相关结论，并加强相关的科学研究是必要的。本研究计算的生态服务价值也是对草地的部分生态服务功能的计算，对草地资源承载的各种文化功能、宗教功能及其他功能价值由于方法的局限性并未进行计算，使补偿标准可能偏小和不完全。

本研究另一补偿思路是期望将牧户在生态补偿中的各种福利损失进行量化，并以福利损失为基础来进行补偿，使牧户的福利在生态保护行为中至少保持不下降。但由于技术不足，本研究仍然对牧户的福利损失只估算了由于草地资源使用权益的变化而产生的经济损失，而对其他的诸如自由和生活实现等各种福利功能的变化未能量化，牧户发展权的损失等也由于三江源区域自保护后不统计 GDP 等相关数据、难以获取牧户收入储蓄数据等原因而未计算，也就导致补偿仍然停留在不完全补偿的基础上，使补偿的价值仍然局限于牧户的部分经济损失，而同样对草地资源承载的各种文化功能、宗教功能及其他功能未予补偿。牧户的福利损失应该建立在对牧户的福利损失精确调查的基础上，牧户的牲畜和草场是其重要的财产和身份的象征，由于生活习惯和风俗习惯，许多牧户不愿意如实回答自己拥有牲畜及草场的情况，另外生态保护计划已经实施多年，许多牧户对当时拥有的牲畜数量和草场面积记忆非常模糊，还有更多的牧户怕被减畜和承担各种税收而存在瞒报或者不愿意回答的情况，使调查获得的数据存在一定的不精确性，使我们核算得到的牧户实际福利损失存在着一定的偏差；本研究基于草地 NPP 计算的理论载畜量和各种参与成本，由于数据获取的难度是以参照玛曲草地研究成果进行了一定的修正得到的，但是修正标准的确定存在着一定的不完善，使制定的生态补偿标准存在着一定的偏差。

三江源牧户在生态保护行为中做出了一定的牺牲和贡献，因此应该按照受偿意愿来进行补偿，但是受偿意愿往往比支付意愿高，并且可能受到了前期补偿标准及其效果的影响。本研究中，牧户的福利受损幅度比较大，使他们一方面可能出于弥补心理会抬高受偿意愿和标准，另一方面又担心补偿期 6 年以后不再补偿而对受偿意愿回答时小心翼翼。受偿意愿受影响的因素比较复杂，但在受偿意愿的回归过程中由于对如政策指标等量化的主观性未考虑，而移民区的经济发展水平也可能影响到牧户的生活成本进而影响到受偿意愿，但对该指标的量化也因难以客观化而未考虑，所以可能使最后计算得到的受偿意愿存在一定的偏差。

6.3.2 研究展望

6.3.2.1 福利功能的货币化

草地资源承载着人类的经济收入保障、生活健康、休闲、娱乐、文化教育、生活习俗和宗教文化传承等各种功能，而且限于方法的局限，只能量化草地资源使用权益变化后人类福利的各种功能变化情况，但是除经济收入损失外其他功能的损失难以实现货币化，这对补偿工作的实际应用缺乏应有的指导。因此，尝试合适的方法，将福利非经济功能货币化不仅可以直观地让人们感受到福利损失的量和度，也可以引起人们对福利其他功能的重视，还可以为全面的福利损失补偿提供科学依据。

6.3.2.2　其他利益相关主体的福利均衡

本研究是基于牧户的福利最优来建立补偿标准的，而对生态补偿受益区域、三江源区域和国家等其他相关主体的福利情况及其变化未进行探讨。而事实上社会总福利的均衡和最大化是三江源草地生态保护中各相关利益主体的福利总和，今后应该在构建社会福利函数和探讨牧户福利变化的基础上，关注牧户福利变化对其他主体的福利影响，进一步分析牧户的福利与其他利益主体的福利之间如何通过博弈和补偿实现动态的均衡，并深入分析各相关主体权益之间的转移和长期福利变化情况。

6.3.2.3　建立牧户响应—生计—福利框架研究

三江源牧户在生态保护行动中福利受到了很大的影响，其中重要的原因是他们的生计能力未得到提升。同时牧户的生计能力和生计状况是他们愿意响应生态保护行动的决定性因素，因此，分析三江源牧户的生计能力及其脆弱性程度和制约性因素，可以进一步测度牧户保护行为的驱动力和影响、牧户生计能力对牧户福利的影响，从而建立以生计为核心的行为响应—生计—福利框架模型，使牧户的福利得到改善和生态环境得到保护。

6.3.2.4　区域生态补偿机制的构建

本研究仅仅是基于牧户福利最优的考虑测算了应该补偿给牧户的补偿标准，并对三江源区域内补偿资金的分配进行了研究。但对补偿资金的渠道、三江源和中下游之间的生态保护效益转移、中下游区域的环境受益责任承担情况等均未涉及。三江源草地生态恢复及保护工作绝不可能是一蹴而就的，恢复周期长、难度大决定了三江源生态保护补偿工作必须持续进行，并需要大量的资金支持。今后应该在相关主体福利均衡的基础上，通过生态保护效益的供需计算和效益转移分析，计算出中下游区域每年应该承担的生态保护费用，以及中下游区域间承担环境责任的份额，多方筹措保护资金，构建适合于三江源区域的生态保护机制，才能保障三江源草地生态环境的恢复，并造福于三江源，并使全国乃至东亚地区的水资源得到保障。

参考文献

蔡银莺等：《湖北省农地资源价值研究》，《自然资源学报》2007 年第 1 期。

曹世雄等：《陕北农民对退耕还林的意愿评价》，《应用生态学报》2009 年第 2 期。

陈春阳等：《三江源地区草地生态系统服务价值评估》，《地理科学进展》2012 年第 7 期。

陈润政等：《植物生理学》，中山大学出版社，1998。

陈曜等：《对福利水平指数评价效率的研究——兼与蔡增正先生商榷》，《贵州财经学院学报》2004 年第 1 期。

戴其文：《生态补偿对象的空间选择研究——以甘南藏族自治州草地生态系统的水源涵养服务为例》，《自然资源学报》2010 年第 3 期。

戴其文等：《生态补偿机制中若干关键科学问题——以甘南藏族自治州草地生态系统为例》，《地理学报》2010 年第 4 期。

方福前等：《中国城镇居民福利水平影响因素分析——基于阿马蒂亚森的能力方法和结构模型》，《管理世界》2009 年第 4 期。

冯凌：《基于产权经济学"交易费用"理论的生态补偿机制建设》，《地理科学进展》2010 年第 5 期。

高进云等：《农地城市流转福利优化的动态分析》，《数学的实践与认识》2010 年第 6 期。

高进云等：《农地城市流转前后农户福利变化的模糊评价——基于森的

可行能力理论》,《管理世界》2007 年第 6 期。

胡涵钧等:《环境经济研究的福利标准》,《复旦学报(社会科学版)》2001 年第 2 期。

贾卓等:《草地生态系统生态补偿标准和优先度研究——以甘肃省玛曲县为例》,《资源科学》2012 年第 10 期。

姜宏瑶等:《基于社会经济发展影响的湿地生态补偿研究》,《林业经济》2010 年第 8 期。

姜立鹏等:《中国草地生态系统服务功能价值遥感估算研究》,《自然资源学报》2007 年第 2 期。

姜永华等:《森林生态系统服务价值的遥感估算——以杭州市余杭区为例》,《测绘科学》2009 年第 6 期。

赖力等:《生态补偿理论、方法研究进展》,《生态学报》2008 年第 6 期。

李芬等:《鄱阳湖区农户生态补偿意愿影响因素实证研究》,《资源科学》2010 年第 5 期。

李惠梅:《三江源地区气候生产力评估》,《安徽农业科学》2010 年第 12 期。

李惠梅等:《基于福利视角的生态补偿研究》,《生态学报》2013 年第 4 期。

李惠梅等:《青海湖地区生态系统服务价值变化分析》,《地理科学进展》2012 年第 12 期。

李惠梅等:《生态保护和福利》,《生态学报》2013 年第 3 期。

李惠梅等:《生态系统服务研究的问题与展望》,《生态环境学报》2011 年第 10 期。

李文华:《探索建立中国式生态补偿机制》,《环境保护》2006 年第 10 期。

李文华等:《森林生态效益补偿的研究现状与展望》,《自然资源学报》2006 年第 5 期。

李晓光等:《机会成本法在确定生态补偿标准中的应用——以海南中部

山区为例》,《生态学报》2009 年第 9 期。

李屹峰等:《青海省三江源自然保护区生态移民补偿标准》,《生态学报》2013 年第 3 期。

李英年等:《气候变暖对高寒草甸气候生产潜力的影响》,《草地学报》2000 年第 1 期。

李镇清等:《中国典型草原区气候变化及其对生产力的影响》,《草业学报》2003 年第 1 期。

刘玉龙等:《基于帕累托最优的新安江流域生态补偿标准》,《水利学报》2009 年第 6 期。

吕明权等:《基于最小数据方法的滦河流域生态补偿研究》,《资源科学》2012 年第 1 期。

马新辉等:《西安市植被净化大气物质量的测定及其价值评价》,《干旱区资源与环境》2002 年第 4 期。

毛锋等:《生态补偿的机理与准则》,《生态学报》2006 年第 11 期。

孟庆春等:《考虑货币测度社会福利函数的社会福利最大化》,《中国管理科学》2001 年第 6 期。

聂鑫等:《基于公平思想的失地农民福利补偿——以江汉平原城市为例》,《中国土地科学》2010 年第 6 期。

欧阳志云等:《中国陆地生态系统服务功能及其生态经济价值的初步研究》,《生态学报》1999 年第 5 期。

彭晓春等:《基于利益相关方意愿调查的东江流域生态补偿机制探讨》,《生态环境学报》2010 年第 7 期。

邵全琴等:《近 30 年来三江源地区土地覆被与宏观生态变化特征》,《地理研究》2010 年第 8 期。

田国强等:《对"幸福—收入之谜"的一个解答》,《经济研究》2006 年第 11 期。

汪诗平:《青海省"三江源"地区植被退化原因及其保护策略》,《草业学报》2003 年第 6 期。

王静等:《过牧对草地生态系统服务价值的影响:以甘肃省玛曲县为

例》，《自然资源学报》2006 年第 1 期。

王军邦等：《基于遥感—过程耦合模型的 1988～2004 年青海三江源区净初级生产力模拟》，《植物生态学报》2009 年第 2 期。

王振波等：《生态系统服务功能与生态补偿关系的研究》，《中国人口·资源与环境》2009 年第 6 期。

谢高地等：《青藏高原生态资产的价值评估》，《自然资源学报》2003 年第 2 期。

邢占军：《我国居民收入与幸福感关系的研究》，《社会学研究》2011 年第 1 期。

熊鹰等：《洞庭湖区湿地恢复的生态补偿评估》，《地理学报》2004 年第 5 期。

徐兴奎：《气候变暖背景下青藏高原植被覆盖特征的时空变化及其成因分析》，《科学通报》2008 年第 4 期。

许晨阳等：《流域生态补偿的环境责任界定模型研究》，《自然资源学报》2009 年第 8 期。

杨光梅等：《我国生态补偿研究中的科学问题》，《生态学报》2007 年第 10 期。

杨莉等：《黄土高原生态系统服务变化对人类福利的影响初探》，《资源科学》2010 年第 5 期。

杨缅昆：《社会福利指数构造的理论和方法初探》，《统计研究》2009 年第 7 期。

叶茂等：《新疆草地生态系统服务功能与价值初步评价》，《草业学报》2006 年第 5 期。

尹奇等：《基于森的功能和能力福利理论的失地农民福利水平评价》，《中国土地科学》2010 年第 4 期。

俞海等：《流域生态补偿机制的关键问题分析——以南水北调中线水源涵养区为例》，《资源科学》2007 年第 2 期。

张峰：《基于产权残缺理论的生态利益补偿机制研究》，《重庆工商大学学报（社会科学版）》2012 年第 4 期。

张效军等：《耕地保护区域补偿机制的应用研究——以黑龙江省和福建省为例》，《华中农业大学学报（社会科学版）》2010年第1期。

章铮：《生态环境补偿费的若干基本问题》，《中国生态环境补偿费的理论与实践》，中国环境科学出版社，1995。

赵翠薇等：《生态补偿效益、标准——国际经验及对我国的启示》，《地理研究》2010年第4期。

赵骅等：《社会福利博弈模型成立的条件分析》，《重庆大学学报（自然科学版）》2006年第10期。

赵军等：《环境与生态系统服务价值的WTA/WTP不对称》，《环境科学学报》2007年第5期。

赵亮等：《海北高寒草甸辐射能量的收支及植物生物量季节变化》，《草地学报》2004年第1期。

赵士洞等：《生态系统评估的概念、内涵及挑战——介绍〈生态系统与人类福利：评估框架〉》，《地球科学进展》2004年第4期。

赵同谦等：《中国草地生态系统服务功能间接价值评价》，《生态学报》2004年第6期。

赵雪雁：《黄河首曲地区草地退化的人文因素分析——以甘肃省玛曲县为例》，《资源科学》2007年第5期。

赵雪雁：《牧民对高寒牧区生态环境的感知研究——以甘南牧区为例》，《生态学报》2009年第5期。

甄霖等：《基于参与式社区评估法的泾河流域景观管理问题分析》，《中国人口·资源与环境》2007年第3期。

郑海霞等：《流域生态服务补偿定量标准研究》，《环境保护》2006年第1期。

朱文泉等：《藏西北高寒草原生态资产价值评估》，《自然资源学报》2011年第3期。

Alkire, S., "Why the Capability Approach", *Journal of Human Development*, 6 (1), 2005, pp. 115 – 134.

Anand Paul, Krishnakumar Jaya, Ngoc Bich Tran, "Measuring Welfare:

Latent Variable Models for Happiness and Capabilities in the Presence of Unobservable Heterogeneity", *Journal of Public Economics*, 95 (3 – 4), 2011, pp. 205 – 215.

Andam, K. S., Ferraro, P. J., Pfaff, A., Sanchez-Azofeifa, G. A., Robalino, J. A., "Measuring the Effectiveness of Protected Area Networks in Reducing Deforestation", *Proceedingsof the National Academy of Sciences of the United States of America*, 105 (42), 2008, pp. 16089 – 16094.

Andrew J. Leach, "The Welfare Implications of Climate Change Policy", *Journal of Environmental Economics and Management*, (57), 2009, pp. 151 – 165.

Antle, J. M., Valdivia, R. O., "Modeling the Supply of Ecosystem Services from Agriculture: A Minimum Data Approach", *The Australian Journal of Agricultural and Resource Economics*, 50 (1), 2006, pp. 1 – 15.

Arrow, J. K., Dasgupta, P., Mäler, K. – G, "Evaluating Projects and Assess in Sustainable Development in Perfect Economies", *Environmental and Resource Economics*, (26), 2003, pp. 647 – 685.

Boadway, R, "The Welfare Foundations of Cost-benefit analysis", *Econ. J*, (84), 1974, pp. 926 – 939.

Boarini, R., Johansson, A., Mira d'Ercole, M, "Alternative Measures of Well-being", *OECD Economics Department*, Working Papers 476, 2006, p. 53.

Boyden, S., "Biohistory: The Interplay between Human Society and the Biosphere", *UNESCO Man and the Biosphere Series V.* 8 (Parthenon: Pearl River NY, 1992).

Bratt Rachel, "Housing and Family Well-being", *Housing Studies*, 14 (1), 2002, pp. 13 – 26.

Brendan Fisher, Treg Christopher, "Poverty and Biodiversity: Measuring the Overlap of Human Poverty and the Biodiversity Hotspots", *Ecological Economics*, 62 (1), 2007, pp. 93 – 101.

Brendan, Fisher. Stephen, Polasky. Thomas, Sterner, "Conservation and Human Welfare: Economic Analysis of Ecosystem Services", *Environ Resource*

Econ, 48, 2011, pp. 151 – 159.

Bryan, B. A. , Grandgirard, A. , Ward, J. R. , "Quantifying and Exploring Strategic Regional Prioritiesfor Managing Natural Capital and Ecosystem Services Givenmultiple Stake Holder Perspectives" *Ecosystems*, 13 (4), 2010, pp. 539 – 555.

Bös D. /C. Seidl (Hg.): "Welfare Economics of the Second Best", Wien u. a. 1986. pp. 280.

Carpenter, S. R. , Mooney, H. A. , Agard, J. , et al. , "Science for Managing Ecosystem Services: Beyond the Millennium Ecosystem Assessment", *Proceedings of the National Academyof Sciencesof the United States of America*, 106 (5), 2009, pp. 1305 – 1312.

Cattaneo, A. , Johansson, R. , "Ost-effective Design of Agri-environmental Payment Programs: U. S. Experience in Theory and Practice", *Ecological Economics*, 65, 2008, pp. 737 – 752.

Cerioli, A. , Zani, S. , "A Fuzzy Approach to the Measurement of Poverty", *In-come and Wealth Distribution*, *Inequality and Poverty*, *Studies in Contemporary Economics*, eds. Dagum, C. , Zenga, M. (Berlin: Springer Verlag, 1990) (272 – 284).

Chapin, III, F. S. , Carpenter, S. R. , Kofinas, G. P. , et al. , "Ecosystem Stewardship: Sustainability Strategies for Arapidly Changing Planet", *Trendsin Ecology and Evolution*, 25 (4), 2009, pp. 241 – 249.

Cheli, B. , Lemmi, A. , "A Totally Fuzzy and Relative Approach to the Multidimensional Analysis of Poverty", *Economic Notes*, 24 (1), 1995, pp. 115 – 133.

Clark, D. A. , "Sen's Capability Approach and the Many Spaces of Human Well-being", *Journal of Development Studies*, 41 (8), 2005, pp. 1339 – 1368.

Classen, R. , Cattaneo, A. , Johansson, R. , "Cost-effective Design of Agri-environmental Payment Programs: U. S. Experience in Theory and Practice", *Ecological Economics*, 65, 2008, pp. 737 – 752.

Cleaver, K. M. , Schreiber, G. A. , *Reversing the Spiral*: *The Population*, *Agriculture and Environment Nexusin Sub-Saharan Africa* (Washington, DC: World Bank, 1994).

Comim, F. , Kumar, P. , Sirven, N. , "Poverty and Environment Links: An Illustration from Africa", *Journal of International Development*, 21 (3), 2009, pp. 447 – 469.

Costanza, R. , d'Arge, R. , de Groot, R. , et al. , "The Value of the World's Ecosystem Services Andnatural Capital", *Nature*, 387, 1997, pp. 253 – 260.

Costello, C. , Gaines, S. D. , Lynham, J. , "Can Catch Shares Prevent Fisheries Collapse", *Science*, 321, 2008, pp. 1678 – 1681.

Daily, G. C. , Polasky, S. , Goldstein, J. , et al. , "Ecosystem Services in Decision Making: Time to Deliver", *Frontiers in Ecology and the Environment*, 7 (1), 2009, pp. 21 – 28.

Daly, H. , Cobb, J. , *For the Common Good*, Boston: Beacon Press, 1990.

David A. Clark, "Concepts and Perceptions of Human Well-being: Some Evidence from SouthAfrica", *Oxford Development Studies*, 31 (2), 2003, pp. 173 – 196.

David M. Winch, "Consumer's Surplus and the Compensation Principle", *The American Economic Review*, 55 (3), 1965, pp. 395 – 423.

de Groot, R. S. , Wilson, M. A. , Boumans, R. M. J. , "A Typology for the Classification, Description and Valuation of Ecosystem Functions, Goods and Services", *Ecological Economics*, 41 (3), 2002, pp. 393 – 408.

Diener, E. , Eunkook, M. S. , Richard, E. , et al. , "Subjective Well-being: Three Decades of Progress", *Psychology Bulletin*, 125 (2), 1999, pp. 276 – 294.

Dimitra Vouvaki, Anastasios Xepapadeas, "Changes in Social Welfare and Sustainability: Theoretical Issues and Empirical Evidence", Ecological Economics, (67), 2008, pp. 473 – 484.

Dodds, S., "Towardsa 'Science of Sustainability': Improving the Way Ecological Economics Understands Human Well-being", *Ecological Economics*, 23 (2), 1997, pp. 95 – 111.

Ebert, U., "Approximating WTP and WTA for Environmental Goods from Marginal Willingness to Pay Functions", *Ecological Economics*, 66, 2008, pp. 270 – 274.

Enrica Chiappero Martinett, "A Multidimensional Assessment of Well-being Based on Sen's Functioning Approach", Forthcoming in Rivista Internazionale di Scienze Sociali, 2000.

Eran, Hanany, "Theordinal Nash Social Welfare Function", *Journal of Mathematical Economics*, (44), 2008, pp. 405 – 422.

Eric Schokkaert. "The Capability Approach, Center for Economic Studies-Disscuion", Papers cesKatholieke Universiteit Leuven, 2007, pp. 0734,

Erwin, H. Bulte, "Payments for Ecosystem Services and Poverty Reduction: Concepts, Issues and Empirical Perspectives", *Environment and Development Economics*, 13, 2008, pp. 245 – 254.

Ferrer-i-Carbonell, A., Gowdy, J. M., "Environmental Degradation and Happiness", *Ecological Economics*, 60 (3), 2007, pp. 509 – 516.

Fisher, B., Polasky, S., Sterner, T., "Conservation and Human Welfare: Economic Analysis of Ecosystem Services", *Environmental and Resource Economics*, 48 (2), 2011, pp. 151 – 159.

Fisher, B., Turner, R. K., "Ecosystem Services: Classification for Valuation", *Biological Conservation*, 141 (5), 2008, pp. 1167 – 1169.

Fritz Machlup, "Professor Hicks' Revision of Demand Theory", *The American Economic Review*, 47 (1), 1957, pp. 119 – 135.

Fritz Machlup, "Professor Hicks' Statics", *The Quarterly Journal of Economics*,, 54 (2), 1940, pp. 277 – 297.

Gjertsen, H., "Can Habitat Protection Lead to Improvements in Human Well-being? Evidence from Marine Protected Areas in the Philippines", *World*

Development, 33（2）, 2005, pp. 199 – 217.

Grasso Marco, "A Dynamic Operationalization of Sen's Capibility Approch", 14th Coference of the Italan Society for Pubilc Economics SIEP-Pavia, 2002.

Grieg-Gran, M., Porras, I., Wunder, S., "How Can Market Mechanisms for Forest Environmental Services Help the Poor? Preliminary Lessons from Latin America", *World Dev.*, （33）, 2005, pp. 1511 – 1527.

Griffin, J., *Well-being: Its Meaning, Measurement, and Moral Importance*, New York: Oxford University Press, 1986.

Henderson, A., "Consumer's Surplus and the Compensating Variation", *The Review of Economic Studies*, 8（2）, 1941, pp. 117 – 121.

Hicks, J., "The Valuation of Social Income", *Economical*, （7）, 1940, pp. 104 – 124.

Ingrid Robeyns, "Sen's Capability Approach and Gender Inequality: Selecting Relevant Capabilities", *Feminist Economics*, 9（2 – 3）, 2003, pp. 61 – 92.

Islam, S., *Optimal Growth Economics*, North-Holland: Amsterdam, 2001.

Islam, S., Clarke, M., 2000. Social Welfare and GDP: Can We Still Use GDP for Welfare Measurement? Paper Presented at the Centre for Strategic Economic Studies, Victoria University, Melbourne.

Jennifer, lix. Garcia, Alain de Janvry, Elisabet Sadoulet, "The Role of Deforestation Risk and Calibrated Compensationin Designing Payments for Environmental Services", *Environment and Development Economics*, （13）, 2008, pp. 75 – 394.

John F. Tomer, "Human Well-being: A New Approach Based on Overall and Ordinary Functionings", *Review of Social Economy*, 60（1）, 2002, pp. 23 – 45.

Jorge Garce's, Francisco Ro' denas, Vicente Sanjose, "Towards a New Welfare State: The Social Sustainability Principle and Health Care Strategies", *Health Policy*, （65）, 2003, pp. 201 – 215.

Jorgenson, D., *Welfare*, Cambridge: MA, he MIT Press, 1997.

J. R. Hicks, "The Four Consumer's Surpluses", *The Review of Economic*

Studies, 11 (1), 1943, pp. 31 – 41.

J. R. Hicks, "The Rehabilitation of Consumers' Surplus", *The Review of E-conomic Studies*, 8 (2), 1941, pp. 108 – 116.

Kelly J. Wendland, Miroslav Honzák, "Targeting and Implementing Payments for Ecosystem Services: Opportunities for Bundling Biodiversity Conservation with Carbon and Water Services in Madagascar", *Ecological Economics*, 69 (11), 2010, pp. 2093 – 2107.

Kelsey B. Jack, Carolyn Kousky, Katharine R. Sims, "Designing Payments for Ecosystem Services: Lessons from Previous Experience with Incentive-Based Mechanisms", *Proceedings of the National Academy of Sciences*, 105 (28), 2008, pp. 9465 – 9470.

Kerr, J., "Watershed Development, Environmental Services, and Poverty Alleviation in India", *World Dev*, (30), 2002, pp. 1387 – 1400.

Konishi, Y., Coggins, J. S., "Environmental Risk and Welfare Valuation under Imperfect Information", *Resource and Energy Economics*, 30 (2), 2008, pp. 150 – 169.

Kuklys, W., *Amartya Sen's Capability Approach: Theoretieal Insights and Emperiacal Appilications*, Berlin: Springer Verlag Press, 2005.

Luc Van Ootegem, Sophie Spillemaeckers, "With a Focus on Well-being and Capabilities", *The Journal of Socio-Economics*, (39), 2010, pp. 384 – 390.

MacMillan, D. C., Harley, D., Morrison, R., "Cost-effectiveness Analysis of Woodland Ecosystem Restoration", *Ecological Economics*, 27, 1998, pp. 313 – 34.

Marshall, A., Principles of Economics, London: Macmillan, 1920.

Maslow, Abraham H., Motivation and Personality New York, 1954.

Matthew Clarke, Sardar M. N. Islam, "Measuring Social Welfare: Application of Social Choice Theory", *Journal of Socio-Economics*, (32), 2003, pp. 1 – 15.

Max-Neef, M., *Human Scale Development: Conception, Application and Further Reflections*, New York and London: Apex Press, 1991.

Millennium Ecosystem Assessment, *Ecosystems and Human Well-Being: A Framework for Assessment*, Washington, D. C. : Island Press, 2003.

Morris, M. , *Measuring the Condition of the World's Poor: The Physical Quality of Life Index*, New York: Pergamon Press, 1979.

Nam, K. M. , Selin, N. E. , Reilly, J. M. , Paltsev, S. , "Measuring Welfare Loss Caused by Air Pollution in Europe: A CGE Analysis", *Energy Policy*, 38 (9), 2010, pp. 5059 – 5071.

Ng, Yew-Kwang, *Welfare Economics*, London: Macmillan, 1979.

Ng, Yew-Kwang, "Bentham or Bergson? Finite Sensibility, Utility Functions, and Social Welfarefunctions", *Review of Economic Studies*, (42), 1975, pp. 545 – 570.

Ng, Yew-Kwang, "Quasi-Pareto Social Improvements", *American Economic Reviee*, (94), 1984, pp. 1033 ±50.

Nordhaus, W. , Tobin, J. , "Is Growth Obsolete?", *The Measurement of Economic and Social Planning*, *Economic Growth*, ed. Moss M. , New York: National Bureau of Economic Research, 1973.

Nussbaum, M. , "Non-relative Virtues", *The Quality of Life*, eds. Nussbaum, M, Sen A. , Oxford: World Institute of Development Economics/Clarendon Press, 1993.

Nussbaum, M. C. , *Women and Human Development: The Capabilities Approach*, Cambridge: Cambridge University Press, 2000.

Pagiola, S. , Arcenas, A. , Platais, G. , "Can Payments for Environmental Services help Reduce Poverty? Anexploration of the Issues and the Evidence to Date from Latin America", *World Dev*, 33, 2005, pp. 237 – 253.

Pagiola, S. , Rios, A. R. , Arcenas, A. , "Poor Household Participation in Payments for Environmental Services: Lessons from the Silvopastoral Project in Quindío, Colombia", *Environmental and Resource Economics*, 47 (3), 2010, pp. 371 – 394.

Pagiola, S. , Landell-Mills, N. , Bishop, J. , "Making Market-based Mechanisms Work for Forestsand People", *Selling Forest Environmental Services*: *Market-based Mechanisms for Conservation and Development*, London, UK: Earthscan, 2002, pp. 261 – 290.

Paul Anand, "New Directions in the Economics of Welfare: Special Issue Celebrating Nobel Laureate Amartya Sen's 75th Birthday", *Journal of Public Economics*, (95), 2011, pp. 191 – 192.

Paul Dolan, Aki Tsuchiya, "The Social Welfare Function and Individual Responsibility: Some The Oretical Issues and Empirical Evidence", *Journal of Health Economics*, (28), 2009, pp. 210 – 220.

Pearce, D., *Economic Values and the Natural World*, London: Earchscan, 1993.

Pigou, A. C., *The Economics of Welfare*, London: Macmillan, 1932.

Pigou, A. C., *The Economics of Welfare*, London: Macmillian, 1962.

Pires, M., "Watershed Protection for A World City: The Case of New York", *Land Use Policy*, 21 (1), 2004, pp. 161 – 175.

Robeyns, I., "The Capability Approach in Practice", *The Journal of Political Philosophy*, 14 (3), 2006, pp. 351 – 376.

Robeyns, I., "The Capability Approach: A Theoretical Survey", *Journal of Human Development*, 6 (1), 2005, pp. 93 – 114.

Robeyns, "Selecting Capabilities for Quality of Life Measurement", *Social Indicators Research*, (74), 2005b, pp. 191 – 215.

Rodrigo Sierra, Eric Russman, "On the Efficiency of Environmental Service Payments: A Forest Conservation Assessment in the Osa Peninsula, Costa Rica", *Ecological Economics*, (59), 2006, pp. 131 – 141.

Ruut Veenhoven, "Capability and Happiness: Conceptual Difference and Reality Links", The Journal of Socio-Economics, (39), 2010, pp. 344 – 350.

Sara Lelli, "Factor Analysis vs. Fuzzy Sets Theory: Assessing the Lnfiuence of Different Techniques on Sen's Functioning Approach", *CES Diseussion Paper Series*, 21, KatholiekeUniversiteit Leuven. 2001.

Saz-Salazar, S. D. , Hernandez-sancho, F. , Sala-garridor, "The Social Benefits of Restoring Water Quality in the Context of the Water Framework Directive: A Comparison of Willingness to Pay and Willingness to Accept", *Science of the Total Environment*, 407, 2009, pp. 4574 - 4583.

Schokkaert, E. , "The Capabilities Approach", *The Hand Book of Rational and Social Choice*, eds. Anand P, Puppe C, Pattanaik P, Oxford: Oxford UniversityPress, 2009, pp. 542 - 566.

Sen, A. , *Collective Choice and Social Welfare*, North-Holland: Amsterdam, 1970.

Sen, A. , *Commodities and Capabilities*, Oxford: Oxford University Press, 1985.

Sen, A. , *Development as Freedom*, New York: Oxord University Press, 1999.

Sen, A. , "The Possibility of Social Choice", *The American Economic Review*, (1), 1999, pp. 349 - 378.

Sen, A. , "The Welfare Basis of Real Income Comparisons: A Survey", *Journal of Economic Literature*, (17), 1979, pp. 1 - 45.

Sen, A. , "Capability and Well-being", *The Quality of Life*, ed. Nussbaum M. , Sen, A. , Oxford, World Institute of Development Economics/Clarendon Press, 1993.

Stefano, Pagiola, Ana R. Rios, Agustin Arcenas, "Poor Household Participation in Payments for Environmental Services: Lessons from the Silvopastoral Project in Quindío, Colombia", *Environ Resource Econ*, 47, 2010, pp. 371 - 394.

Tommas, M. L. , "Measuring the Wel-lbeing of Children Using Capibility Approch an Application to India Data", http://www. child-centre. it

Tschakert, P. , "Environmental Services and Poverty Reduction: Options for Small Holders in the Sahel", *Agricultural Systems*, 2007, 94 (1), pp. 75 - 86.

Uchida, Emi, Xu, Jintao, Rozelle, Scott, "Grainfor Green: Cost-effectiveness and Sustainability of China's Conservation Set-aside Program", *Land Eco-*

nomics, 81 (2), 2005, pp. 247 – 264.

Udo Ebert, "Approximating WTP and WTA for Environmental Goods from Marginal Willingness to Pay Functions", *Ecological Economics*, (66), 2008, pp. 270 – 274.

UNDP, *The Human Development Report*, New York: United Nations Development Program, 1990.

Van Ootegem L., Spillemaeckers, S., With a Focus on Well-being and Capabilities, *Journal of Socio-Economics*, 39 (3), 2010, pp. 384 – 390.

Veenhoven, R., "The Four Qualities of Life: Ordering Concepts and Measures of the Good Life" *Journal of Happiness Studies*, (1), 2000, pp. 1 – 39.

VladimirL. Levin, "On Social Welfare Functionals: Representation the orems and Equivalence Classes", *Mathematical Social Sciences*, (59), 2010, pp. 299 – 305.

Water Immezeel, Jetse Stoorvogel, John Antle, "Can Payments Forecosystem Services Secure the Water Tower of Tibet?", *Agricultural Systems*, 96 (1 – 3), 2008, pp. 52 – 63.

Welsch, H., "Environmental Welfare Analysis: A Life Satisfaction Approach", *Ecological Economics*, 62 (3/4), 2007, pp. 544 – 551.

Werner Hediger, "Sustainable Development and Social Welfare", *Ecological Economics*, (32), 2000, pp. 481 – 492.

Wilson, W., "Correlates of Avowed Happiness", *Psychological Bulletin*, 67, 1967, pp. 297 – 306.

Ziberman, D., Lipper, L., McCarthy, N., "When Could Payments for Environmental Services Benefit the Poor?", *Environ Dev. Econ.*, (13), 2008, pp. 255 – 278.

附录 1

三江源区牧户福利及其生态补偿调研问卷

（移民版）

尊敬的牧民朋友：您好！扎西德勒！

我们是青海民族大学公共管理学院的学生，本次在三江源区域及其移民区进行问卷调查，其主要目的是了解牧民朋友在三江源草地生态保护过程中的生活和幸福感变化情况，及牧户对草地生态功能认知和参与保护的意愿情况，并据以进行科学的分析，为三江源中后期生态保护及补偿机制提供科学的支撑和依据。此问卷是不记名且保密的，请不要有任何担忧和顾虑。

调查地点：＿＿＿＿县＿＿＿＿乡＿＿＿＿村，距离县城＿＿＿＿公里

＿＿＿＿年从＿＿＿＿县＿＿＿＿乡＿＿＿＿村搬迁而来，距离县城＿＿＿＿公里

I 三江源区牧民草地生态补偿调查

1. 您认为草地带来的生态功能的意义和重要性如何？＿＿＿＿

⑦非常重要 ⑥重要 ⑤比较重要 ④说不清楚 ③比较不重要 ②不重要或一般 ①根本不重要

家庭主要的收入来源（卖牛羊，羊毛）＿＿＿＿宗教信仰的承载地或来源＿＿＿＿

家庭日常生活的提供（牛羊肉，奶茶、酸奶、酥油、帐篷，牛粪提供的取暖和燃料）＿＿＿＿

是其他植物、动物（如岩羊等）的生存依赖，可以人和自然和谐共处＿＿＿＿

草场具备生活保障的功能＿＿＿＿提供了良好的生活环境（空气清新、心情舒畅）＿＿＿＿

提供丰富的动植物产品的生产功能（草、蕨蔴、虫草等特产）＿＿＿＿、提供居住场所＿＿＿＿

娱乐休闲功能（唱歌、赛马、骑射等）＿＿＿＿、教育和科研功能（动植物实习、研究）＿＿＿＿

气体调节＿＿＿＿、气候调节＿＿＿＿、水源涵养＿＿＿＿、土壤保护＿＿＿＿、废物处理＿＿＿＿

2. 您认为居住地的草地生态功能（草地退化严重，面积减小，产草量下降）是否在下降＿＿＿＿？

⑦非常明显　⑥明显　⑤比较明显　④说不清楚　③比较不明显　②不明显　①根本看不出来

您认为可能的原因是什么？＿＿＿＿（重要性）

⑦非常重要　⑥重要　⑤比较重要　④说不清楚　③比较不重要　②不重要或一般　①根本不重要

气候干旱＿＿＿＿寒冷，降水量小＿＿＿＿植被覆盖率降低＿＿＿＿，自然灾害＿＿＿＿

城市不断扩张、建设用地占用＿＿＿＿过度放牧＿＿＿＿鼠害严重＿＿＿＿

政府保护力度不够＿＿＿＿挖虫草＿＿＿＿旅游＿＿＿＿

3. 您认为您以前所在草地生态环境质量＿＿＿＿，保护后的环境质量如何？＿＿＿＿

⑦非常好　⑥很好　⑤比较好　④说不清楚　③比较不满意　②不好

①非常糟糕

4. 您赞成通过生态移民_____或限制放牧_____或退牧还草_____来保护草地不退化吗？

⑦非常赞成 ⑥赞成 ⑤比较赞成 ④说不清楚 ③比较不赞成 ②相当不赞成 ①根本不赞成

5. 您认为保护草地资源是否对牧民有利？ _____

⑦非常有利 ⑥很有利 ⑤比较有利 ④说不清楚 ③比较不重要 ②没有意义 ①根本无意义

6. 您认为保护草地资源，采取以下措施的有效程度是？

⑦非常重要 ⑥重要 ⑤比较重要 ④说不清楚 ③比较不重要 ②不重要或一般 ①根本不重要

限制放牧_____ 轮牧_____ 适当的退牧还草_____生态移民_____

减少牛羊数量_____ 保护草原，完全禁止放牧_____

7. 为保护草地（不退化）和牧草生产能力（草茂盛），政府给予您一定的补偿额时，

（1）您同意通过生态移民方式来继续保护草场吗？_____

⑦非常愿意 ⑥愿意 ⑤比较同意 ④说不清楚 ③比较不同意 ②相当不同意 ①根本不同意

（2）□同意，原因是_____？

A. 保护草地对牧民有利　　　B. 草场退化和鼠害严重，急需治理

C. 补偿额可以弥补损失　　　D. 为了子孙后代

您认为每年每亩草场最少应该得到_____元补贴时，你同意参与生态移民工程

□不同意，原因是？_____

A. 保护是政府的事情　　　　B. 如果减少放牧，收入会降低

C. 补偿额太低　　　　　　　D. 失去生活保障

E. 适当放牧也利于牧草管理　F. 不愿意改变生活方式

G. 希望其他人去保护

8. 假设政府为了更好地保护草场，进行产业转移（例如牛羊马养殖、乳制品加工、旅游业、藏毯唐卡等艺术品加工、雕刻玛尼石等），您是否愿意？_____

⑦非常愿意　⑥愿意　⑤比较同意　④一般　③比较不同意　②相当不同意　①根本不同意

如果"不愿意"，请问您最主要的原因是什么_____？

习惯了以前的生活方式_____补偿额太少_____保障措施不健全_____

没有其他工作能力，生活保障欠缺_____宗教活动受限制_____现生态环境不好_____

不能融入其他民族的生活圈子_____喜欢蓝天白云草场的生活环境_____

⑦非常重要　⑥重要　⑤比较重要　④一般　③比较不重要　②不重要或一般　①根本不重要

9. 您认为草地放牧及资源利用中会对生态环境带来不利影响吗_____？

⑦非常同意　⑥同意　⑤比较同意　④说不清楚　③比较不同意　②相当不同意　①根本不同意

如果会，您认为有哪些影响_____？

A. 过度放牧，草地的产草量下降，草地退化严重

B. 水土流失严重

C. 挖虫草、挖金子破坏大

D. 鼠害严重，杂草丛生

Ⅱ 牧民对生态保护和生态移民的认识与态度调查

1. 您的家庭参与生态移民原因是：

可以获得一笔补偿_____放牧不挣钱，不如打工收入高_____生活水平不如别人_____

草地退化严重，亟待保护，必须要牺牲自己利益_____为给子孙后

代留下一片草原_____

　　不愿意当牧民，希望转为城镇户口，改变身份_____既然国家让移民，那就服从安排_____

　　家里无人放牧_____移民以后的交通、医疗、教育等基础设施和公共服务条件比较好_____

　　现在生活观念改变了，希望能过上现代化的城市生活_____

　　⑦非常赞成　⑥赞成　⑤比较赞成　④一般　③比较不同意　②相当不同意　①根本不同意

　　2. 您对当前的生态移民政策满意度_____? 对安置的满意度_____

　　⑦非常满意　⑥满意　⑤比较满意　④一般　③比较不满意　②相当不满意　①根本不满意

　　您希望做哪些改进_____　（按照重要程度打分）

　　进行多种补偿，给予工作安排_____进行技能的培训_____完善医疗和社会保险_____

　　多办企业，移民后参股，每年分红_____关注移民的生活和教育，让子女享受公平的教育_____

　　多举办各种活动，希望能融入其他群众的生活圈子_____

　　尊重和支持宗教习俗和活动，并给予帮助（比如修建寺庙和天葬台）_____

　　3. 如果国家允许您现在返迁回草原，您是否愿意_____

　　⑦非常愿意　⑥愿意　⑤比较同意　④一般　③比较不同意　②相当不同意　①根本不同意

　　□A 愿意，原因是：定居后，收入下降，生活质量下降_____不适应现在的生活_____

　　没有其他技能，找不到更好的工作，不如放牧_____喜欢草原的环境和空气，城镇太吵闹_____

　　经过几年的休息，草场已经恢复_____宗教活动受到了限制_____，定居点的卫生治安不好_____

□B 不愿意，原因是：

城市生活更现代化和文明以及时尚_____医疗、交通、通信、教育等更好_____

自己已经找到了工作，生活水平并未下降_____放牧太辛苦，不想回去_____

孩子都在上学，为了孩子能有更好的前途_____补偿标准足够抵消损失_____

Ⅲ 牧民生态保护和生态移民的福利变动调查

一、受访者的个人及家庭情况

1. 您的性别____

A. 男性   B. 女性

2. 您的年龄____岁，婚否____，特长是____

3. 您的受教育程度____

A. 未受教育   B. 小学   C. 初中

D. 高中/中专   E. 大专   F. 本科及以上

4. 您的家庭共有____人，其中上学子女____人，（移民前）家庭主要放牧劳动力____人

移民前您家里有草场____亩，牛____头，羊____头，

移民前，放牧收入占您家庭年总收入的比例大约为：_____，虫草收入比例_____

5. 移民前，您的家庭年平均总收入约为_____现在为_____

移民前，您家庭收入的主要来源是？_____现在为_____（可多选）

A. 放牧   B. 服务业

C. 旅游业   D. 政府、部队或者医院、学校等事业单位

E. 国企或者大型私企   F. 寺庙

F. 个体经营   G. 打工

H. 政府补贴   I. 挖虫草

□打工，移民前，每月打工天数为____，每天平均收入____元；打工场所____，

现在，每月打工天数为____，每天平均收入____元；打工场所____，

A. 建筑工地打工　　　　　B. 餐饮酒店等服务业打工

C. 交通运输　　　　　　　D. 寺庙打工

E. 玛尼石雕刻　　　　　　F. 其他制造类企业

G. 政府部门　　　　　　　H. 事业单位

移民前，您在打工过程中遇到的困难是_____，现在_____（可多选按重要程度排列）

A. 缺乏就业信息　　　　　B. 只能干苦力

C. 工作环境太差　　　　　D. 语言交流困难

E. 工作不稳定

现在，您是否希望政府提供帮助_____，如果是，您希望提供哪些帮助_____

A. 提供就业机会

B. 提供和发布就业信息

C. 进行定期的就业技能培训

D. 保障打工者的合法权利

6. 移民前，您工作的稳定程度_____，工作升职或发展空间_____，工作报酬_____

现在，您工作的稳定程度_____，工作升职或发展空间_____，工作报酬_____

⑦非常满意　⑥满意　⑤比较满意　④一般　③比较不满意　②相当不满意　①根本不满意

⑦移民前，您平均每月花费____元，每月储蓄____元，每年捐赠寺庙_____

现在，您平均每月花费____元，每年储蓄_____，每年捐赠寺庙_____

移民前，您对收入的满意度_____收入来源_____对工作（稳定

性）_____

现在，您对收入的满意度_____收入来源_____对工作（稳定性）_____

移民前，您在村里的收入水平_____，消费水平_____，社会地位（威望）_____

现在，您在村里的收入水平_____，消费水平_____，社会地位（威望）_____

⑦非常满意 ⑥满意 ⑤比较满意 ④一般 ③比较不满意 ②相当不满意 ①根本不满意

8. 移民前，您的住房是____，住房满意度____，住房舒适度____，方便度____水____电____

现在，您的住房是____，住房满意度____，住房舒适度____，方便度____水____电____

⑦非常满意 ⑥满意 ⑤比较满意 ④一般 ③比较不满意 ②相当不满意 ①根本不满意

9. 移民前，您对生活环境——空气满意度_____安静_____景观_____污染_____

现在，您对生活环境——空气满意度_____安静_____景观_____污染_____

移民前，您生活环境的卫生_____治安_____，现在生活环境的卫生_____治安_____，

⑦非常满意 ⑥满意 ⑤比较满意 ④一般 ③比较不满意 ②相当不满意 ①根本不满意

10. 移民前，您家庭和睦_____，邻居关系_____，亲朋好友_____，和其他民族交往_____

现在，您家庭和睦_____，邻居关系_____，和亲朋好友_____，和其他民族交往_____

⑦非常满意 ⑥满意 ⑤比较满意 ④一般 ③比较不满意 ②相当不满意 ①根本不满意

11. 移民前，您看医生是否方便_____，购买生活用品是否方便____
____，上学是否方便_____

现在，您看医生是否方便_____，购买生活用品是否方便_____，
上学是否方便_____

12. 移民前，您出行是否方便_____交通工具_____；现在出行__
_____，工具_____

⑦非常方便　⑥方便　⑤比较方便　④一般　③比较不方便　②相当
不方便　①根本不方便

A. 马　　　　　　　　B. 摩托车　　　　　　　C. 汽车

D. 公交　　　　　　　E. 出租车

13. 移民前，您家人平均每年看病次数_____次，每年医疗费用平均
支出_____元，

现在，家里平均每年看病次数_____次，每年医疗费用平均支出__
_____元

移民前，您的身体健康_____，心情_____睡眠_____，压力
_____

现在，您的身体健康_____，心情_____睡眠_____，压力__
_____

⑦非常满意　⑥满意　⑤比较满意　④说不清楚　③比较不满意　②相
当不满意　①根本不满意

14. 您参加或者购买保险，移民前，医疗____人_____元；养老____
人_____元；最低生活保障____人，_____元；您对医保的满意度__
_____社保_____低保_____

现在，医疗____人_____元；养老____人_____元;，最低生活保
障____人，_____元；

您对医保的满意度_____社保_____低保_____。

⑦非常满意　⑥满意　⑤比较满意　④说不清楚　③比较不满意　②相
当不满意　①根本不满意

240

二、移民政治、社会生活调查

1. 移民前，您家里的主要饮食习惯是＿＿＿＿＿，满意度＿＿＿＿，现在的饮食习惯是＿＿＿＿，满意度＿＿＿＿

A. 米，面，蔬菜，肉，水果

B. 糌粑，肉，奶茶

C. 米，面，糌粑，肉，奶茶

⑦非常满意　⑥满意　⑤比较满意　④一般　③比较不满意　②相当不满意　①根本不满意

2. 移民前，您平均每星期参加宗教活动＿＿＿次，平均每月参加娱乐活动＿＿＿次，主要娱乐方式是＿＿＿＿＿，您平均每年旅游＿＿＿次，花费＿＿＿＿＿；您平均每月休闲＿＿＿天

现在，您平均每星期参加宗教活动＿＿＿次，平均每月参加娱乐活动＿＿次，主要娱乐方式是＿＿＿＿＿，您平均每年旅游＿＿＿次，花费＿＿＿＿＿；您平均每月休闲＿＿＿天

A. 赛马　　　　　　　B. 宗教活动　　　　　C. 唱歌、跳舞

D. 喝酒　　　　　　　E. 打牌　　　　　　　F. 放牧

G. 吃饭　　　　　　　H. 走亲戚　　　　　　I. 聊天

J. 看电视

移民前，你的满意程度是：对宗教活动＿＿＿＿＿娱乐活动＿＿＿＿＿旅游＿＿＿＿＿休闲＿＿＿＿＿

现在，你的满意程度是：对宗教活动＿＿＿＿＿娱乐活动＿＿＿＿＿旅游＿＿＿＿＿休闲＿＿＿＿＿

⑦非常满意　⑥满意　⑤比较满意　④一般　③比较不满意　②相当不满意　①根本不满意

3. 移民前，您知道村里发生的大事情况＿＿＿＿＿，公布多久＿＿＿＿＿知道，途径＿＿＿＿＿

现在，您知道村里发生的大事情况＿＿＿＿＿，公布多久＿＿＿＿＿知道，途径＿＿＿＿＿

⑦非常清楚　⑥清楚　⑤比较清楚　④一般　③比较不清楚　②相当不清楚　①根本不清楚

A. 干部定期汇报和开会讨论及公布

B. 道听途说

C. 新闻报道

D. 亲朋好友告知

4. 我喜欢在公开场合发表自己的看法，移民前_____，现在_____

⑦非常愿意　⑥愿意　⑤比较愿意　④一般　③比较不愿意　②相当不愿意　①根本不愿意

5. 移民前如果您有政治意愿，可以有效反映情况_____您的满意程度是_____

现在，如果您有政治意愿，可以有效反映情况_____您的满意程度是_____

移民前，如果您有生活困难，可以有效反映情况_____您的满意程度是_____

现在，如果您有生活困难，可以有效反映情况_____您的满意程度是_____，

⑦非常满意　⑥满意　⑤比较满意　④一般　③比较不满意　②相当不满意　①根本不满意

6. 移民前，您愿意和其他民族交往和互动吗_____，您是否喜欢和他们交往_____，

现在您愿意和其他民族交往和互动吗_____，您是否喜欢和他们交往_____，

⑦非常愿意　⑥愿意　⑤比较愿意　④一般　③比较不愿意　②相当不愿意　①根本不愿意

□您如果不愿意交往，原因是_____

A. 不同的信仰　　　　B. 不同的风俗

C. 语言障碍　　　　　D. 外来者排斥心理

242

7. 移民前，子女受教育的机会_____，就业机会_____就业技能培训_____就业安置_____

目前，子女受教育的机会_____，就业机会_____就业技能培训_____就业安置_____

⑦非常满意 ⑥满意 ⑤比较满意 ④说不清楚 ③比较不满意 ②相当不满意 ①根本不满意

8. 移民前，您家里的失业人数____人，就业人数____人，就业满意度_____工作环境满意_____

现在，您家里的失业人数____人，就业人数____人，就业满意度_____工作环境满意_____

⑦非常满意 ⑥满意 ⑤比较满意 ④一般 ③比较不满意 ②相当不满意 ①根本不满意

9. 移民前，您的工作的稳定程度_____，工作升职或发展空间_____，工作报酬_____

现在，您的工作的稳定程度_____，工作升职或发展空间_____，工作报酬_____

⑦非常满意 ⑥满意 ⑤比较满意 ④一般 ③比较不满意 ②相当不满意 ①根本不满意

10. 移民前，您的身份是_____，被尊重程度_____，你是否感觉到被歧视_____，被排斥_____

现在，您的身份是_____，被尊重程度_____，你是否感觉到被歧视_____，被排斥_____，移民前，您的选举权_____言论自由权_____，现在，选举权_____言论自由权_____

⑦非常满意 ⑥满意 ⑤比较满意 ④一般 ③比较不满意 ②相当不满意 ①根本不满意

三、性格特征调查

1. 您认为您的性格属于：外向的_____ 令人愉快的_____ 很强的适应性_____

勤恳的_____ 情绪稳定的_____ 开放的_____

⑦非常赞成 ⑥赞成 ⑤比较赞成 ④一般 ③比较不同意 ②相当不同意 ①根本不同意

2. 您认为您的生活态度一直是_____

A. 积极的   B. 自信的、乐观的

B. 焦虑的   C. 压抑的、郁闷

D. 害羞的、不安的

3. 您对您整体生活的满意程度是：移民前_____；现在_____

⑦非常满意 ⑥满意 ⑤比较满意 ④一般 ③比较不满意 ②相当不满意 ①根本不满意

4. 您感受到的生活的幸福程度是：移民前_____；现在_____

⑦非常开心 ⑥很快乐 ⑤比较幸福 ④一般 ③有点不开心 ②很难过 ①非常糟糕

5. 我的生活条件，移民前_____；现在_____

在大多数情况下我的生活接近我想过的生活，移民前_____；现在_____

迄今为止我已经得到我生活中想得到的最重要的东西移民前_____；现在_____

如果生活可以重新来过，我几乎什么都不想改变移民前_____；现在_____

⑦非常满意 ⑥满意 ⑤比较满意 ④一般 ③比较不满意 ②相当不满意 ①根本不满意

附录2

三江源区牧民福利及其生态补偿调研问卷

（限制放牧及定居点牧户）

尊敬的牧民朋友：您好！扎西德勒！

　　我们是青海民族大学公共管理学院的学生，本次在三江源区域及其移民区进行问卷调查，主要目的是了解牧民朋友在三江源草地生态保护过程中的生活和幸福感变化情况，及牧户对草地生态功能认知和参与保护的意愿情况，并据以进行科学的分析，为三江源中后期生态保护及补偿机制提供科学的支撑和依据。此问卷是不记名且保密的，请不要有任何担忧和顾虑。

2012 年 6 月 15 日

　　调查单位：华中农业大学土地管理学院/青海民族大学公共管理学院

　　调查地点：_____县_____乡_____村，距离县城_____公里

I　三江源区牧民草地生态补偿调查

1. 您认为草地带来的生态功能的意义和重要性如何？

⑦非常重要　⑥重要　⑤比较重要　④说不清楚　③比较不重要　②不

重要或一般　①根本不重要

家庭主要的收入来源（卖牛羊，羊毛）_____宗教信仰的承载地或来源_____

家庭日常生活的提供（牛羊肉，奶茶、酸奶、酥油、帐篷，牛粪提供的取暖和燃料）_____

是其他植物、动物（如岩羊等）的生存依赖，可以人和自然和谐共处_____

草场具备生活保障的功能_____提供了良好的生活环境（空气清新、心情舒畅）_____

提供丰富的动植物产品的生产功能（草、蕨蔴、虫草等特产）_____、提供居住场所_____

娱乐休闲功能（唱歌、赛马、骑射等）_____、教育和科研功能（动植物实习、研究）_____

气体调节_____、气候调节_____、水源涵养_____、土壤保护_____、废物处理_____

2. 您认为居住地的草地生态功能（草地退化严重，面积减小，产草量下降）是否在下降_____？

⑦非常明显　⑥明显　⑤比较明显　④说不清楚　③比较不明显　②不明显　①根本看不出来

您认为可能的原因是什么？_____（重要性）

⑦非常重要　⑥重要　⑤比较重要　④说不清楚　③比较不重要　②不重要或一般　①根本不重要

气候干旱_____寒冷，降水量小_____植被覆盖率降低_____，自然灾害_____

城市不断扩张、建设用地占用_____过度放牧_____鼠害严重_____

政府保护力度不够_____挖虫草_____旅游_____

3. 您认为您以前所在草地生态环境质量_____，保护后的环境质量如何？_____

⑦非常好　⑥很好　⑤比较好　④说不清楚　③比较不满意　②不好　①非常糟糕

4. 您赞成通过生态移民_____或限制放牧_____或退牧还草_____来保护草地吗？

⑦非常赞成　⑥赞成　⑤比较赞成　④说不清楚　③比较不赞成　②相当不赞成　①根本不赞成

5. 您认为保护草地资源是否对牧民有利？_____

⑦非常有利　⑥很有利　⑤比较有利　④说不清楚　③比较不重要　②没有意义　①根本无意义

6. 您认为保护草地资源，采取以下措施的有效程度是？

⑦非常重要　⑥重要　⑤比较重要　④说不清楚　③比较不重要　②不重要或一般　①根本不重要

限制放牧_____　轮牧_____　适当的退牧还草_____　生态移民_____

减少牛羊数量_____　保护草原，完全禁止放牧_____

7. 为保护草地（不退化）和牧草生产能力（草茂盛），政府给予您一定的补偿额时，

（1）您同意通过减少放牧或移民或退牧还草等方式保护草场吗？_____

⑦非常愿意　⑥愿意　⑤比较同意　④说不清楚　③比较不同意　②相当不同意　①根本不同意

（2）□同意，原因是_____？

A. 保护草地对牧民有利　　B. 草场退化和鼠害严重，急需治理

C. 补偿额可以弥补损失　　D. 为了子孙后代

您认为每年每亩草场最少应该得到_____元补贴时您愿意参与限制放牧来保护草地生态环境？

或者，您愿意通过减少牛_____头、羊_____头来响应参与生态保护？

□不同意，原因是？_____

A. 保护是政府的事情　　　　B. 如果减少放牧，收入会降低

C. 补偿额太低　　　　　　　D. 失去生活保障

E. 适当放牧也利于牧草管理　F. 不愿意改变生活方式

G. 希望其他人去保护

8. 假设政府为了更好地保护草场，进行生态移民，您是否愿意＿＿＿＿＿＿？

⑦非常愿意　⑥愿意　⑤比较同意　④说不清楚　③比较不同意　②相当不同意　①根本不同意

□A. 愿意，您希望的补偿方式是＿＿＿＿＿＿

A. 金钱补偿

B. 工作机会补偿（安排工作）

C. 医疗和社保、低保等保障性补偿

D. 草场换股份（如成立养殖牛羊或者畜产品加工、地毯加工厂等企业，以草场的面积兑换股份，每年收取一定的股份经营收益）

□B. "不愿意"生态移民的，请问您最主要的原因是什么＿＿＿＿＿＿？

习惯了以前的生活方式＿＿＿＿＿＿补偿额太少＿＿＿＿＿＿保障措施不健全＿＿＿＿＿＿

没有其他工作能力，生活保障欠缺＿＿＿＿＿＿宗教活动受限制＿＿＿＿＿＿现生态环境不好＿＿＿＿＿＿

不能融入其他民族的生活圈子＿＿＿＿＿＿喜欢蓝天白云草场的生活环境＿＿＿＿＿＿

⑦非常重要　⑥重要　⑤比较重要　④一般　③比较不重要　②不重要或一般　①根本不重要

9. 假设政府为了更好地保护草场，进行产业转移（例如牛羊马养殖、乳制品加工、旅游业、藏毯唐卡等艺术品加工、雕刻玛尼石等），您是否愿意？＿＿＿＿＿＿

⑦非常愿意　⑥愿意　⑤比较同意　④一般　③比较不同意　②相当不同意　①根本不同意

□B. "不愿意"，请问您最主要的原因是什么＿＿＿＿＿＿？

习惯了以前的生活方式 _____ 补偿额太少 _____ 保障措施不健全 _____

没有其他工作能力，生活保障欠缺 _____ 宗教活动受限制 _____

定居点生态环境和治安不好 _____ 迁出以后，失去了放牧和虫草收入 _____

不能融入其他民族的生活圈子 _____ 喜欢蓝天白云草场的生活环境 _____

⑦非常重要　⑥重要　⑤比较重要　④一般　③比较不重要　②不重要或一般　①根本不重要

10. 您认为草地放牧及资源利用中会对生态环境带来不利影响吗 _____？

⑦非常同意　⑥同意　⑤比较同意　④说不清楚　③比较不同意　②相当不同意　①根本不同意

如果会，您认为有哪些影响 _____？

A. 过度放牧，草地的产草量下降，草地退化严重

B. 水土流失严重

C. 挖虫草、挖金子破坏大

D. 鼠害严重，杂草丛生

Ⅱ　牧民对生态保护和生态移民的认识与态度调查

1. 您的家庭愿意参与限制放牧的态度是 _____

⑦非常赞成　⑥赞成　⑤比较赞成　④一般　③比较不同意　②相当不同意　①根本不同意

原因是：_____

可以获得一笔补偿 _____ 放牧不挣钱，不如打工收入高 _____ 虫草收入高于放牧收入 _____

生活水平不如别人 _____ 现在生活观念改变了，希望能过上现代化的城市生活 _____

草地退化严重，亟待保护，必须要牺牲自己的利益 _____ 为给子孙

后代留下一片草原_____

不愿意当牧民，希望转为城镇户口，改变身份_____既然国家让移民，那就服从安排_____

家里无人放牧_____定居点的交通、医疗、教育等基础设施和公共服务条件比较好_____

2. 您对限制放牧政策的满意度是_____生态移民政策_____对定居安置的满意度_____，改进：

⑦非常满意　⑥满意　⑤比较满意　④一般　③比较不满意　②相当不满意　①根本不满意

进行多种补偿，给予工作安排_____　进行技能、就业的培训_____

完善医疗和社会保险_____多办企业，移民后参股·每年分红_____

多举办各种活动，希望能融入其他群众的生活圈子_____

关注移民的生活和教育，让子女享受公平的教育_____

尊重和支持宗教习俗和活动，并给予帮助（比如修建寺庙和天葬台）_____

3. 当初您没有选择生态移民，原因是_____

⑦非常赞成　⑥赞成　⑤比较赞成　④一般　③比较不同意　②相当不同意　①根本不同意

生态移民的补偿标准太低_____失去了草地便失去了生活保障_____

担心移民后，收入下降，生活质量下降_____离开了草场，就没有虫草收入_____

没有其他技能，语言交流困难，找不到工作_____定居点的环境、治安不好_____

保护区的草场并没有因为生态移民而显著的变好_____

习惯了现在的生活方式和环境，不想改变，难以改变，也担心不适应_____

如果等待补偿机制完善了再移民，可能会更好_____移民后宗教活动不顺畅_____

我们世代居住在此，保护草场是政府的事情，不应该由牧民来承担责任_____

鼠害、矿业、气候和旅游对草场的危害比放牧严重，生态移民不是根本性的措施_____

移民后草场无人管理或管理不善，鼠害更猖獗，草场会更退化_____

4. 如果国家允许您现在返迁回草原居住，您是否愿意_____

⑦非常愿意　⑥愿意　⑤比较同意　④一般　③比较不同意　②相当不同意　①根本不同意

□A 愿意，原因是：定居后，收入下降，生活质量下降_____不适应现在的生活_____

没有其他技能，找不到更好的工作，不如放牧_____喜欢草原的环境和空气，城镇太吵闹_____

经过几年的休息，草场已经恢复_____宗教活动受到了限制_____，定居点的卫生治安不好_____

□B 不愿意，原因是：

城市生活更现代化和文明以及时尚_____医疗、交通、通信、教育等更好_____

自己已经找到了工作，生活水平并未下降_____放牧太辛苦，不想回去_____

孩子都在上学，为了孩子能有更好的前途_____补偿标准足够抵消损失_____

Ⅲ　牧民生态保护和福利变动调查

一、受访者的个人及家庭情况

1. 您的性别____

A. 男性　　　　　　　　　　　　B. 女性

2. 您的年龄____岁　婚否____特长是____

3. 您的受教育程度_____

A. 未受教育　　　　　　　　B. 小学C. 初中

D. 高中/中专　　　　　　　　E. 大专F. 本科及以上

4. 您的家庭共有____人，其中上学子女____人，老人____，家庭主要放牧劳动力____人

以前，您家里有草场____亩，牛____头，羊____头，

现在，您家有草场____亩，牛____头，羊____头，

以前，您家的放牧年平均收入____虫草收入____打工或其他收入____总收入____

现在，放牧收入____，虫草收入____打工或其他收入____总收入____

5. 以前，您家庭收入的主要来源是?_____现在为_____（可多选）

A. 放牧　　　　　　　　B. 服务业

C. 旅游业　　　　　　　D. 政府、部队或者医院、学校等事业单位

E. 国企或者大型私企　　F. 寺庙

F. 个体经营　　　　　　G. 打工

H. 政府补贴　　　　　　I. 挖虫草

□打工，以前，每月打工天数为_____，每天平均收入_____元；打工场所_____，

现在，每月打工天数为_____，每天平均收入_____元；打工场所_____

A. 建筑工地打工　　　　B. 餐饮酒店等服务业打工

C. 交通运输　　　　　　D. 寺庙打工

E. 玛尼石雕刻　　　　　F. 其他制造类企业

G. 政府部门　　　　　　H. 事业单位

以前，您在打工过程中遇到的困难是_____，现在_____（可多选按重要程度排列）

A. 缺乏就业信息　　　　B. 只能干苦力

C. 工作环境太差　　　　D. 语言交流困难

E. 工作不稳定

您是否希望政府提供帮助_____，如果是，您希望提供哪些帮助__

_____

A. 提供就业机会

B. 提供和发布就业信息

C. 进行定期的就业技能培训

D. 保障打工者的合法权益

6. 以前，您工作的稳定程度_____，工作升职或发展空间_____，

工作报酬_____

现在，您工作的稳定程度_____，工作升职或发展空间_____，

工作报酬_____

⑦非常满意　⑥满意　⑤比较满意　④一般　③比较不满意　②相当

不满意　①根本不满意

7. 以前，您平均每月花费_____元，每月储蓄_____元，每年捐

赠寺庙_____

现在，您平均每月花费_____元，每年储蓄_____，每年捐赠寺

庙_____

以前，您对收入的满意度_____收入来源_____对工作（稳定性）

_____

现在，您对收入的满意度_____收入来源_____对工作（稳定性）

_____

以前，您在村里的收入水平_____，消费水平_____，社会地位

（威望）_____

现在，您在村里的收入水平_____，消费水平_____，社会地位

（威望）_____

⑦非常满意　⑥满意　⑤比较满意　④一般　③比较不满意　②相当

不满意　①根本不满意

8. 以前，您的住房是_____，住房满意度_____，住房舒适度__

_____，方便度____水____电____

现在，您的住房是＿＿＿＿＿＿，住房满意度＿＿＿＿＿＿，住房舒适度＿＿＿＿＿＿，方便度＿＿水＿＿电＿＿

⑦非常满意　⑥满意　⑤比较满意　④一般　③比较不满意　②相当不满意　①根本不满意

9. 以前，您对生活环境——空气满意度＿＿＿＿＿＿安静＿＿＿＿＿＿景观＿＿＿＿＿＿污染＿＿＿＿＿＿

现在，您对生活环境——空气满意度＿＿＿＿＿＿安静＿＿＿＿＿＿景观＿＿＿＿＿＿污染＿＿＿＿＿＿

以前，您生活环境的卫生＿＿＿＿＿＿治安＿＿＿＿＿＿，现在生活环境的卫生＿＿＿＿＿＿治安＿＿＿＿＿＿，

⑦非常满意　⑥满意　⑤比较满意　④一般　③比较不满意　②相当不满意　①根本不满意

10. 以前，您家庭和睦＿＿＿＿＿＿，邻居关系＿＿＿＿＿＿，亲朋好友＿＿＿＿＿＿，和其他民族交往＿＿＿＿＿＿

现在，您家庭和睦＿＿＿＿＿＿，邻居关系＿＿＿＿＿＿，和亲朋好友＿＿＿＿＿＿，和其他民族交往＿＿＿＿＿＿

⑦非常满意　⑥满意　⑤比较满意　④一般　③比较不满意　②相当不满意　①根本不满意

11. 以前，您看医生是否方便＿＿＿＿＿＿，购买生活用品是否方便＿＿＿＿＿＿，上学是否方便＿＿＿＿＿＿

现在，您看医生是否方便＿＿＿＿＿＿，购买生活用品是否方便＿＿＿＿＿＿，上学是否方便＿＿＿＿＿＿

12. 以前，您出行是否方便＿＿＿＿＿＿交通工具＿＿＿＿＿＿；现在出行＿＿＿＿＿＿，工具＿＿＿＿＿＿

⑦非常方便　⑥方便　⑤比较方便　④一般　③比较不方便　②相当不方便　①根本不方便

A. 马　　　　　　　　　　B. 摩托车C. 汽车

D. 公交　　　　　　　　　E. 出租车

13. 以前，您家人平均每年看病次数＿＿＿＿＿＿次，每年医疗费用平均支

出_____元,

现在,家里平均每年看病次数_____次,每年医疗费用平均支出_____元

以前,您的身体健康_____,心情_____睡眠_____,压力_____

现在,您的身体健康_____,心情_____睡眠_____,压力_____

⑦非常满意　⑥满意　⑤比较满意　④说不清楚　③比较不满意　②相当不满意　①根本不满意

14. 您参加或者购买保险,以前,医疗____人____元;养老____人____元;最低生活保障____人,____元;您对医保的满意度____社保____低保____

现在,医疗____人____元;养老____人____元;最低生活保障____人,____元;您对医保的满意度____社保____低保____

二、政治、社会生活调查

1. 以前,您家里的主要饮食习惯是_____,满意度_____,现在的饮食习惯是_____,满意度_____

A. 米,面,蔬菜,肉,水果

B. 糌粑,肉,奶茶

C. 米,面,糌粑,肉,奶茶

⑦非常满意　⑥满意　⑤比较满意　④一般　③比较不满意　②相当不满意　①根本不满意

2. 以前,您平均每星期参加宗教活动____次,平均每月参加娱乐活动____次,主要娱乐方式是_____,您平均每年旅游____次,花费_____;您平均每月休闲____天

现在,您平均每星期参加宗教活动____次,平均每月参加娱乐活动____次,主要娱乐方式是_____,您平均每年旅游____次,花费____;您平均每月休闲____天

A. 赛马　　　　　　　B. 宗教活动C. 唱歌、跳舞

D. 喝酒　　　　　　　E. 打牌F. 放牧

G. 吃饭　　　　　　　H. 走亲戚I. 聊天

J. 看电视

以前，你的满意程度是：对宗教活动_____娱乐活动_____旅游_____休闲_____

现在，你的满意程度是：对宗教活动_____娱乐活动_____旅游_____休闲_____

⑦非常满意　⑥满意　⑤比较满意　④一般　③比较不满意　②相当不满意　①根本不满意

3. 以前，您知道村里发生的大事情况_____，公布多久_____知道，途径_____

现在，您知道村里发生的大事情况_____，公布多久_____知道，途径_____

⑦非常清楚　⑥清楚　⑤比较清楚　④一般　③比较不清楚　②相当不清楚　①根本不清楚

A. 干部定期汇报和开会讨论及公布

B. 道听途说

C. 新闻报道

D. 亲朋好友告知

4. 我喜欢在公开场合发表自己的看法，移民前_____，现在_____

⑦非常愿意　⑥愿意　⑤比较愿意　④一般　③比较不愿意　②相当不愿意　①根本不愿意

5. 以前如果您有政治意愿，可以有效反映情况_____您的满意程度是_____

现在，如果您有政治意愿，可以有效反映情况_____您的满意程度是_____

以前，如果您有生活困难，可以有效反映情况_____您的满意程度

是_____

现在，如果您有生活困难，可以有效反映情况_____您的满意程度
是_____

⑦非常满意　⑥满意　⑤比较满意　④一般　③比较不满意　②相当
不满意　①根本不满意

6. 以前，您愿意和其他民族交往和互动吗_____，您是否喜欢和他
们交往_____

现在，您愿意和其他民族交往和互动吗_____，您是否喜欢和他们
交往_____

⑦非常愿意　⑥愿意　⑤比较愿意　④一般　③比较不愿意　②相当
不愿意　①根本不愿意

□您如果不愿意交往，原因是_____

A. 不同的信仰　　　　　　B. 不同的风俗

C. 语言障碍　　　　　　　D. 外来者排斥心理

⑦以前，子女受教育的机会_____，就业机会_____就业技能培
训_____就业安置_____

现在，子女受教育的机会_____，就业机会_____就业技能培训
_____就业安置_____

⑦非常满意　⑥满意　⑤比较满意　④说不清楚　③比较不满意　②相
当不满意　①根本不满意

8. 以前，您家里的失业人数____人，就业人数____人，就业满意度__
_____工作环境满意度_____

现在，您家里的失业人数____人，就业人数____人，就业满意度____
____工作环境满意度_____

⑦非常满意　⑥满意　⑤比较满意　④一般　③比较不满意　②相当
不满意　①根本不满意

9. 以前，您的工作的稳定程度_____，工作升职或发展空间_____
__，工作报酬_____

现在，您的工作的稳定程度_____，工作升职或发展空间_____，

工作报酬_____

⑦非常满意　⑥满意　⑤比较满意　④一般　③比较不满意　②相当不满意　①根本不满意

10. 以前，您的身份满意度_____，被尊重程度_____，你是否感觉到被歧视_____，被排斥_____，

现在，您的身份满意度_____，被尊重程度_____，你是否感觉到被歧视_____，被排斥_____，

⑦非常满意　⑥满意　⑤比较满意　④一般　③比较不满意　②相当不满意　①根本不满意

11. 以前，您的选举权_____言论自由权_____，现在，选举权_____言论自由权_____

⑦非常满意　⑥满意　⑤比较满意　④一般　③比较不满意　②相当不满意　①根本不满意

12. 以前，您的社会地位_____，自我感觉_____，现在，社会地位_____自我感觉_____

⑦非常满意　⑥满意　⑤比较满意　④一般　③比较不满意　②相当不满意　①根本不满意

三、性格特征调查

1. 您认为您的性格属于：外向的_____　令人愉快的_____　很强的适应性_____

勤恳的_____　情绪稳定的_____　开放的_____

⑦非常赞成　⑥赞成　⑤比较赞成　④一般　③比较不同意　②相当不同意　①根本不同意

2. 您认为您的生活态度一直是_____

A. 积极的　　　　　　　B. 自信的、乐观的

B. 焦虑的　　　　　　　C. 压抑的、郁闷

D. 害羞的、不安的

3. 您对您整体生活的满意程度是：移民前_____；现在_____

⑦非常满意　⑥满意　⑤比较满意　④一般　③比较不满意　②相当不满意　①根本不满意

4. 您感受到的生活的幸福程度是：移民前_____；现在_____

⑦非常开心　⑥很快乐　⑤比较幸福　④一般　③有点不开心　②很难过　①非常糟糕

5. 我的生活条件，以前_____；现在_____

在大多数情况下我的生活接近我想过的生活，以前_____；现在_____

迄今为止我已经得到我生活中想得到的最重要的东西，以前_____；现在_____

如果生活可以重新来过，我几乎什么都不想改变，以前_____；现在_____

⑦非常满意　⑥满意　⑤比较满意　④一般　③比较不满意　②相当不满意　①根本不满意

图书在版编目(CIP)数据

三江源草地生态保护中牧户的福利变化及补偿研究 /
李惠梅著. -- 北京：社会科学文献出版社，2017.12
　　ISBN 978 - 7 - 5201 - 1626 - 8

　　Ⅰ.①三… 　Ⅱ.①李… 　Ⅲ.①草地 - 生态环境保护 -
研究 - 青海②牧民 - 生态环境保护 - 福利待遇 - 研究 - 青
海 　Ⅳ.①X171.4

　　中国版本图书馆 CIP 数据核字（2017）第 256339 号

三江源草地生态保护中牧户的福利变化及补偿研究

著　　者 / 李惠梅

出 版 人 / 谢寿光
项目统筹 / 高　雁
责任编辑 / 黄　丹　高　雁

出　　版 / 社会科学文献出版社·经济与管理分社（010）59367226
　　　　　　地址：北京市北三环中路甲 29 号院华龙大厦　邮编：100029
　　　　　　网址：www.ssap.com.cn
发　　行 / 市场营销中心（010）59367081　59367018
印　　装 / 北京季蜂印刷有限公司

规　　格 / 开本：787mm × 1092mm　1/16
　　　　　　印张：16.75　字数：258 千字
版　　次 / 2017 年 12 月第 1 版　2017 年 12 月第 1 次印刷
书　　号 / ISBN 978 - 7 - 5201 - 1626 - 8
定　　价 / 85.00 元